液化天然气
泄漏扩散及抑制方法

张亦翔◎著

中国石化出版社

内 容 提 要

本书针对液化天然气在海上运输过程中可能发生的水下泄漏事故，采用实验探究和理论分析相结合的方法，介绍了液化天然气水下泄漏实验平台，主要研究了不同因素对水下泄漏羽流特征的影响，评估了横风下甲烷浓度的分布特征和扩散距离，采用不同统计模型对蒸气泡直径分布进行表征，建立了液滴加热上升距离的计算模型，研究了在横风下液化天然气水下泄漏扩散及蒸气云燃烧特征，测试了添加纳米颗粒对抑制液化天然气蒸发速率和火焰燃烧的作用效果和机理，为提高水下泄漏事故的应急处理能力和增强消防安全的保障能力提供依据。

本书既可供液化天然气安全专业领域人员借鉴和参考，也可作为高等院校安全专业研究生的参考资料。

图书在版编目(CIP)数据

液化天然气泄漏扩散及抑制方法 / 张亦翔著．—北京：中国石化出版社，2022.4
ISBN 978-7-5114-6635-8

Ⅰ．①液… Ⅱ．①张… Ⅲ．①液化天然气-天然气管道-水下管道-管道泄漏-泄漏检测 Ⅳ．①TE832

中国版本图书馆 CIP 数据核字(2022)第 064721 号

中国石化出版社出版发行

地址:北京市东城区安定门外大街 58 号
邮编:100011　电话:(010)57512500
发行部电话:(010)57512575
http://www.sinopec-press.com
E-mail:press@sinopec.com
北京柏力行彩印有限公司印刷
全国各地新华书店经销

*

787×1092 毫米 16 开本 11.5 印张 209 千字
2022 年 11 月第 1 版　2022 年 11 月第 1 次印刷
定价:68.00 元

前　言

随着全球能源消耗的进一步加剧，世界各国致力于降低二氧化碳等温室气体的排放，我国也提出了明确的碳减排目标，天然气在所有化石能源中的清洁属性，使其需求量大幅增长。

天然气进行液化是一种有效的储运方法，在这种状态下，天然气的体积降为原来的1/600，有利于运输和储存。但是，LNG在常压下温度为-170℃，在运输及储存过程中一旦发生泄漏，会迅速气化形成大量的低温重气团，在横风的作用下更容易扩散，很难捕捉到气体的扩散范围，容易发生燃烧或爆炸等危险。常用的抑制手段是施加高倍泡沫，但是在环境风和热辐射作用下，泡沫覆盖的有效时间有限，需要进一步提高泡沫的稳定性。因此，提高液化天然气安全控制技术是一项非常重要的紧迫任务。

基于此，本书针对LNG在海上运输过程可能发生的泄漏事故，采用实验探究和理论分析相结合的方法，通过搭建LNG水下泄漏实验平台，研究在横风下LNG水下泄漏扩散及蒸气云燃烧特征，开展了小尺度实验研究不同性质和质量分数的纳米颗粒对高倍泡沫稳定性的影响机制，得到了最优的颗粒类型和颗粒浓度；在室内泡沫发生装置上开展了高倍泡沫抑制LNG泄漏扩散及蒸气云火焰的实验研究，量化了不同工况下添加纳米颗粒对泡沫排水速率的影响，评估了高倍纳米泡沫抑制蒸气云火焰的作用效果，分析了高倍纳米泡沫对低温液体蒸发及蒸气云火焰的抑制效果和作用机理。

本书共6章。第1章对液化天然气泄漏扩散、燃烧特性、实验和模型进行了阐述，介绍了目前常用的高倍泡沫消防抑制技术，并对技术特点和改进方法进行了概括说明。第2章介绍了LNG水下泄漏扩散的物理过程和数学模型，包括 LNG 的管内流动特征、横风下甲烷浓度分布特征、气泡尺寸分布和加热上升的数学模型。第 3 章介绍了在水面扩散的甲烷蒸气云燃烧特征，评估了横风对蒸气云火焰燃烧特征的影响，包括火焰尺寸、倾角、温度和热辐射分布特征。第 4 章阐述了纳米颗粒添加剂对提高泡沫稳定性的内在机制，从微观实验角度探究了不同性质和质量分数的纳米颗粒对高倍泡沫稳定性的影响规律，揭示了纳米颗粒与泡沫溶液相互作用的微观机制。第 5 章评估了在室内泡沫发生装置上高倍泡沫抑制 LNG 泄漏扩散及蒸气云火焰的作用效果，包括不同风速、热辐射和纳米颗粒添加剂对泡沫排水速率、低温液体蒸发速率和温度分布以及抑制蒸气云火焰的抑制效果及机理分析。第 6 章阐述了 LNG 泄漏危害和防治技术手段未来研究的工作方向，主要包括 LNG 泄漏扩散特征、池火燃烧特征以及高倍泡沫消防抑制机理等方面。

本书由西安石油大学优秀学术著作出版基金资助，相关课题研究得到了国家重点研发计划(2017YFC0805800)和中央高校基本科研业务费专项资金(19CX02036A)资助，同时，相关实验研究在山东省油气储运安全省级重点实验室进行，在研究中得到了李玉星教授和朱建鲁副教授的大力支持和帮助，在此一并表示最衷心的感谢!

限于本人学术水平，书中难免存在不妥之处，恳请广大读者批评指正。

目　录

1 引言

随着世界人口的增长和经济的发展，全球对能源的需求不断增加。英国石油公司《世界能源展望 2018》[1]预测，到 2050 年能源需求将增长 37%，如图 1-1 所示。天然气与传统化石燃料(包括石油和煤炭)相比，具有更加清洁的属性，因此全球天然气贸易预计在未来五年内将增长 40%以上，是所有化石燃料中增长最快的[2]。液化天然气(Liquefied Natural Gas，LNG)是一种有效的储运方法，在这种状态下，天然气的体积可降低 600 倍左右，有利于运输和储存。海上运输一直是最主要的能源输送方式，其中大型液化天然气船已成为跨区域运输的主力，并且浮式液化天然气的发展为 LNG 的生产带来了新的机遇，同时也对其安全运行提出了新的挑战。应对这些挑战，往往需要建立更多的法规、标准和指南，这就要求更好地了解液化天然气的危害以及减轻危害的安全措施[3-4]。然而，船舶或水下管道泄漏的 LNG 可能会造成灾难性的后果，易燃的甲烷气体在运输船或作业区周围迅速蒸发并积聚形成蒸气云团，在环境风的作用下沿下风向移动，使暴露在外的船舶和人员面临潜在火灾和爆炸的危险。因此，海上运输液化天然气的安全问题已经成为人们关注的焦点[5-7]。

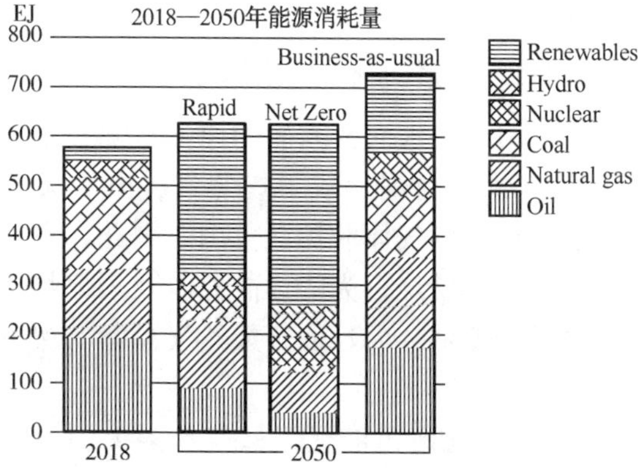

图 1-1　能源消耗格局[1]

根据文献报道[8]，Brown 公司于 1954 年在墨西哥湾首次铺设了第一条海底管道，我国于 1973 年首次在山东黄岛铺设了一条海底输油管道。据不完全统计，1967—2012 年间墨西哥湾共计发生泄漏事故 184 起，1998—2012 年我国海域发生泄漏事故19起，其中第三方破坏、冲刷悬空和管道腐蚀是发生事故的主要原因。2020年11月2日，广西北海LNG接收站液化天然气码头罐在施工时引起管线或阀门处LNG泄漏，泄漏的天然气与空气形成了爆炸性气体，随即引发了爆炸和火灾事故，造成9人伤亡的惨重事故[9]。2011年12月19日，在距离中国海洋石油总公司(中海油)深圳分公司加工终端近13海里处，一条受外界因素破坏的天然气管道在水下发生泄漏[10]。由于管道内的高压、连续的气体从水下喷出形成水面泉涌[图1-2(a)]，随后，上游气田上的阀门迅速关闭，为了防止天然气进一步扩散，相关人员关停上游气田生产装置，将泄漏的天然气在水面点燃，形成了一片类似火炬的燃烧火焰[图1-2(b)]。通过对该事故的应急处理可以发现，及时点火，加大放空火炬的燃烧火势，加速管线泄压并加快修复进度，可以减少生产损失、对人员的伤害和环境的污染，将天然气泄漏对外部环境的危害降到最低。因此，天然气现场燃烧是处理泄漏事故的一种有效方法。

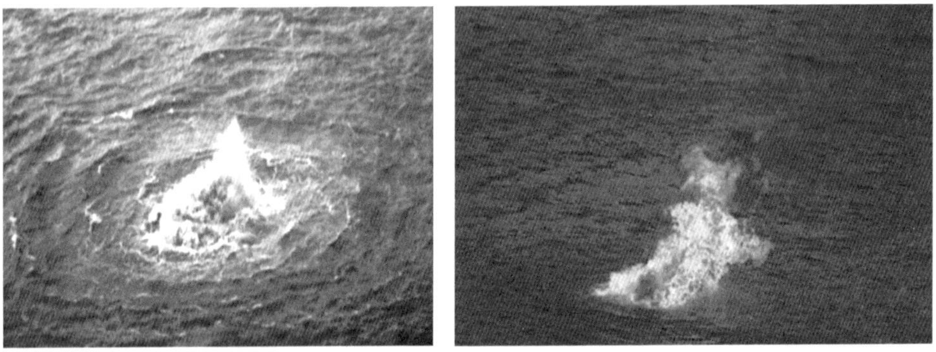

(a)水面甲烷泉涌　　(b)水面甲烷燃烧

图1-2　天然气水下泄漏事故及现场燃烧[10]

目前现场燃烧法主要用于在水面及冰面的原油泄漏，是处理海面或冰区漏油的传统方法[11-13]。LNG水下泄漏形成甲烷蒸气，由于天然气无色，在侧风作用下更容易扩散，很难捕捉到气体的扩散范围。因此，有必要进行蒸气云池火燃烧实验，以评估水上气体燃烧行为的可能性以及火焰特征，不仅可以对天然气燃烧的危害和风险进行评估，而且适合天然气泄漏的缓解措施及应急响应处理。

2020年11月2日，广西北海市液化天然气有限公司发生了储罐火灾，在LNG接收站罐前平台管线施工时发生了着火，造成了5人死亡、4人重伤的严重后果，如图1-3所示。美国消防协会(National Fire Protection Association，NFPA)建议使用高倍数泡沫[14-16]降低液化天然气释放蒸气风险，它可以有效抑制LNG的泄漏扩散及池火灾的热辐射危害。但是在之前的应用中发现，高倍泡沫的稳定性受环境的影响较大，在风速和热辐射的作用下泡沫高度下降较为迅速，需要不断补充新鲜泡沫来维持有效的覆盖高度。目前，通常采用两种方法来提高泡沫的稳定性：一种是添加表面活性剂[17-20]；另一种是添加固体颗粒[21-31]，如粉煤灰和纳米颗粒。已有的研究发现：在石油开采中添加表面活性剂和纳米颗粒，可以有效提高开采效率；在消防工程中，在不同类型的泡沫灭火剂中添加粉煤灰、纳米颗粒等固体颗粒，也可以有效提高泡沫的稳定性。基于此，开展纳米添加剂稳定高倍泡沫的研究，对提高消防安全具有重要意义。

(a)LNG储罐火灾　　(b)储罐灾后特征

图 1-3　LNG 储罐火灾事故

综上所述，LNG 海上运输的安全性已经得到了广泛的关注[32,33]。但是，近岸处水上或水下的 LNG 泄漏扩散的研究还相对较少，缺乏有效的数据来评估水下泄漏的潜在危害，对于可能形成的水面蒸气云火灾缺少有效的实验数据和评价体系。另外，对于传统的高倍数泡沫抑制手段，提高其在恶劣工况下的稳定性和耐久性，对保障液化天然气安全运输和生产均有重要的意义。因此，就能源安全和消防技术手段而言，确保 LNG 在海洋环境中的安全运输势在必行。

1.1　LNG 泄漏及燃烧特征

1.1.1　LNG 泄漏形式

在海洋环境(船舶或水下管道)中运输液化天然气时，需要考虑的主要安全问题是水下液化天然气的意外释放[33,34]。Fay[35]对于 LNG 运输船的不同泄漏位置进行了建模研究，将 LNG 的泄漏位置分为水面以上、水面附近以及水面以下，如图 1-4 所示，基于流体力学原理和液化天然气泄漏的经验特性，建立了 LNG 和成品油船泄漏的动力学综合预测模型，主要用于确定在海面以上瞬态泄漏时释放速率和评估可能发生的池火灾规模。结果表明：所有区域的泄漏仅取决于泄漏量，在较大的泄漏量下将导致较大的池火灾面积和燃烧速率。

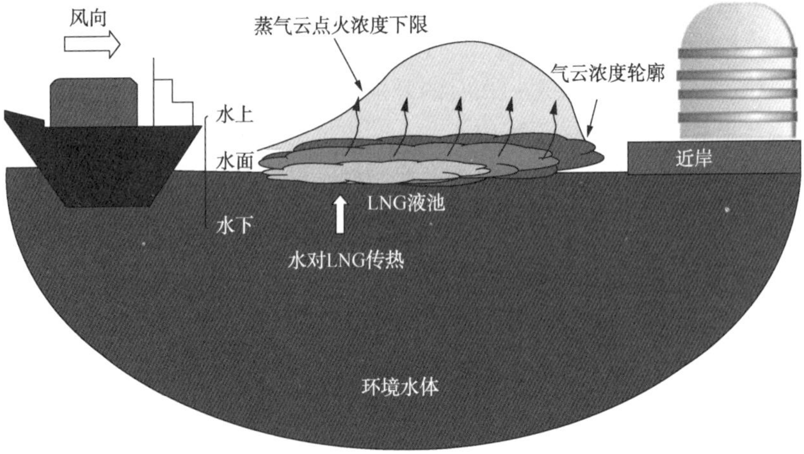

图 1-4　LNG 水下泄漏过程示意图

Esteves 等[36]综述了 LNG 泄漏扩散的蒸发速率和池火的燃烧速率，将泄漏扩散和湍流扩散的池火模型进行耦合，用于评估设施周围及人员的安全距离。特定情况下 LNG 在水面泄漏会导致水面温度降低，并伴随着结冰现象，Vesovic[37]建立了水面与 LNG 的传热模型，计算了水的表面温度对 LNG 气化速率的影响。结果表明：在无限大的理想液面泄漏的纯甲烷，蒸发速率只受水表面温度和时间的影响。Sam Mannan 等[38]通过实验和数值模拟的方法研究了近岸处 LNG 在水面泄漏的蒸发速率以及可燃气云的扩散范围，并通过数值模拟手段与实验结果进行了对比，直观地评估了水面泄漏的危害范围。

1.1.2　LNG 泄漏特征

（1）水下泄漏特征

目前大部分的实验和模型均是在水面展开的，仅有几组水下 LNG 释放的实验[39,40]。在 20 世纪 70 年代和 80 年代，美国国家矿务局和 Shell 公司进行了两次大尺度的 LNG 水下泄漏实验，目的是观察 LNG 水下泄漏的特殊现象，并为风险评估提供有效的数据。在泄漏深度为 4.5m 的情况下，瞬时释放 7.7kg 的 LNG，连续流速为 $4.1m^3/min$，此次实验观察到 LNG 在水下发生泄漏后，会引起水面的剧烈波动，并溅起大量水花和白色烟雾，可见的白色烟雾说明快速蒸发的低温液体会降低周围环境的温度，使空气温度降到露点以下，从而产生了一种漂浮的、看不见的蒸气。但是在当时的工况和释放深度下，并没有看见形成 LNG 液池，同时，由于时间久远没有记录下其他定量的数据。

在“DeepSpill”项目[41]的研究中，在距离挪威近海 125km、深度为 844m 的海域进行了一次全尺度的油气泄漏实验，其中泄漏了约 $10000Nm^3$ 的 LNG，通过水下相机记录了在孔口喷射的图像，如图 1-5 所示。从图中可以看出一团白色的羽流喷涌而出，在四周有扩散和破裂的液滴形成。周围流体的热力学性质导致 LNG 在水下的喷射释放具有复杂的物理化学作用。实验发现大约在水下 150m 范围处气泡基本全部溶解，不会扩散出海平面。

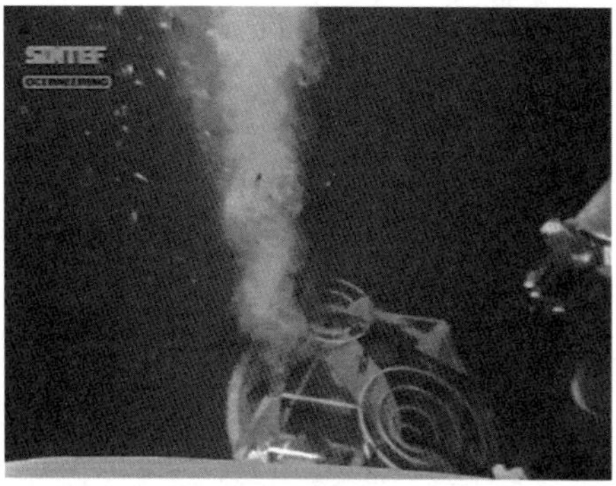

图 1-5　LNG 水下泄漏孔口特征[41]

Raj 等[33]基于两次有限的液化天然气水下释放的资料，结合液体与熔融液态金属的射流实验发现，建立了描述 LNG 在水下垂直向上射流释放时的数学模型，主要包括了液化天然气的释放速率、释放时射流直径、释放深度和水体温度等变量，计算了低温液体在水下射流的温度变化特征，以及液化天然气在水下加热至水温的气泡上升距离。但是该模型缺少实验验证，模型参数中有较多的假设条件，因此有必要对模型进行验证和发展。

Mannan 等[42]通过实验对模型进行的验证，证明模型在假设条件下具有适用性。2011 年在德州农工大学的 Mary Kay O′Connor Safety Center 研究中心进行了一次大尺度的水下 LNG 泄漏实验。实验在一处尺寸为 10.06m×6.4m×1.22m（长×宽×高）的混凝土坑内进行，水深为 0.71m，释放孔径为 25.4mm，连续释放了约 330s，泄漏速率为（40.5±13.4）m^3/min。实验中拍摄的水下释放特征如图 1-6 所示。由于实验的泄漏量较大，没有清晰捕捉到孔口处液体上升的过程。

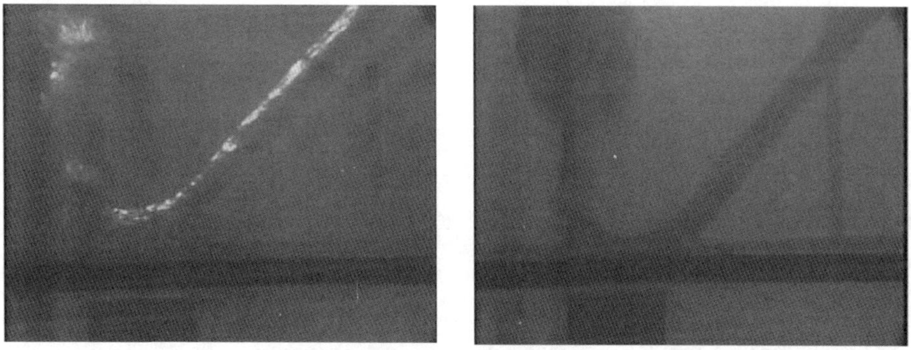

图 1-6　LNG 水下泄漏释放特征[42]

（2）蒸气云扩散特征

LNG 蒸发形成的气云温度较低，其密度大于空气密度，为重气云[43]。一般情况下其扩散过程分为四个阶段：重力沉降阶段、空气卷吸阶段、重气扩散向非重气扩散转变阶段和被动扩散阶段。随着液化天然气扩散云团与周围空气的混合、液滴的形成与蒸发以及地表加热效应的进行，比空气重的液滴、蒸气混合云团将逐渐稀释，与空气的密度差也逐渐减小，重气效应消失之后，云团将在大气湍流的作用下进行被动扩散。从图 1-7 中也可以看出 LNG 水下释放后在液面会形成白色的蒸气云团，大量云团沿地面蔓延向着下风向不断运动，蒸气云的大小与液池面积有直接关系，液池面积越大，LNG 吸收热量越多，形成的蒸气云越大。

图 1-7　LNG 水下泄漏气云扩散特征[42]

通过文献调研发现：已有的大型实验主要评估了水面蒸气云的浓度分布，缺少对于水下泄漏过程羽流上升特征的观察，以及对于不同释放工况和有风环境条件的控制，目前对于潜在的 LNG 水下泄漏事故依然缺少相关实验研究，已有的低温液体释放模型依然缺乏有效数据进行验证。

1.2　LNG 池火灾及模型

目前液化天然气的池火灾研究分为水面和陆地上的实验研究，以及液化天然气蒸气云火灾在水面上的研究。Luketa-Hanlin[44] 总结了大量的 LNG 在水面和陆上的泄漏扩散实验和模型。早期的一些 LNG 在水面的泄漏扩散实验，主要包括 Esso (1973)、Shell Jettision Tests(1973)、Maplin Sands tests(1980)、Burro tests(1980)、Falcon tests(1987)，LNG 在水面的池火实验有 China Lake tests(1978) 和 Coyote tests (1981)，以及地面的池火实验 Maplin Sands tests(1982) 和 Montoit tests(1989)。

(1) 1973 年 Esso 实验

实验由 Esso 研究与工程公司和位于得克萨斯州马塔戈达湾的美国石油协会共同进行。测试以 18.9m^3/min 的流速溢出，释放的体积范围为 0.73～10.2m^3。实验中观察到可见的液化天然气蒸气云，与横向范围相比高度非常低。294K

(70°F)下空气混合物密度和 111K(-260°F)下 LNG 蒸气-空气混合物的密度受大气湿度的影响，其中湿度的增加会降低混合物的密度。在实验范围内，含有85%~94%甲烷的 LNG 成分变化对顺风浓度没有显著影响。在一次实验中，发生了延迟的快速相变。

实验中目测观察到液池的半径范围为 7~14m，计算的蒸发质量流量约为 0.195kg/(m^2·s)。对于 7.12m^3的泄漏量和 4.9m/s 的风速，碳氢化合物传感器测得到 LFL 的最大距离约为 442m。其中一些泄漏过程，蒸气云的范围超过了传感器阵列，因此没有测量到 LFL 的距离。从泄漏现场到最后可见蒸气云的最大距离为 1372m，泄漏面积为 8.37m^2，风速为 4m/s。

(2) 1973 年 Shell Jettision 实验

壳牌公司进行了一系列 6 次实验，其中 LNG 从法国圣纳泽尔以西约 70mi 处的一艘容量为 75000m^3的船上释放，这些实验涉及迄今为止在水中释放的最大 LNG 泄漏量。实验的主要目的是确定船舶静止时以高泄漏率意外释放燃料的可行性，以及船舶移动时以低泄漏率意外释放燃料的可行性。测试的流速范围为 2.7~19.3m^3/min，持续 10min，使总泄漏量为 27~193m^3。当船舶速度从 1.5m/s 提高至 5.4m/s 时，进行了 4 次实验，并进行了 2 次静止实验，其中一次是溢出量最大的实验。LNG 由两种不同尺寸的喷嘴喷射，分别为 51mm 和 102mm，位于水面上方 18m 处，风速范围为 1.9~5.1m/s。

实验中没有进行浓度测量，但使用摄像机观察了可见蒸气云的范围。红外摄像结果表明：使用 51mm 的喷嘴时，海面上不会形成液化天然气池，而使用 102mm 的喷嘴只会形成孤立的斑块。这一结果可能是由于 LNG 在到达海面之前蒸发，因为它是从水线上方 18m 的水平射流中释放出来的。因此，未观察到冰形成或快速的相变过程。此外，射流中未产生可作为点火源的显著静电荷。使用 51mm 的喷嘴在释放结束后 5~10min 内，以及使用 102mm 的喷嘴在 15~20min 内，稠密蒸气云完全扩散。在 3.9m/s 的风速下，最大泄漏量为 193m^3，可见蒸气羽流在其整个长度上是均匀的，高度为 10~12m，最大连续宽度为 550m，长度为 2250m。研究得出的主要结论是：LNG 可以在没有蒸气云吞没船舶的情况下释放，也可以对 LNG 接触船舶造成低温损坏。

(3) 1980 年 Maplin Sands 实验

实验由英国国家海事研究所在英国 Maplin Sands 进行，并由壳牌公司赞助。进行这些实验是为了获得 20 次 LNG 泄漏和 14 次丙烷泄漏到水中的瞬时和连续泄漏的扩散和热辐射数据。在平均风速为 3.8~8.1m/s 的情况下，进行了 24 次连续泄漏和 10 次瞬时泄漏。瞬时泄漏是通过快速击沉装载 LNG 或丙烷的驳船进行的。对于瞬时泄漏，测试的泄漏量为 5~20m^3；对于连续泄漏，泄漏率为 1.5~4m^3/min。

一条直径300m的堤坝围绕着泄漏点进行围堵。结果表明：液化天然气的释放方式影响了蒸气云的扩散行为。对于水下释放，会产生更具浮力的气云；而对于水上释放，会产生更低、更长的顺风云。在一次瞬时LNG泄漏中观察到快速相变过程，导致最大超压为1.8kPa，驳船会受损。典型的水池半径约为10m，蒸发率约为2×10^{-4}m/s，未报告作为泄漏率函数的水池半径。使用3s平均测量，泄漏率为3.2m^3/min且风速为5.5m/s时，到LFL的最大扩散距离为泄漏顺风(190±20)m。在50%~100%的计算湿度范围内，到LFL的距离在蒸气云的可见边界内。

(4) 1980年Burro实验

实验由美国劳伦斯利弗莫尔国家实验室(Lawrence Livermore National Laboratory, LLNL)进行，由美国能源部和气体研究所赞助。共进行了8次LNG向水中释放实验，泄漏量为24~39m^3，泄漏率为11.3~18.4m^3/min，风速为1.8~9.1m/s，大气稳定性条件从不稳定到略微稳定。在直径为58m、深度为1m的池塘上，从泄漏点开始，水面上扩散29m，然后在陆地上扩散80m，地形不规则，上升7m，除此之外，土地相对平坦。在这些实验之前，Avocet进行了一系列5m^{3}泄漏的发现实验。进行Avocet实验是为了深入了解在Burro系列实验中对较大泄漏进行实验所需的测量。

在距离漏油点几段距离和几个海拔高度处测量了风速和风向、气体浓度、温度、湿度和地面热流。气体浓度测量的平均持续时间为10s。高频数据表明，10s平均值出现显著波动，因此气体云的瞬时可燃程度将大于平均LFL等值线所示。

在其中一次实验中，云层引起大气流动的位移，导致云层内的气体速度降低到几乎为零。稠密的云层能够通过稳定的层理抑制湍流混合，因此风能够像固体物体一样在云层上流动。本实验在1.8m/s的低风速下进行，大气稍微稳定，泄漏率为16m^3/min，泄漏量为28.4m^3。对于其他风速较高的实验，未观察到这种影响。与其他测试相比，云层更宽、高度更低。在海拔1m处，到LFL的最大径向距离约为420m。在泄漏结束后，云层还停留在泄漏区域上方，与其他测试不同，在其他测试中，云层在泄漏结束后10~20s内顺风传播。在实验中观察到差异蒸发，其中乙烷和丙烷在泄漏后期云中的富集率高达40%，并向下传播至140m。还发现绝对湿度的相对增加与气体浓度的增加相关。云中1%的气体浓度与绝对湿度增加15%有关。因此，水被带入云中，使得气体云的含水量大大高于环境空气。

在Burro-8号实验中，高空摄影显示，云层的大部分宽度都包含在140m的弧线内，在弧线内放置了气体传感器阵列，尽管云层的一部分通过阵列扩散。气体浓度测量表明，LFL在140m的测试范围内达到。因此，即使大气湿度为5%，到LFL的距离也在气云的可见部分之内。这可能是由于池塘中的水蒸气夹带到云中。

在这些实验中，RPT 也会产生高达 5kPa 的超压(静态)，在距泄漏点 30m 处进行测量。它们的强度足以损坏溢流管支架和溢流板。在一次实验中，RPT 导致 27kg 的溢油板被顺风抛下 50m。末端溢流管支撑结构的底部，一块 1.22m×1.22m 的混凝土板，质量约 227kg，位移约 0.61m。

(5) 1987 年 Falcon 实验

实验由 LLNL 在内华达州的 Frenchman Flat 进行，并由天然气研究所和美国 DOT 赞助。实验的目的是提供一个关于涉及障碍物中泄漏产生的 LNG 蒸气扩散的数据库，并评估蒸气围栏缓解扩散危害的有效性。该测试在一个 40m×60m 的池塘上进行，池塘由一个 88m(长)×44m(宽)×9.1m(高)的蒸气栅栏围成。为了模拟储罐的障碍物，在池塘的上风处放置了一个 22m 宽和 13.7m 高的屏障。总共进行了 5 次实验，泄漏率为 8.7~30.3m^3/min，体积为 20.6~66.4m^3，风速为 1.7~5.3m/s，甲烷浓度为 88%~94.7%。气体浓度和温度测量是在泄漏的逆风和顺风塔上进行的。

Falcon-1 体积最大的实验为 66.4m^3，泄漏率为 28.7m^3/min，大气条件最稳定(稳定性等级 G)，导致蒸气云在四面的蒸气栅栏上溢出，尽管溢出前风洞模拟预测云将停留在栅栏内，如图 1-8 所示。据推测，顶部上方的输送是由于高泄漏率导致湍流混合增强，部分原因是下方水的 LNG 过热。由于对污染源区域的浓度和温度测量不足，该推测无法得到证实。在这种情况下，测量到 LFL 的最大顺风距离为 330m。

图 1-8 Falcon-1 泄漏显示 LNG 蒸汽溢出蒸汽围栏

实验在有或无蒸气栅栏的情况下进行。有了围栏，到地面 2.5%浓度的下风距离从大约 380m 减少到 235m，危险区域也大幅减少。在泄漏中心附近浓度为 2.5%的云在有围栏的情况下持续时间为 530s，而在没有围栏的情况下持续时间为 330s。尽管围栏缩短了危险区域的下风距离并延迟了云到达时间，但它延长了围栏内的云持续时间，从而增加了区域内给定源的点火可能性。

在最后一次测试 Falcon-5 中，泄漏发生约 60s 后发生了一次大的 RPT，81s 时蒸气围栏内开始出现一个火球。该实验的泄漏率为 30.3m^3/min，总体积为 43.9m^3，甲烷含量为 88%。据推测，火球是由于 RPT 吹掉了管道的绝缘层，在测试之前，由于用液氮冷却，管道表面可能冻结了氧气，从而使天然气暴露在氧气中。在大约 100s 的时间内，仅获得围栏外的有限数据。在 Falcon-3 期间也发生了 RPT，泄漏率为 18.9m^3/min，总体积为 50.7m^3，甲烷含量为 91%。

这些大规模的实验为模型的开发和验证提供了基础数据，如表 1-1 所示。P. Cleaver[45] 提供了已有的大型池火火灾的数据；Raj[39,40] 总结了火灾数据并评估了模型的缺陷；Thyer[46] 总结了一些小规模的低温液体泄漏扩散的实验研究；Lees[47] 对之前的液化天然火灾、泄漏扩散、快速相变实验和模型建立进行了综合讨论。

表 1-1　LNG 火灾实验总结

年份	组织者	测试条件	测试组数	泄漏率/(m^3/s)	辐射率/(kW/m^2)
1969	Esso	液化天然气连续火灾	6	1.6×10^{-4}	92
1962	US Bureau of Mines	被堤坝包围的地面上的液化天然气泄漏	NA	—	—
1973	AGA	被堤坝包围的地面上的液化天然气泄漏	7 8	1.5×10^{-4} 2.2×10^{-4}	100 160±17
1974	USCG	水上无侧限水池；持续泄漏	5	4.0×10^{-4} 6.0×10^{-4}	220±47
1976	JGA	被堤坝包围的地面上的液化天然气泄漏	3	—	58
1980	British Gas	被堤坝包围的地面上的液化天然气泄漏	29	—	—
1980	Shell Research	液化天然气泄漏至隔热混凝土堤坝水上无侧限水池	1	2.37×10^{-4} —	153
1981	Tokyo Gas	陆上堤坝	8	1.6×10^{-4}	203±35
1987	Gaz de France	液化天然气泄漏至隔热混凝土堤坝	3	1.6×10^{-4}	165±10

Sandia National Laboratories(SNL)进行一系列大型液化天然气水上泄漏同时发生火灾的实验研究，以提高对水面泄漏的物理理解和危害评估。文献[48，49]描述了大规模水上实验中的液化天然气(LNG)池火灾，其中 0.147kg/(m^2·s)的质量损失率增加，这取决于从水面到液态 LNG 的热量输入。池火直径分别为 21m 和 56m，是地面池火质量损失率下的 2~3 倍，如图 1-9 所示。结果表明：火焰高径比与无量纲放热率具有良好的相关性。陆地上喷射火焰与水上喷射火焰的区别在于：水的深度阻止了释放气体与空气的直接混合，从而导致接触面积增大，上升速度减慢。

这些实验的主要目标是测试和评估液体泄漏速率、火焰几何形状、火焰速度、燃烧速率和火焰发射功率及辐射热通量等参数，并开发了一系列模型来预测火焰的燃烧特征，但是不同实验工况可能导致预测结果的偏差。这些差距指出了与释放量、液池蔓延、蒸发、扩散和池火灾相关的一些参数，这些参数可显著影响预测的危险距离，由此带来的不确定性会对热危害预测产生重大的综合影响。因此，通过实验和模拟进一步的验证和校准，这种不确定性可以大大降低。

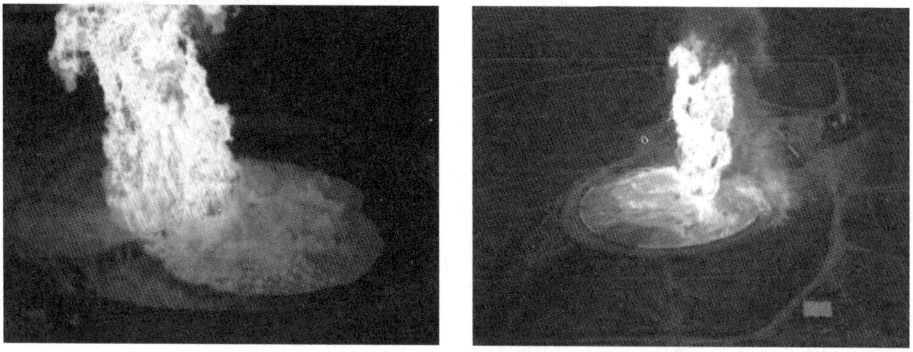

图 1-9　实验 2 中约 250s 的液化天然气池火燃烧

1.2.1 火焰燃烧速度

池火灾是浮力控制的湍流扩散燃烧，燃料在燃烧前气化，此过程非常迅速可以忽略。大型池火灾燃烧时，可见火焰中包含很多炭微粒，并且持续被氧化而产生较高的辐射能量，火焰辐射能力取决于火焰中炭颗粒的浓度和烟气释放量。烟气释放量取决于以下影响因素：空气夹带率(控制火焰中燃料的质量分数)、火焰的湍流程度(影响混合率和火焰表面的烟气流动)以及燃料类型(不饱和、大分子的燃料燃烧持续更久，产生大量黑烟)。燃烧发展过程可以分为 4 个阶段：

(1) 燃烧产生的热辐射使液池表面的燃料气化，形成了一层较薄的高温层；

(2) 在液池表面可以观察到完全燃烧的显光火焰层，伴随释放大量热量；

(3) 液池与火焰底面之间的中间层充满了燃料蒸气，蒸气由液池表面上升扩散到中间层的顶部(即火焰的底部)，穿透火焰与进入中间层的空气混合后形成预混层，在显光火焰之上是不显光火焰区，火焰表面释放的烟气覆盖在完全燃烧的火焰区上；

(4) 随着火焰高度的增加，烟气逐渐增加直到火焰不可见，此时燃烧中止，烟气由燃烧产物和未充分燃烧的燃料组成。

液化天然气的主要危险之一是液化天然气的池火灾。火灾是在液化天然气池的顶部形成的，并持续存在，直到下面的液化天然气池中的燃料全部被燃烧。正如文献[39]中所描述的，McCaffrey 将池火分为三个不同的区域：第一个区域，即蒸气富集区，是液化天然气池中液化天然气最多的地方；由于缺乏氧气，第一个区域未燃烧的液化天然气蒸气将向上移动并创造第二个区域，这时火焰仍然固定在火焰底部和火焰脉动的地方，这种脉动也是由空气中夹带的可燃蒸气和大量的涡流造成的；第三个区域是其余未燃烧的液化天然气蒸气的位置。根据可用的氧气量，脉动将会发生，可以被看作是一团被不规则的团块燃烧的燃料。

目前国内外关于池火灾特性的研究主要包括以下两个方面。

(1) 质量传递：主要是对燃料、氧和燃烧产物的主导传递机制和动态特性开展研究。关注区域包括燃烧表面、火焰、烟气及周围环境，研究的重点是燃烧释放的热量、炭黑量，氧化及质量卷吸特性，烟气中剩余氧浓度及毒性等。

(2) 热量传递：主要是对辐射、自然对流及导热特性开展研究。关注区域包括燃料表面、火焰、烟气及周围环境，研究的重点是辐射对周边环境的影响、辐射对燃烧表面的热量反馈特性、对热量传递的控制等。

质量燃烧速率是研究池火灾中的一个重要参数，它是火焰长度相关性的变量，决定了火焰的总燃烧热量。同样条件下的液体在不同大小的液池中的燃烧速率是不同的，在实际计算时，常采用下面的半经验公式[50]：

$$m_f = m'[1-\exp(-k\beta D)] \tag{1-1}$$

式中，m_f是液池单位面积的质量燃烧速度，$kg/(m^2 \cdot s)$；m'是液池最大面积的质量燃烧速度，$kg/(m^2 \cdot s)$；k是火焰吸收衰减系数，m^{-1}；β是气体有效厚度校正系数；D是液池直径，m。

通过上式可以看出质量燃烧速率仅取决于液池直径和燃料类型。在大型池火燃烧实验中，往往采用热电偶法来确定低温池火的燃烧速率。在液面中布置一列热电偶，通过液面位置与低温液体密度随时间变化的斜率相乘，计算出大型池火的质量燃烧速率。

而与无风情况下相比，有风条件下池火燃烧速率的变化规律及其内部影响机理可能存在很大差异。对于一些大尺度现场池火而言，环境条件难以控制，Babrauskas[50]建议对横风下燃烧速率进行修正，计算方法见式(1-2)：

$$\frac{m'_{wind}}{m'} = 1+0.15\frac{u}{D} \tag{1-2}$$

式中，m'_{wind}是有风时液池的质量燃烧速度，$kg/(m^2 \cdot s)$；m'是无风时液池的质量燃烧速度，$kg/(m^2 \cdot s)$；u是环境风速，m/s；D是液池直径，m。

Lu 等[51]开展了不同直径航空煤油在横风下池火燃烧实验，定义了池火燃烧的不同阶段，建立了风速弗劳德数与无量纲质量燃烧速率的回归方程，用于预测风速对强制对流系数的影响。Hu 等[52,53]进行了大量液烃燃料在横风下的池火燃烧实验，结果表明，横风会引起热反馈机制的变化，不同的液池尺寸、燃料类型都会对热反馈机制产生很大的影响，因此，可能导致风速对燃烧速率不同的结果。Li 等[54]分析了在横风条件下池火灾燃烧的尺度效应，直径小于 1m 的池火风速增加有利于单位面积质量损失率的增加，而直径大于 1m 的液池，风速对单位面积质量损失率影响较小。

基于上述文献可以看出，不同燃料在不同工况下的燃烧速率均有一定差异。因此，开展蒸气云火焰在水面燃烧实验，确定火焰的燃烧速率，为分析蒸气云火焰燃烧危害范围提供基础数据。

1.2.2 火焰几何形态

火焰几何形态(包括火焰高度和倾角)是池火灾的另一个重要特征，有助于确定用于预测热辐射的火灾模型。关于火焰形状的研究大部分是从现象学角度展开的。Heskestad[55]根据定义的无量纲热释放率，提出了轴对称源火焰高度与无量纲热释放率 Q 的基本关联式，见式(1-3)和式(1-4)：

$$H_f/D=3.7(Q^*)^{2/5}-1.02 \tag{1-3}$$

$$Q^*=\frac{Q}{\rho C_{pa}T_\infty\sqrt{g}D^{5/2}}=\frac{\dot{m}\Delta h_c}{\rho_a C_{ap}T_a\sqrt{g}D^{5/2}} \tag{1-4}$$

式中，$\dot{m}$ 为燃料质量损失率，kg/s；D 为液池直径，m；Δh_c为燃烧热，kJ/kg；ρ_a为环境密度，kg/m^3；C_{ap}为环境比热容，kJ/(kg·K)；T_a为环境温度，K。

在多数情况下，由于实际环境中的池火燃烧都受到环境风的影响，Thomas[56-58]基于木垛火的实验数据，提出一个无量纲模型来预测在横风下的火焰长度模型，见式(1-5)~式(1-7)：

$$\frac{L_F}{D}=A(m^*)^p(u^*)^q \tag{1-5}$$

$$m^*=\frac{\dot{m}}{\sqrt{gD}\rho_a} \tag{1-6}$$

$$u^*=\frac{u}{\left(\frac{g\dot{m}D}{\rho_a}\right)^{1/3}} \tag{1-7}$$

式中，L_F为火焰长度，m；D 是液池半径，m；$\dot{m}$ 为燃料质量损失率，kg/s；ρ_a为空气密度，kg/m^3；u 为横向气流速度，m/s；A、p、q 为拟合系数值。

由上式可以看出，平均火焰长度取决于液池直径、质量燃烧速率和风速。

火焰倾角也是描述在横风下火焰几何特征的一个重要参数。基于不同的实验条件和假设参数，目前描述火焰倾角相关性的预测模型主要有以下几种。

(1) Thomas[56-58]曾提出了一个无量纲模型，使用木垛火数据的相关性，得到了火焰倾角与无量纲风速相关联，见式(1-8)和式(1-9)：

$$\cos\theta=\begin{cases}0.7\,(u^*)^{-0.49}, & u\geqslant 1\\ 1, & u<1\end{cases} \tag{1-8}$$

$$u^*=\frac{u}{\left(\frac{g\dot{m}D}{\rho_a}\right)^{1/3}} \tag{1-9}$$

式中，$\dot{m}$为燃烧质量损失率，kg/s；ρ_a为空气密度，kg/m^3；u 为风速，m/s。

该模型的主要缺点是在低风速下预测的倾斜角为 0。美国天然气协会(AGA)也推广使用该模型，但系数和指数分别建议为 1 和-0.5。

(2) 在火灾尺度化模型中，通常不考虑详细的化学反应，常压环境下火灾实验通常只考虑 Froude 数的无量纲组合。基于 Froude 数和 Reynolds 数来表示火焰倾角的相关性，这种相关性的形式与 Welker 和 Sliepcevich[59,60]得出的结果相似，模型计算见式(1-10)：

$$\frac{\tan\theta}{\cos\theta}=f(Fr)^{a}(Re)^{b} \tag{1-10}$$

式中，θ 为火焰夹角，(°)；Fr 为弗劳德数；Re 为雷诺数；f、a 和 b 为拟合系数。

尽管这些倾斜角可以在低风速下，但没有较好的效果。

(3) Hu 等[61]对不同液烃燃料在横风下开展实验，揭示了火焰倾斜角的正切值与横向下气流速度与浮力诱导的火焰特征上升速度成正比，这个模型是基于乙醇和 n-庚烷池火得到，见式(1-11)：

$$\tan\theta=9.1\left[\frac{\rho_{a}C_{pa}\Delta Tu^{5}}{\dot{m}D^{2}\Delta H_{c}}\cdot\left(\frac{T_{0}}{g\Delta T_{f}}\right)\right]^{1/5} \tag{1-11}$$

式中，$\dot{m}$ 为燃料质量损失率，kg/s；D 为液池直径，m；u 为风速，m/s；ΔH_c为燃烧热，kJ/kg；ρ_a为环境密度，kg/m^3；C_{pa}为环境比热容，kJ/(kg·K)；T_0为环境温度，K；ΔT_f为火焰上升温度，K。

Tang 等[62]研究了不同纵横比和侧风速度高达 4.5m/s 的矩形油气藏。他们发现，阻力长度随着风速的增加而增加，直到达到临界点，然后随着一些未燃烧的燃料被吹走而减小。Lu 等[51]开展了不同直径航空煤油在横风下池火燃烧实验，拟合得到了用于预测火焰长度和倾角的参数。Ping 等[63]基于在水垫层上的油池火燃烧，获得了横风条件下具有爆发现象的火焰几何特征。Salvagni 等[64,65]对柴油和生物质油在横风下的燃烧特征进行了测试，并将火焰的几何特征与文献中 13 个几何参数的相关性进行了比较，其中一些几何参数得到了很好的一致性。

通过对已有的文献和模型总结可以发现，目前对于不同实验数据建立的火焰几何形态预测模型较多，而火焰高度和倾角对实验环境的变化非常敏感，基于不同的燃料类型、液池尺寸、实验环境等因素，不同预测模型均有一定的偏差。因此，对于不同的池火实验条件，依然有必要开展实验来验证模型的适用性。

1.2.3 池火灾热辐射模型

池火的热辐射是液化天然气泄漏的主要危害，大面积的池火不仅会对周围的工作人员造成火焰灼伤，给灭火带来不便，而且长时间热辐射，会给周围设施带来额外的危害，从而带来连锁的事故反应。目前许多国家都要求液化天然气设施有一个热隔离区，一般推荐使用 NFPA 59A 中规定的 5kW/m^{2}辐射强度作为人员暴露于火灾辐射热的安全距离标准[66,67]。

LNG 池火火灾的数学模型主要分为场模型和半经验模型两类：场模型，即计算流体力学模型，用于求解 $N-S$ 方程，有较高的置信度，但不适合工程技术；半经验模型有点源模型、固体火焰模型、池火定量评价模型。采用不同模型研究环境风速、大气条件、泄漏孔径、围堰尺寸对安全距离的影响。

(1) 点源模型将池火假设为一个热辐射源点，成半球状向周围空间辐射热量，模型原理如图 1-10 所示。根据牛顿提出的平方反比定律，即辐射强度与到辐射远距离的平方成反比，得到池火热辐射强度计算模型[68]，计算方法见式(1-12)：

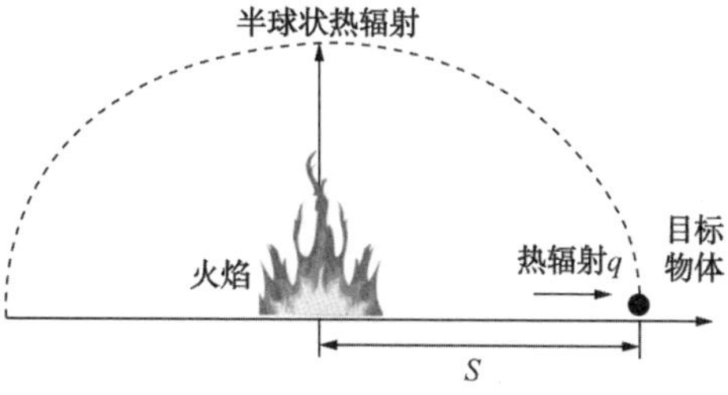

图 1-10　点源模型原理图

$$q''=\chi_R\frac{(\pi/4)D^2m''\Delta H_c\tau(s)}{4\pi s^2} \tag{1-12}$$

式中，q''为热辐射强度，kW/m^2；χ_R为辐射分数；D 为围堰直径，m；m''为单位面积的质量燃烧率，kg/(m^2 · s)；ΔH_c为 LNG 燃烧热，kJ/kg；τ 为空气透射率；s 为下风向距离，m。

该模型适用于目标距离点源较远的情形，计算过程简便，忽略了火焰形状、目标物体位置坐标等因素，使得结果过于保守。

(2) Rew 和 Spencer 等[69]开发了表面发射模型(也称固体火焰模型)，该模型将池火看作成一个圆柱体，柱体表面以固定的表面热辐射强度均匀向外释放能量。模型考虑了环境风速、火焰形状、目标物体与火焰中心的距离等对火焰热辐射的影响。主要设计参数包括火焰特征参数(火焰长度、倾斜角以及拖曳比)、火焰表面热辐射强度、大气透射率和视角因子。圆柱的直径为池火直径，当风速不为 0 时，圆柱将发生倾斜，与竖直方向夹角为 θ，模型原理如图 1-11 所示。

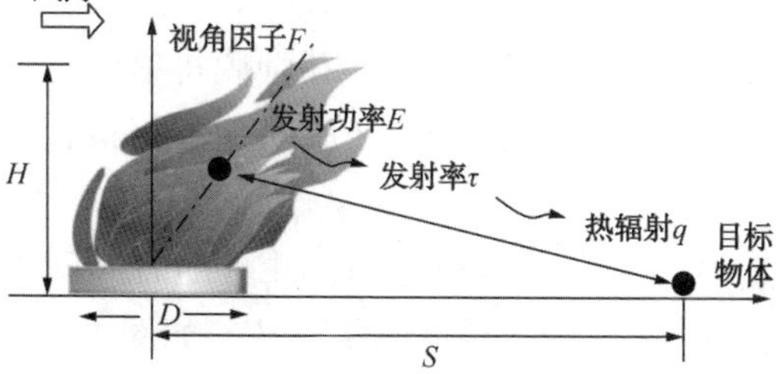

图 1-11　固体火焰模型原理图

为方便在工程上使用，常对该模型做如下形式的简化，见式(1-13)：

$$q''=E\times F(s)\times\tau(s) \tag{1-13}$$

式中，q''为热辐射强度，kW/m^2；E 为火焰表面发射功率，kW/m^2；F 为视角系数；τ 为大气透射率；s 为火焰底部中心距离目标物体距离，m。

Mudan 等[70]提出了考虑池火焰不同区域的辐射强度计算模型，将油池底部的火焰发光区域和上部烟气羽流区域进行单独计算，得到了较大的发光区域火焰发射功率。庄磊[71]采用航空煤油燃料发展了在横风下油池火焰的双区域模型，考虑了辐射发射功率在连续火焰区域间歇火焰区的不同分布。Liu 等[72]基于不同油品的池火实验建立了多因素热辐射模型，并对视角因子进行了修正，用于评估池火对周围的热辐射危害。Zhou 等[73]提出了一种多层柱状火焰模型来预测池火的热辐射通量，结果与大量烃类池火灾数据有较好的一致性。

通过文献总结发现：不同的燃料类型、液池尺寸及环境条件均会对火焰的燃烧速率、火焰几何尺寸和热辐射产生一定的影响。对 LNG 池火灾水面和地面已经开展了一些实验研究，确定了火焰燃烧的基本特征，但是对 LNG 在水下泄漏形成的蒸气云火焰还鲜有报道，尤其是关于横风对气云燃烧的影响的报道更少。通过一些中小尺度液烃池火在横风下的燃烧可以发现，模型参数大多基于实验数据拟合而来，导致模型对不同池火灾事故工况的适应性较差。因此，开展在横风下水面的 LNG 蒸气云火焰研究有助于验证模型在不同工况的适用性；另一方面，基于安全考虑，对于评估火焰的危险范围、预测火焰的热辐射强度、提高模型的适用范围均有一定帮助。

1.3 泡沫衰变特征及稳定性影响因素

1.3.1 泡沫衰变特征

泡沫主要由气泡大小和液体体积分数组成，在不同尺度范围内自组织成不同的结构，最大限度地减少高能耗表面积。因此，泡沫的性质主要取决于泡沫尺寸和溶液的物理化学性质之间的复杂耦合作用。在最小的尺度上表面活性剂分子吸附在气液界面，当两个界面非常接近时，产生薄膜将单个的气泡分开，在微观尺度下，薄膜将连接在一起形成稳定的边界(Plateau Borders，PB)，从而形成相互连通的液体通道[74-76]。

所有的泡沫在热力学上都是不稳定的，并且随着时间的增加而消失[77,78]。排水、聚结和粗化三种主要机制导致泡沫的破坏，如图 1-12 所示。排水是气泡相互挤压和重力作用的结果，液体从泡沫中流出，相邻气泡间曲面压力不同，在压力差作用下液体从 A 流向 B，在重力的作用下通过液体通道继续向下流动，使气体和液体分离，如图 1-12(a)所示。排水降低了液体的比例，导致泡沫变干。如果两个气泡之间的薄膜是不稳定的，它会被打破导致两个气泡进行合并，如图 1-12(b)所示，这个机制叫作聚结(合并)，这也是泡沫破裂的主要机制，泡沫在顶部的破裂导致泡沫的消失，第三种破坏稳定的机制是粗化，不同半径的气泡间的气体扩散是由于拉普拉斯压力的不同(气泡越小，压力越大)，气体从较小的气泡转移到较大的气泡，导致较小的气泡消失，如图 1-12(c)所示。聚结和粗化导致平均气泡尺寸随时间的增加而增大。这三种机制相互依存、相互促进，从而大大降低了泡沫的稳定性。

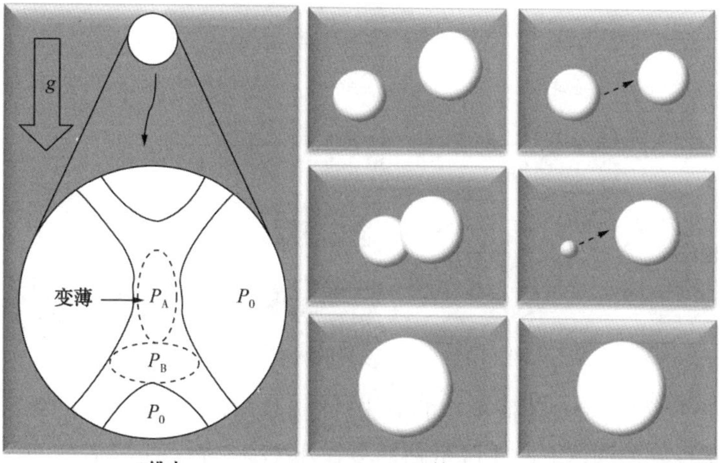

图 1-12　泡沫失稳的三种主要机理

目前对高倍泡沫控制液化天然气泄漏扩散及池火灾已经展开了大量研究[79-82]，实验发现，在实际应用中高膨胀泡沫的有效性在很大程度上取决于泡沫层的厚度，但随着时间的推移，泡沫的排水会导致覆盖层厚度下降，控制灾害效果逐渐降低。因为在现场测试中发现施加低温液体(液化天然气或液氮)、环境风和火焰热辐射在不同程度上均会影响泡沫的稳定性，为了保持在相同条件对火焰的有效控制时间，需要二次施加泡沫以保持有效的高度，并在表面保持新鲜的泡沫液体，才能最大限度地控制灾害。Yun 等[82]建议采用的最低有效泡沫深度为 0.64m，并且建议采用液化天然气蒸气风险缓解措施，为实际应用提供适当的安全距离缓冲区。

Zhang 等[79-81]利用小尺度风洞装置研究了施加高倍泡沫在三种传热机制下对液氮蒸发速率的影响。实验采用风扇和灯泡面板来模拟大气对流和热辐射，通过施加单一的控制变量，得到了在施加泡沫后不同传热机制的下降幅度，有助于减少70%对流和热辐射对蒸发速率的影响。同时，基于改进的泡沫发生装置，量化了低温液体的沸腾效应存在于很短的时间。

Krishnan等[83]针对不同工况对高倍泡沫的破碎率和液体排水率进行了实验研究，发现强制对流和热辐射可以明显提高泡沫的破碎率，最大分别增加了3倍和5倍，对于施加低温液体后泡沫的施加量应重新进行评估，泡沫的液体排水也会影响低温液体的蒸发速率；同时，分析了影响泡沫破裂的内部因素和外界因素，如图1-13所示。

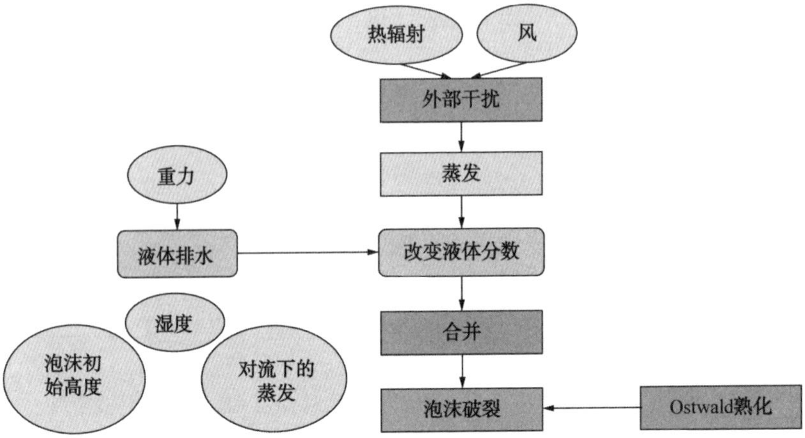

图1-13　泡沫破裂的影响因素[83]

Yang等[84]研究发现不同类型的泡沫对控制LNG蒸发有不同的效果，发泡倍数高、稳定性好的泡沫有利于降低初期蒸气外逸率，而稳定性差的泡沫有利于提高蒸气温度，便于蒸气扩散。因此，通过分层加注泡沫工艺可以提高控害效果达48%。

基于上述研究发现，在实际环境应用泡沫后，当泡沫中水分流失较快、排液率较高时，低温液体的蒸发速率也相对较高。因此，考虑对流和热辐射等外部因素可能有助于更好地评估泡沫使用量。在现场应用中，风和热辐射对泡沫的影响十分显著，缺少对外界环境的有效控制手段和量化方法，因此，提高在复杂环境下泡沫的稳定性能是所有研究者的共同目标。

1.3.2　提高泡沫稳定性技术

传统的高倍数泡沫主要由水和泡沫浓缩液按比例进行机械混合，通过特定的传送装置与空气混合产生高含气量的泡沫。这种泡沫主要由大量的气泡聚集而成，每个气泡之间由包含水分的液膜连接，形成稳定的气液两相泡沫体系。当泡沫施加在低温液体或扑灭火焰时，泡沫体系在环境风或火焰热辐射的作用下，气泡中间液膜的水分会不断蒸发，表层气泡不断破裂，气泡有效覆盖高度快速下降，导致气泡的稳定性和耐久性往往很差[83]。因此，在抑制低温蒸汽扩散和灭火时，泡沫溶液的稳定性和抗烧能力依然有很大的改善空间。

目前的方法主要是添加表面活性剂和固体颗粒，已有的一些研究结果表明：表面活性剂可以降低泡沫液的表面张力，促进泡沫的色散，但是，表面活性剂在泡沫气液界面的电离能很小，这种两相泡沫体系不够稳定[85-91]。另一个很有前景的方法是添加固体颗粒，它在气液界面上的分离能比表面活性剂分子要高得多，可以作为泡沫的稳定剂。由于在泡沫溶液中添加了固体颗粒，形成了包含水、空气和固体颗粒的液、气和固的三相共存的泡沫体系，因此称之为三相泡沫[88]，如图 1-14 所示。固体颗粒加入泡沫溶液中势必会影响液膜间液体的析出速率以及泡沫的稳定性，此外固体颗粒的性质和添加量都会对液膜强度和稳定性产生很大的影响[92-96]。

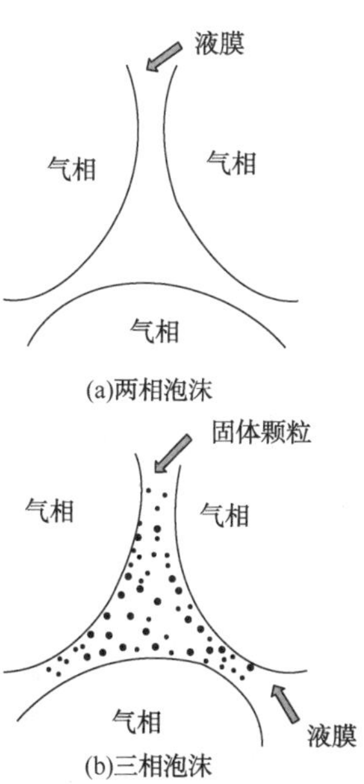

图 1-14　两相泡沫与三相泡沫示意图对比

Foamglas[97]是一种绝缘固体泡沫，它不易燃，密度为 LNG 的三分之一，可以漂浮在液体上方，如图 1-15 所示。Suardin 等[97,98]对 Foamglas 作为抑制大型液化天然气池火的有效性进行了探讨，并与高倍泡沫做比较。实验结果表明：在实验坑内添加 Foamglas 可以有效提高抑制效果，减少了 90%的热辐射通量，但是这种方法主要用于发生泄漏后，并且对于抑制蒸气扩散的效果有限。

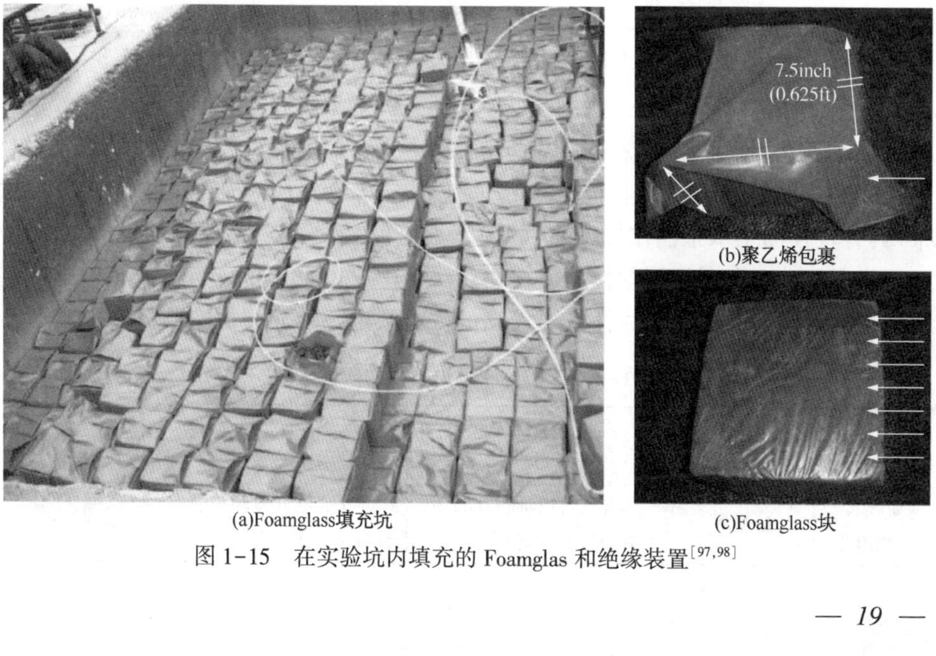

(a)Foamglass填充坑　(b)聚乙烯包裹　(c)Foamglass块

图 1-15　在实验坑内填充的 Foamglas 和绝缘装置[97,98]

Guevara 等[99]和 Zhang 等[100]曾对去角质磷酸锆(ZrP)纳米颗粒进行过实验，并强调其在低温高盐度条件下也能增强泡沫的稳定性。Krishnan 等[101]基于磷酸锆对高倍泡沫稳定性的研究表明：添加磷酸锆稳定泡沫的效果优于单独的高倍泡沫，添加质量分数在4%时，泡沫的破碎率最高可下降约40%。

Yekeen 等[23,24]测试了 SiO_2和 Al_2O_3纳米颗粒对十二烷基硫酸钠表面活性剂在静态和动态条件下的稳定性能。结果表明：表面活性剂溶液中加入适量的纳米颗粒可以提高泡沫柱的稳定性，随着颗粒浓度增加，泡沫稳定增强，但发泡能力降低。SiO_2和 Al_2O_3颗粒浓度(质量分数)为1%对泡沫均具有最佳的稳定性。在80℃温度下 SiO_2和 TiO_2纳米颗粒对十六烷基三甲基溴化铵泡沫液稳定性最大提高了160%和440%。

唐宝华[88]研究了添加空心玻璃微珠对泡沫性能的影响。结果表明：添加空心玻璃微珠可以在燃料表面形成黑色致密的覆盖层，有效隔绝热量的传递，从而提高泡沫的稳定性和抗烧性能；而加入纳米二氧化硅形成的稳定泡沫体系，在汽油液面具有很强的抗溶性，当添加量在30%时，泡沫的发泡能力和耐火性均明显增强。

Zhou 等[30]研究了两种类型的 SiO_2 颗粒对抗溶性水成膜泡沫(AFFF)性能的影响，将溶液混合均匀度、表面活性剂浓度、颗粒质量分数和比表面积等因素对泡沫膨胀率和排水时间的影响进行了量纲分析，得到了泡沫性能对四种因素之间的依赖关系曲线和最优的参数值，结果有助于分析三相泡沫的发泡能力和稳定机理，为制备高性能的石油灭火材料提供依据。

Jiang 等[31]制备了由微粉煤灰支撑的水性泡沫，测试并表征了在不同类型油品中的稳定性。结果表明，在一定范围内，泡沫膨胀率随粉煤灰浓度增加而增加，当粉煤灰质量分数超过4.8%时，三相稳定泡沫具有更好的耐油性。

表1-2中总结了目前一些用于火灾消防的三相泡沫灭火剂。从表中可以看出：粉煤灰或泥浆已经广泛用于煤矿地区的灭火，但是这种颗粒粒径尺寸较大且含有杂质，直接限制了在石油灭火中的应用；其他固体添加物(黏土或玻璃微珠)具有较强的亲水亲油作用，与油品接触会产生浸没燃烧，主要用于矿井和地下的油火灾；纳米添加剂颗粒尺寸往往较小(10~200nm之间)，可以有效抑制泡沫排水并阻隔油气挥发，往往需要较高的颗粒浓度，从而增加泡沫的使用成本。

表1-2 三相泡沫灭火技术的研究进展

三相泡沫灭火技术	主要添加材料	优点	缺点	主要应用场合
粉煤灰三相泡沫	粉煤灰	粉煤灰可以堆积在井下，具有较好的封堵效果	不适合在开敞环境使用，设备维护成本高	煤矿的火灾

续表

三相泡沫灭火技术	主要添加材料	优点	缺点	主要应用场合
纳米黏土三相泡沫	纳米黏土	便于保存和长距离输送	使用成本较高，耐温性差，破灭后容易复燃	罐区内抑制油气挥发
玻璃微珠三相泡沫	玻璃微珠	抗烧性能好	对于抑制蒸气扩散效果较差	储油罐火灾
纳米颗粒三相泡沫	SiO_2、TiO_2、ZrO_2	对发泡性能影响较小，对环境无污染	成本较高	油气储罐的挥发和火灾

通过上述研究发现：三相泡沫在矿区和油库灭火中得到了广泛的应用，主要的颗粒包括粉煤灰、泥浆、黏土和空心玻璃微球等[88-91]，而对于石油化工灭火，需要更精细的要求，如纳米二氧化硅、磷酸锆和石墨粉[92-96]已经得到了应用。对于添加颗粒的研究表明：当三相泡沫体系的液膜中充斥着颗粒微球，在泡沫受到环境风或火焰热辐射作用时，一方面大量的颗粒在液膜通道之间形成骨架结构，起到了支撑作用，可以增强液膜的稳定性；另一方面在泡沫破裂后剩余的固体颗粒会向下沉积，在油面与泡沫接触面之间形成一层保护膜，隔绝热量并防止泡沫进一步破碎，从而提高了三相泡沫的耐烧性和热稳定性。因此三相泡沫比传统的两相泡沫具有良好的抗烧能力和稳定性。但是对于像液化天然气等低温液体的泄漏和池火灾，往往需要更高浓度的颗粒来稳定泡沫，目前相关研究与实践应用较少，因此，研究纳米颗粒添加剂形成的三相泡沫应用于液化天然气的池火灾，有望在消防应急救援中发挥更大的作用。

1.4 高倍泡沫抑制 LNG 研究方法

1.4.1 高倍泡沫性能及生成装置

泡沫的开发必须遵循泡沫四面体，即水、泡沫浓缩液、空气和机械搅拌必须以合适比例提供，否则，将不会产生泡沫或产生低质量的泡沫。泡沫输送系统由4个主要元素组成：水、泡沫浓缩液、比例混合器和输送装置[98]，如图1-16所示。水通常来自水泵的加压水；比例混合器将泡沫浓缩液与水以适当的比例混合；六角形的传送装置是一个机械鼓风机。泡沫溶液喷在喷嘴上，喷涂在机械吹风机上，它有一个屏幕或一系列的屏幕，可以将泡沫分解，并将其与空气混合在一起，这就产生了空气含量高的泡沫。

目前工业用高倍泡沫发生器型号较多，但是将其应用到实验室研究上还存在以下问题[102]：

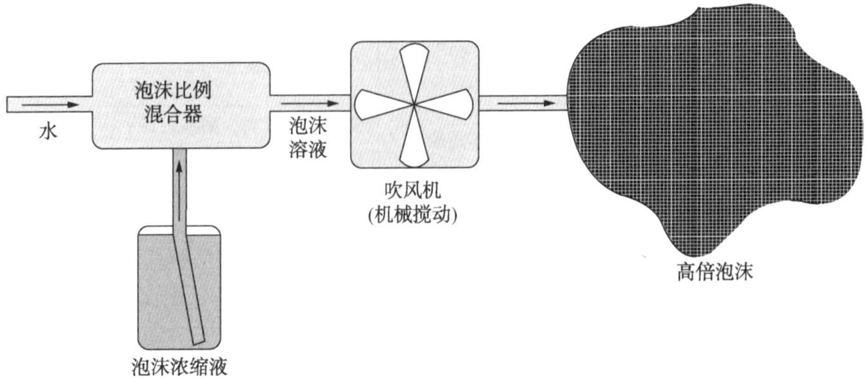

图 1-16　泡沫发生系统示意图

(1) 难以在实验室实现水力驱动。由于现场中消火栓等压力水源的存在，水力驱动在现场应用优势更大，但是实验室难以提供此类水源，而且高压力水源的存在也是一个安全隐患。

(2) 无法单独调节操作参数。发生器产生泡沫，因而发生器本身组件性质肯定对泡沫特性影响较大，诸如：喷嘴种类、发泡网种类、喷嘴流量、进气量等等。而工业泡沫发生器是利用水力驱动风扇叶轮转动发泡，各个参数之间相互关联，难以剥离分析。

(3) 发泡量过大。工业生产中，为了尽快控制危害，往往追求产泡率最大化，市面上发泡器具有的最小发泡率为 $38m^3/min$，一般实验室只有 $200m^3$，因此 5min 左右实验室便会全部填满，而 LNG 必须泄漏到指定的容器内，因此快速而大量的泡沫产生在实验室研究是不合适的。

(4) 数据准确性难以保证。工业泡沫发生器未发泡液体过多，影响发泡倍数的精准计算，对 LNG 这类低温液化液体的蒸气危害控制也不利。

综上所述，工业用高倍泡沫发生器是难以用于实验室研究的，而市面上又难以购买到实验室研究用的高倍泡沫发生器，因此需要自行研制。Brian 等[80,81]基于 NFPA 的设计标准对比了工业应用的泡沫发生器，自主设计了适用于室内实验室改进的小尺度高倍泡沫发生装置，如图 1-17 所示。通过替代或控制调整筛孔尺寸、喷嘴位置、喷嘴类型、空气流量、泡沫溶液压力、泡沫溶液成分和泡沫施加角度，为研究人员提供了多种选择来控制单个因变量的输出，最终为研究大规模的泡沫发生器提供可行的设计，同时，讨论了泡沫功能性的关键参数，如泡沫膨胀比、泡沫半高时间和泡沫施加速率等，提出的设计方案有助于揭示在今后应用(包括液化天然气泄漏扩散控制和灭火等)中各个变量对泡沫性能的影响。通过上述自制泡沫发生器以及室内泡沫实验装置研究了泡沫抑制蒸气危害机理。研究结果表明：温度测试量化肯定了泡沫对液氮蒸气的加热作用，可计算出泡沫初始与稳定状态下的破裂率；量化研究了泡沫初始加速蒸发效应持续时间与对液氮蒸发量贡献数值，并且发现相同喷嘴流量、50%阀门开度下，虽然小喷嘴产生的泡沫发泡倍数比大喷嘴大，但是稳定性却有所下降。

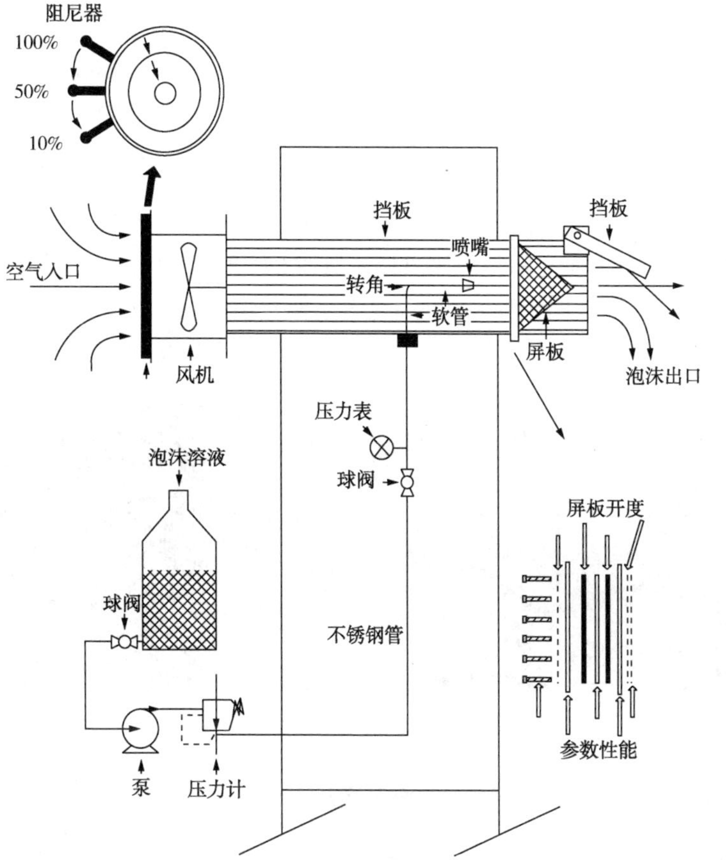

图 1-17　高膨胀泡沫发生器示意图

新的泡沫发生器在 NFPA11 所示的原始模型的基础上进行了许多改进，包括供气的方向、水泵以及管道设置的差异，表 1-3 中列出了主要改进的部分。

表 1-3　泡沫发生器设计的提高

NFPA11 初始设计	新设计	提高
垂直储气筒	水平储气筒	由于天花板高度限制，允许更高的泡沫出口点
由压缩空气推动的解决方案	喷射泵驱动的溶液	提高设计的安全性，消除对压缩空气的依赖
用于在停机期间释放压力的放气阀	较小的加压体积(原设计为 50L，改进设计为 1.5L)，压力自然排出喷嘴	提高设计安全性并简化关闭程序

续表

NFPA11 初始设计	新设计	提高
用于远程启动和关闭的电磁阀	拆下的电磁阀	由于加压体积较小，因此不再需要阀门，启动和关闭过程简化
垂直流动	包括导流板或塑料管道	允许将泡沫导入泡沫收集罐，以便均匀填充

Sun 等[103]采用了 ANSUL 型高倍数泡沫装置测试了 JET-X-2A 的高倍数泡沫发生器，如图 1-18 所示，该预混型泡沫发生器通常采用压缩氮气作为气源，供水水压在 340~690kPa 之间，泡沫出口流量在 62~85CMM 之间，通过压缩高倍数泡沫来驱动水轮式发生器产生高倍数泡沫，发泡倍数通常大于 450，主要应用在一些中大型尺度的泡沫消防实验，可以快速生成一定高度的泡沫层。

图 1-18　预混型泡沫发生装置

1.4.2　高倍泡沫抑制 LNG 泄漏扩散

对于高倍泡沫抑制 LNG 的实验，研究开始比较早。1996 年，K. Takeno 等[104]通过实验研究了高倍泡沫提高蒸发低温气体温度的能力，用液氮来进行模拟实验。通过一个大尺度[内部尺寸为 3m(长)×3m(宽)×0.5m(深)]实验来模拟真实的规模，研究泡沫对蒸发气体温度上升的影响；另外进行了一个小尺度[由 0.2mm 的不锈钢板制成，是 25cm(长)×25cm(宽)×3cm(深)]实验测量蒸发液体的重量变化，研究液体的蒸发速率。研究发现：当高倍数泡沫覆盖到 LNG 上后，高倍数泡沫在低温 LNG 的作用下，会形成三层，分别为漂浮冰层、泡沫冻结层和泡沫层。由于温度极低，最下方的高倍数泡沫在释放到 LNG 上时，会瞬间破裂冻结成冰，并包裹着未破裂的泡沫，形成密度小于 LNG 的漂浮冰层覆盖在 LNG 液面上；上方的高倍数泡沫在低温热传导与低温 LNG 蒸气的双重作用下，逐渐被冻结，形成泡沫冻结层；而最上方的泡沫由于距离低温 LNG 较远，不会被冻结，以原有的泡沫形态存在于泡沫冻结层之上，形成泡沫层。

He 等[105,106]基于自主设计的高倍泡沫发生装置，开展了泡沫抑制液氮蒸发速率的实验研究。结果表明，LNG 在吸收外界热量下，不断地蒸发，LNG 蒸气会从泡沫薄弱处向上扩散，并形成气相通道最终钻出泡沫，向外扩散。LNG 蒸气在上升的过程中，不断吸收周围泡沫的热量，进而温度升高，密度减小，从而在扩散时降低了地面附近处的浓度。因此，高倍数泡沫对 LNG 蒸发扩散的抑制作用主要体现在以下两个方面：(1)物理阻挡作用，形成具有一定孔隙度的泡沫层，阻挡上方热量的传入；(2)加热低温蒸气作用，高倍数泡沫的引入同时给体系中带入了大量的外界热量(水的热量)，认为可持续给低温 LNG 蒸气提供热量，促使其温度上升有利于扩散，如图 1-19 所示。通过实验建立了描述泡沫层及冰层的物理结构模型，推导了利用发泡倍数计算薄膜厚度的方法，建立了 LNG 与泡沫接触部分传热导致其蒸发的数学模型，有助于评估高倍泡沫覆盖下 LNG 传热蒸发特性。

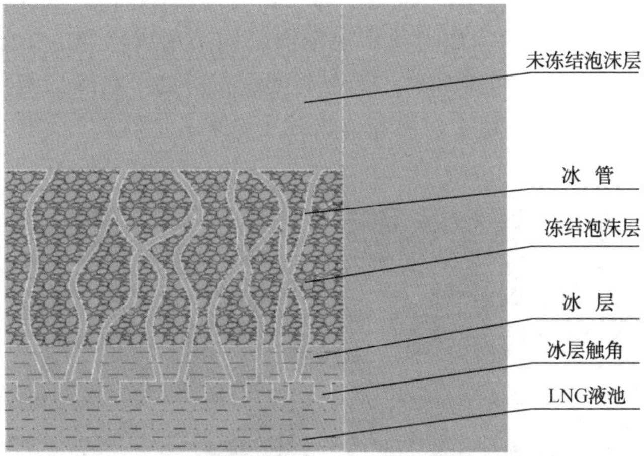

图 1-19　高倍数泡沫覆盖下的 LNG 气体扩散原理图

最近，Suardin 等[98]在得克萨斯州大学的液化天然气池上进行了一些关于膨胀泡沫应用的实地测试，通过大尺度的现场实验确定了 500∶1 的泡沫发生倍数，以及 10L/(min · m^2)的有效泡沫释放速率，可以对实际应用进行理论指导。Yun 等[43,82]在 Brayton 消防中心训练场进行了大尺度(10. 06m 长×6. 40m 宽×1. 22m 高)的高倍泡沫抑制 LNG 泄漏扩散实验，用于模拟密闭混凝土坑内的液化天然气在地面释放的场景，如图 1-20 所示。实验表明：施加泡沫有助于加热 LNG 蒸气，使其具有浮力，初始施加泡沫时泡沫高度降低速率大，而且温度曲线的变化也证明了加速蒸发效应的存在，持续时间大约是 200s，因此在泡沫施加初期要尽量减少液体进入低温液池，避免蒸发速率加快；泡沫层可以有效降低甲烷在顺风向的浓度，从而减少最低爆炸下限的距离。

(a)测试装置实物图　　(b)液池表面冰层结构

图 1-20　实验测试装置及过程

2014 年，Sam Mannan 团队利用该实验中心的风洞装置，继续深入研究了液氮在三种传热机制下对蒸发速率的影响[79]。实验设计了 7 组对照实验，在液池底部加装聚苯乙烯泡沫板，因为聚苯乙烯具有很好的绝热性，因此在一定范围内可以保证恒定的热传导量。而对流和热辐射分别采用风扇和一个灯泡面板来控制，如图 1-21 所示。通过施加单一的控制变量，得到了在施加泡沫后不同热传机制的下降幅度，量化确定了对流和传热对汽化速率的影响，实验方法具有一定的借鉴性。

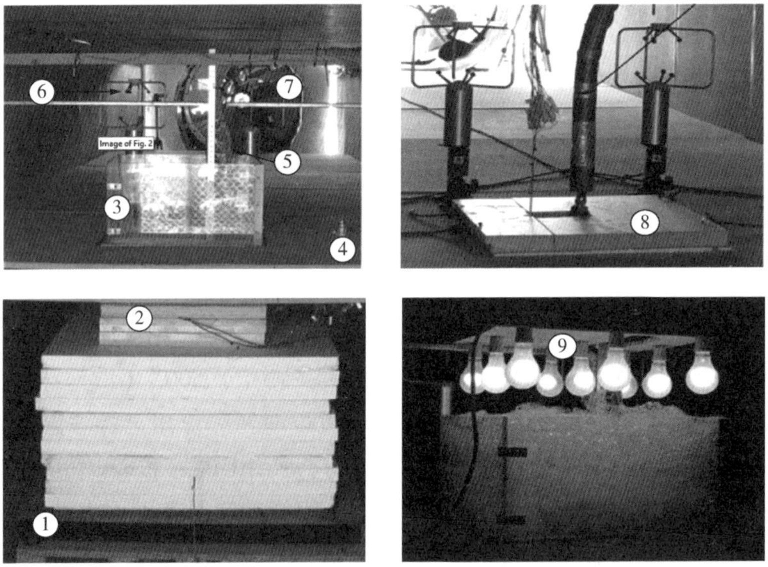

图 1-21　高倍泡沫抑制蒸发速率实验装置

Sun 等[103]开展了高倍泡沫抑制 LNG 泄漏扩散的实验研究，直观地观察 LNG 泄漏扩散的过程，并验证高倍数泡沫的有效性，进一步明确高倍数泡沫的应用参数，揭示抑制机理。实验分别采用了两种甲烷浓度传感器(集成式和便携式)来测试浓度场分布特征，采用阵列式的温度传感器来测试体系的温度分布特征。通过实验发现，从液池中温度变化和甲烷浓度变化均反映出高倍泡沫对 LNG 蒸发扩散的抑制作用。图 1-22(a)中为测试结束后，泡沫层凝结状态，表明泡沫作用在低温 LNG 上形成了稳定的结冰层，减弱了体系的热交换能力；图 1-22(b)为泡沫层中发现的气体通道，进一步表明低温液体在快速蒸发后通过尺寸不一的气体通道继续向上扩散。

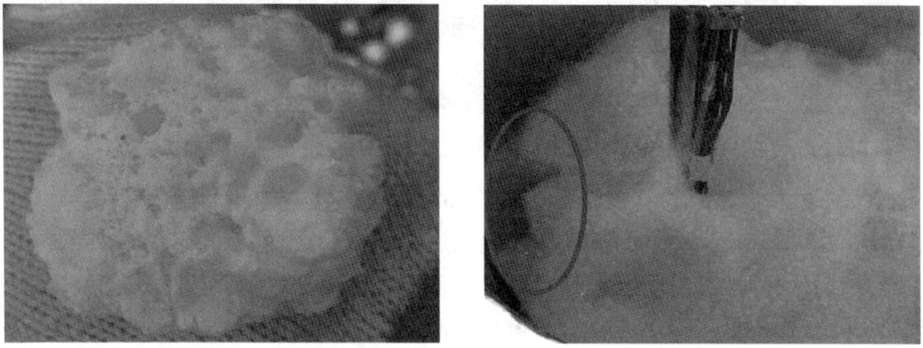

(a)泡沫凝结块　　(b)泡沫层气体通道

图 1-22　高倍泡沫抑制 LNG 蒸发

1.4.3　高倍泡沫抑制 LNG 池火灾

液化天然气工业中使用的控制策略是由美国国家消防协会(NFPA59)推荐使用的高倍数泡沫控制技术来抑制液化天然气蒸气扩散和池火燃烧，降低火焰高度并减小热辐射，让消防员可以靠近来使用其他手段进行灭火。虽然高膨胀泡沫不能单独熄灭 LNG，但它可以较好地抑制气体的产生，降低低温重气泄漏扩散的危害，用于预防和保护措施，起到防止复燃的作用[15,16]。国外在高倍泡沫应用于液化天然气扩散及池火方面，进行了几次大、中尺度的工业级高倍泡沫抑制池火燃烧的实验研究。其成果对于工业领域泡沫灭火技术的推广及改进具有指导作用，初步确定了基于工业尺度泡沫消防的相关标准。

Suardin 等[97,98]在美国德州农工大学布莱顿消防训练场进行了 5 次液化天然气释放实验，评估了高倍数泡沫在不同类型液池中的应用效果，量化了液化天然气火灾燃烧特征以及液池高度对火灾的影响。图 1-23 中展示了在 65m^{2}液池内 LNG 池火燃烧及施加泡沫控制过程，从图中可以看到，当施加一定高度的泡沫层后，火焰尺寸有了明显的下降。实验结果表明：使用高倍泡沫可使燃烧液化天然气辐射量最高降低 95%。泡沫覆盖阻挡了从火焰到液化天然气的热反馈，降低了蒸发量，进而降低热辐射量。这些测试确认：泡沫应用率可以在混凝土坑池有效控制液化天然气燃烧，并通过增加泡沫应用率减少池火控制时间。实验收集了火焰的温度轮廓、几何尺寸和辐射热通量的数据，并应用高倍泡沫进行了抑制燃烧实验，确定了泡沫控制火焰长度-直径的关键参数和相关性理论。同时还发现，池的几何结构可以导致液化天然气池火灾的不同状态。

图 1-23　大尺度高倍泡沫抑制 LNG 池火过程

Yun 等[82]在相同的实验场地[10.06m(长)×6.4m(宽)×1.22m(高)]，开展了高倍泡沫抑制池火燃烧的测试。实验从燃烧速率、火焰几何、热辐射、燃烧速度场、对火焰的控制时间、火焰温度等方面研究了泡沫缓解效应，确定了合适的泡沫深度和释放量，减小热辐射通量在50%以上。覆盖效应的有效性定义为泡沫能减少热对流和热辐射传递到 LNG 液池的热量反馈[79]，见式(1-14)：

$$E=\frac{q-q_F}{q} \tag{1-14}$$

式中，q 是没有施加泡沫时的热量反馈，J；q_F是加入泡沫后热量传递到液池的热反馈，J。

通过对火灾实验过程中泡沫温度数据的分析，发现池火灾控制的最小有效泡沫深度为 0.61m。

Zhang 等[66]通过现场实验确定陆地液化天然气池火灾的几个关键参数。采用热电偶法的质量燃烧速率为 0.186kg/(m^2 · s)；通过对高速摄像机图像的分析，确定了火焰连续两次振荡的喷吹频率分别为 0.53Hz 和 0.69Hz；火焰倾角为 58°；火焰长度估计为 25.4m(图 1-24)。首次利用高速摄像机对液化天然气现场实验火焰速度场进行了研究，火焰中心的最大速度约为 6m/s。利用美国联邦能源管理委员会(Federal Energy Regulatory Commission)推荐的地面发射功率、固体火焰模型很好地预测了顺风和侧风方向的热辐射。此外，还建立了质量燃烧速率、火焰长度和倾斜与实验结果的新关联。

2015 年，依托公安部天津消防研究所的建筑消防工程技术公安部重点实验室顺利开展了 LNG 池火的燃爆与抑制实验[107]。实验的主要目的是：模拟和测试传统火灾抑制方式对大规模 LNG 池火灭火的有效性，为一线消防部队处置大规模 LNG 泄漏、火灾、爆炸事故提供了技术方法与策略，增强消防部队防治 LNG 灾害事故的技术能力。

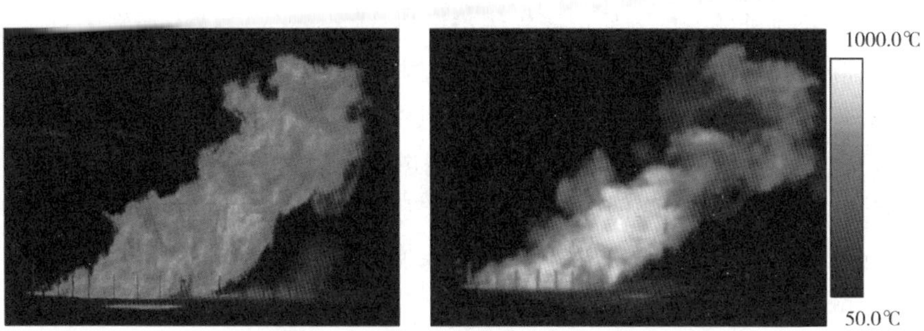

图 1-24 CCD 相机和红外相机的 LNG 池火灾

田登科等[108]开展了 LNG 池火燃烧测试及高倍泡沫对池火抑制的实验研究，实验液池长 5m、宽 3m、深 1.2m，通过应用高速摄像机、红外热像仪、热电偶树和热流密度计等测试手段，评估了高倍泡沫对 LNG 池火的抑制效能。测试结果表明高倍泡沫对 LNG 池火有较好的抑制作用，可以显著降低池火对周围环境及建筑物的热辐射危害，在 7.2~7.5L/(m^2·min)的供给强度下，可以迅速控制池火燃烧的火焰，但是无法彻底扑救火焰，需结合其他方法才能有效地灭火。图 1-25 中展示了高倍泡沫抑制 LNG 火灾的过程，可以看到火焰高度下降，燃烧范围缩小。

图 1-25 高倍泡沫抑制 LNG 池火过程

研究表明：一方面泡沫通过覆盖效应减少热对流和辐射，从而降低 LNG 液池的蒸发速率；另一方面，当 LNG 蒸气通过泡沫区时，可以被泡沫自身的热量加热，从而降低 LNG 蒸气的密度，减小可燃蒸气云的面积。当 LNG 液池已经被点燃时，泡沫可以用作保护剂，主要通过四种作用进行抑制[80,83]：(1)泡沫的窒息作用，由于泡沫的相对密度较小，可漂浮于可燃液体的表面，或黏附在可燃固体的表面，形成泡沫覆盖层，使燃烧物表面与空气隔离；(2)隔离作用使燃料与燃料源分离，泡沫层可以遮挡火焰对燃烧物表面的热辐射，降低可燃液体的蒸发速度或固体的热分解速度，使可燃气体难以进入燃烧区；(3)冷却作用对施加的物体进行降温，泡沫灭火剂所形成的泡沫结构可以作为一种“散热器”，泡沫中会携带大量的水，泡沫液比水更能很好地附着在可燃物表面，特别是垂直表面，泡沫对可燃物表面产生润湿作用，吸收燃烧过程中产生的热量，再通过水的蒸发带走热量；(4)覆盖作用降低燃烧蒸气与空气中氧气的接触能力。在低温液体燃料表面应用高倍数泡沫时，不能冷却燃料表面，因为泡沫温度远高于燃料温度，但它可以减少通过对流和辐射的热量输入。

通过总结发现，在实际应用中泡沫的稳定性相对较差，缺少有效的实验手段评估泡沫的衰变机制，对于水面蒸发形成的甲烷蒸气云火焰缺少有效的抑制手段，高倍泡沫虽然能迅速控制池火燃烧火势，但不能将火灾扑灭，因为气液泡沫的抗烧性较差，在高温下容易破坏，且泡沫质量相对较轻，在气流上升和火焰浮力作用下，无法将可燃气体与空气完全隔离。因此，有必要开展纳米颗粒对泡沫稳定性影响的研究，评估高倍纳米泡沫对抑制蒸气云火焰的控制效果和作用机理。

目前，LNG 水下泄漏危害研究较少，缺少有效的实验研究来评估水下泄漏的羽流特征以及蒸气云扩散特征，对于在横风下蒸气云火焰的燃烧特征鲜有报道，开展实验可以验证并完善已有的池火灾模型在不同工况下的适用性；对于抑制 LNG 泄漏扩散的高倍泡沫缺少有效的稳定性研究，通过实验进一步探究固体纳米添加剂在消防泡沫中应用的可能性。因此，针对 LNG 在海上运输过程可能发生的水下泄漏事故，采用实验探究和理论分析相结合的方法，通过搭建 LNG 水下泄漏实验平台，研究在横风下 LNG 水下泄漏扩散及蒸气云燃烧特征，开展小尺度实验研究不同性质和质量分数的纳米颗粒对高倍泡沫稳定性的影响，在大尺度发泡装置上验证在横风和热辐射工况下纳米颗粒提高泡沫稳定性的作用效果和机理，为提高水下泄漏事故的应急处理能力和增强消防安全的保障能力提供依据。

2 LNG 水下泄漏扩散特征

液化天然气在水下释放具有复杂的物理现象，水下液化天然气射流与周围环境水体之间的热交换和机械相互作用会影响液柱的上升和液滴蒸发过程，对于开发数值计算模型缺少可视化工具和实验数据来进行验证，而低温蒸气从水面涌出后气体在环境中的扩散特征缺少有效的实验评估手段，此外在研究海洋油气泄漏中，气泡的尺寸分布和大小是控制气泡和液滴运移过程的关键变量，通过其独立的上升过程及其与周围液面的相互作用形成的能量转换，对于预测油气的运移过程和评估气泡的加热上升距离有重要的作用。

针对 LNG 水下泄漏的特殊物理现象和羽流上升特征，为了可视化低温液体释放的动力学特征，基于风洞实验平台搭建了小尺度的室内水下泄漏实验装置，开展了在不同压力下的 LNG 泄漏实验和不同风速下的气体扩散研究，实验设计了不同大小和形状的泄漏孔口，通过高速摄像机记录了低温液体水下释放的羽流特征和孔口特征，评估在水面上不同环境风下蒸气泄漏扩散特征，采用统计学方法评估了蒸气泡的平均尺寸分布，通过控制破裂的无量纲参数建立了评估气泡尺寸的经验方程，用于预测气泡尺寸大小的特征尺度，结合 Raj 等建立的低温气泡水下释放的数学模型，可以实现对气泡加热上升距离的有效评估。

2.1 实验装置及测试方法

2.1.1 LNG 水下泄漏实验装置的搭建

基于山东省油气储运安全重点实验室开展了实验研究，其中风洞装置全长 12m，主要包括风机、导流网、收缩段、实验段和出口段四部分，实验段的尺寸为 5m×1.2m×1.2m(长×宽×高)。在风洞装置中设计并搭建了 LNG 水下泄漏实验装置，实验的有机玻璃水箱尺寸为 500mm×500mm×1000mm(长×宽×高)，四周由不锈钢框架支撑，水箱布置在距离风洞口 1.5m 位置处，此时气体已经达到稳定阶段。在水箱表面贴有透明刻度标尺，便于图像的后处理分析。水箱顶部敞口放置在风洞中，可以使危险气体在横风下迅速扩散。实验中泄漏管为 304 不锈钢管，直径 3cm，壁厚 2mm，泄漏孔口在泄漏管中心位置。泄漏管水平穿过玻璃箱，与液面距离为0.7m，通过橡胶垫进行密封，泄漏口垂直向上进行喷射。泄漏管通过保温管与LNG储罐连接，通过储罐上的阀门控制流量，在储罐出口处安装有涡轮流量计，用于测量释放液体流量，在泄漏管末端装有压力表，用来测量储罐装置的释放压力。液体流量和压力通过数据采集装置进行实时记录。实验装置布置如图2-1所示。

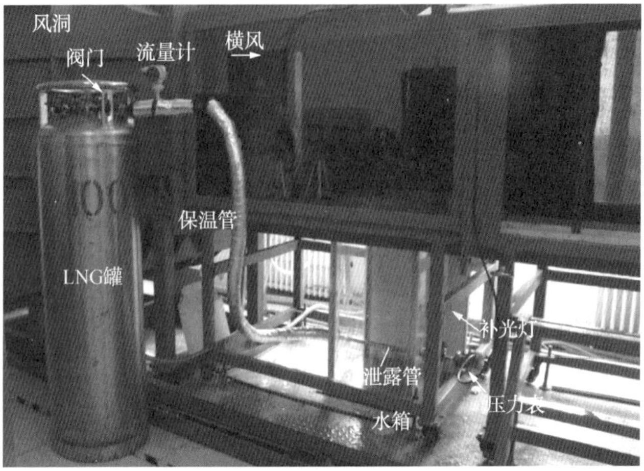

图2-1　水下泄漏实验装置示意图

实验中分别定制了五种尺寸和两种形状的泄漏孔，用于模拟管道上常出现的“破裂”或“裂缝”，分别为1mm、3mm和5mm的圆孔，以及长和宽分别为3.5mm×2mm和7mm×1mm的矩形孔，孔口面积与3mm圆孔相同，如图2-2所示。整个实验在室温(23±2)℃和常压101.325kPa下进行。

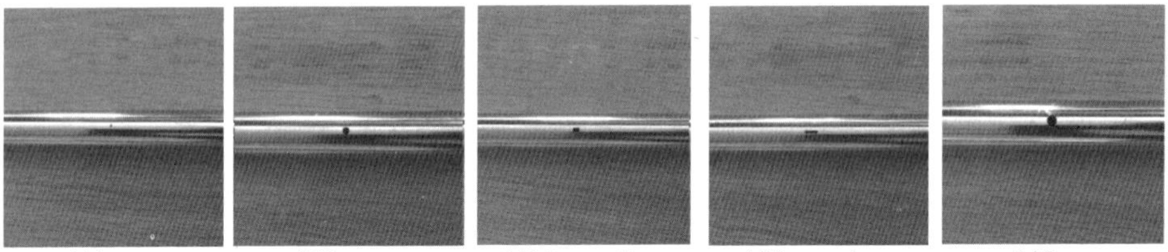

(a)1mm　(b)3mm　(c)3.5mm × 2mm　(d)7mm × 1mm　(e)5mm

图2-2　泄漏孔口实物图

实验中的LNG来自青岛天源气体制造有限公司，LNG储罐型号为LP450-195，容量为195L，满罐质量152kg，液体组分由气相色谱仪测量，如表2-1所示。

表2-1　LNG的组成(1个大气压，283K)　　%

Properties	CH_4	C_2H_6	C_3H_6	$n-C_4H_8$	N_2	CO_2	总计
LNG	98.53	1.18	0.01	0.01	0.14	0.13	100

2.1.2 测量仪表及方法

2.1.2.1 压力和流量测量

实验中流量计选取了一台用于测量低温液体的涡轮流量计，其中的核心部件采用适用于低温液体的镍铬合金，流量计通过螺纹连接在储罐和管道之间，采用12V 电压供电，输出信号采用 4～20mA 连接进记录仪中。流量计主要参数如表2-2 所示。

表 2-2 涡轮流量计主要参数

主要参数	参考值	主要参数	参考值
量程	0.06～0.6m^3/h	测温范围	-196～350℃
测量精度	1 级	大气压力	86～106kPa
公称通径	6mm		

实验测量选取一台压力变送器连接在泄漏管末端，在泄漏管内装有塑料泡沫，防止低温液体与压力变送器直接接触，压力变送器的主要参数如表 2-3 所示，涡轮流量计和压力变送器如图 2-3 所示。

表 2-3 压力变送器主要参数

主要参数	参考值	主要参数	参考值
量程	0.0～4MPa	零点温度漂移	±0.02%FS/℃
准确度	0.5 级	工作温度	-40～125℃
综合精度	±0.25%FS	响应时间	≤2ms

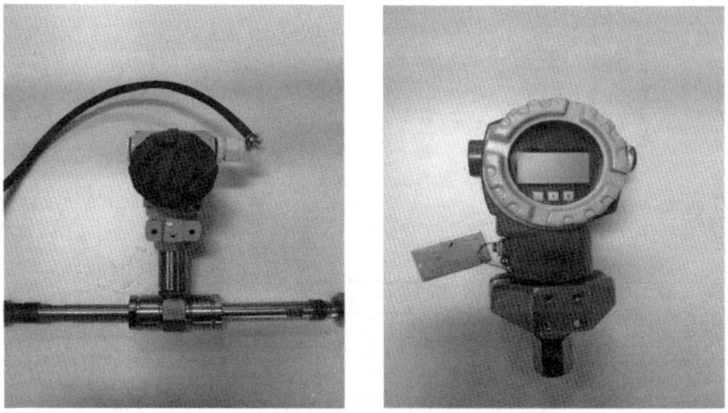

图 2-3 涡轮流量计和压力变送器

实验中数据采集采用无纸数据记录仪，具有精度高、通用性强、可以连接不同方式的信号及采集数据多时间长等优点。无纸数据记录仪的主要参数如表 2-4 所示。

表 2-4　无纸数据记录仪主要参数

主要参数	参考值	主要参数	参考值
显示器	5.6inTFT 液晶显示屏	记录间隔	1s，2s，4s，10s，30s，1min 等
输入规格	电压，电流，热电偶，热电阻等	采样周期	1s
输出规格	32 路可组态继电器触点输出	工作条件	0~50℃，(10%~85%)RH
精度	±1%FS	响应时间	≤2ms

2.1.2.2　风速测试

实验中风速测量采用加野麦克斯分体式风速仪，主要包括测试探头、转换电源和显示器，主要用于测量气体的速度，可以直接测量风量并得出标准风速，无须温压补偿，可靠性高，响应速度快。仪表主要参数如表 2-5 所示。

表 2-5　风速仪主要参数

参数	指标	参数	指标
测定对象	常温常压下洁净空气	响应速度	1s
测定范围	0~10m/s，5~50m/s	信号输出	4~20mA，RS-232C，波特率：9600bps
测量精度	±0.01m/s	工作温度	传感器：-40~300℃

在实验中将四只测温探头分别固定在支架上，中间间隔 20cm 距离，测量垂直平面的风速分布。实验选取了四种转速，通过整流器和过渡段后，风速已经变得比较稳定，整体波动范围小于 12%，满足实验测量精度要求。图 2-4 为实验中测量不同位置的风速值及波动范围。

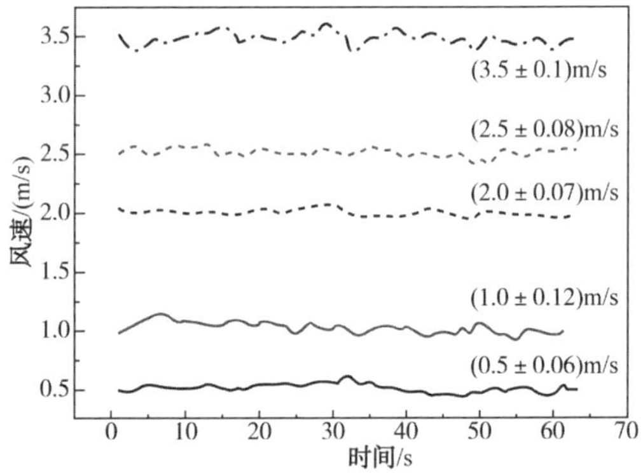

图 2-4　不同转速下风速稳定曲线

2.1.2.3　图像采集装置及方法

实验选取一台普通 Sony 相机和一台高速摄像机对 LNG 羽流和孔口特征进行宏观和微观的图像采集。将 Sony 相机通过三脚架垂直布置在水箱前方，一台

LED 白光面板放置在水箱背面用来补光，采用手动调焦方式拍摄羽流图像，拍摄孔口羽流特征时缩小三脚架与水箱距离，调好焦距并采用 30fps/s 的速度进行图像采集。由于普通相机的拍摄速度较慢，对于一些快速变换的图像较难捕捉，因此在实验中布置了一台 Photron 高速摄像机。将高速摄像机与电脑采集软件连接好，用三脚架将高速相机布置在水箱正前方，对于宏观羽流特征采用大焦距镜头以 8000fps/s 的速度进行图像采集，对于微观孔口特征更换短焦距微观镜头，调整镜头与水箱之间的距离，以 8000fps/s 的速度进行图像采集，将采集好的图像保存为图片和视频格式。Sony 相机和高速摄像机的主要参数如表 2-6 所示，普通相机和高速摄像机如图 2-5 所示。

表 2-6　摄像机主要参数

参数	普通摄像机	高速摄像机
品牌型号	Sony	FASTCAM SA
分辨率	720×576	1024×1024
拍摄速度	30fps	最大 224000fps
像素大小	1360 万	最小 20μm
曝光时间	30～1/4000s	最短 159ns
对焦模式	单次/连续自动对焦	手动对焦
触发方式	手动	手动开始，中心，结束，随机
闪光模式	自动闪光	补光灯
工作环境	0～40℃	0～45℃，85%RH 以下

图 2-5　普通摄像机和高速摄像机

2.1.2.4　浓度测试及方法

LNG 发生泄漏后，在水面形成的大量甲烷蒸气是发生火灾或爆炸的主要因素。为了更好地了解气体扩散特征，在风洞内布置了大量甲烷浓度传感器来监测释放过程中空间内的浓度场分布。甲烷浓度传感器的量程范围为 0～100%（体积分数)，响应时间为 5～8s。浓度场测试主要有三个变量：(1)孔径；(2)风速；(3)下风向距离。

实验选取的甲烷浓度传感器采用红外测量原理，相比于其他类型的传感器具有稳定性好、灵敏度高、体积小、抗干扰强、使用寿命长等优点。甲烷浓度探头主要参数如表 2-7 所示，甲烷浓度探头如图 2-6 所示。

表 2-7　甲烷浓度传感器的主要参数

参数	指标	参数	指标
测定对象	甲烷 CH_4	预热时间	30s
测定范围	0～100%(体积分数)	信号输出	4～20mA，数字及模拟信号同时输出
测量精度	±2%FS	工作环境	-20～70℃，(10%～95%)RH
重复性	±1%FS		

图 2-6　甲烷浓度传感器

实验选取了 14 只甲烷浓度传感器，3 只布置在齐平水箱表面中间位置，随后沿水箱中轴线在下风向布置了一列传感器，分别距离水箱 5cm、60cm 和 100cm，第一列布置三只传感器，其中 C4 与水箱齐平，第二列和第三列均布置 4 只传感器，每只传感器垂直间隔为 5cm，实验装置布置如图 2-7 所示。实验时采用控制变量法对三个变量分别展开研究。在实验开始前对每个传感器进行标定和测试，调节风洞转速至指定风速，随后打开储罐阀门至指定流量和压力，经过一段时间后记录仪显示浓度读数，测试完毕后关闭阀门，当记录仪中浓度数据下降到零时，再进行下一次实验。

2.1.3　实验数据的不确定度分析

实验中直接测量的物理量有：压力 P、流量 Q、泄漏孔径 d、甲烷浓度 C、水箱高度 h、管道直径 ϕ 和温度 T，间接测量的物理量为雷诺数 Re。密度和物理量根据对应的温度和压力计算得到。直接测量的物理量可由仪表的不确定度直接表示，间接物理量测量的误差传递使用 Moffat 方法[109]，见式(2-1)：

$$\delta y=\sqrt{\sum_{i=1}^{n}\left(\frac{\partial f}{\partial x_i}\delta x_i\right)^2} \tag{2-1}$$

式中，δx_i为直接测得物理量 x_i的不确定度；i 为物理量对应的序号。

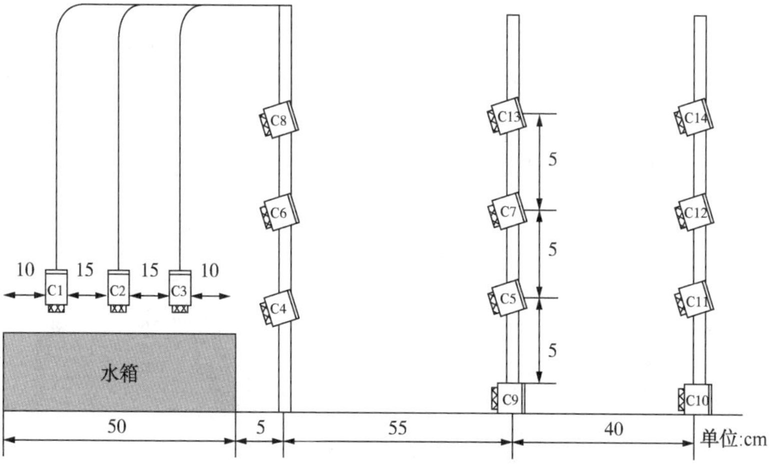

图 2-7 甲烷浓度传感器布置示意图

在发生泄漏时液体的雷诺数由流量控制，传感器信号通过记录仪进行采集，雷诺数的不确定度计算见式(2-2)：

$$\frac{\delta Re}{Re}=\sqrt{\left(\frac{\partial Q}{Q}\right)^2+\left(\frac{\partial t}{t}\right)^2} \tag{2-2}$$

当不确定度越小时，表示物理量的测试值与真实值越接近，测量结果的质量和可信度越高。实验中所有变量的不确定度如表 2-8 所示。

表 2-8 实验测量参数不确定性分析

参数	不确定性/%	参数	不确定性/%
泄漏孔径，d/mm	±0.1	密度，ρ/(kg/m^3)	±1.0
管道直径，φ/mm	±0.1	浓度，C/%	±1.5
高度，h/m	±0.5	温度，T/℃	±1.0
流量，Q/(m^3/h)	±1.5	记录时间，t/s	±1.0
压力，P/MPa	±0.25	雷诺数 Re	±1.8

2.2 LNG 水下泄漏实验

2.2.1 泄漏量与泄漏压力变化

由流量计和压力传感器记录的五种释放孔径下管内流体随时间变化的数据如

图 2-8 所示。图中显示了 LNG 释放的四个阶段：预冷阶段、过渡阶段、稳定释放阶段和快速下降阶段。为了保证管路内流体充分地预冷以及流量计稳定工作，需要缓慢打开阀门。可以在图中看出阶梯形的流量上升过程，此时管路内主要为气液两相流动。在液相出现前的 2~3s 内可以看到一个非常高的尖峰，此时管路内气态甲烷全部消失，出现稳定的液体流动。因此，在 80~150s 内的平均值可以看作为液体甲烷在管道内的流量，而压力传感器则记录了泄漏时管内的压力动态变化过程，两者之间具有较好的一致性。在测试结束后迅速关闭阀门，流量瞬间降低到初始值，整个释放过程结束。

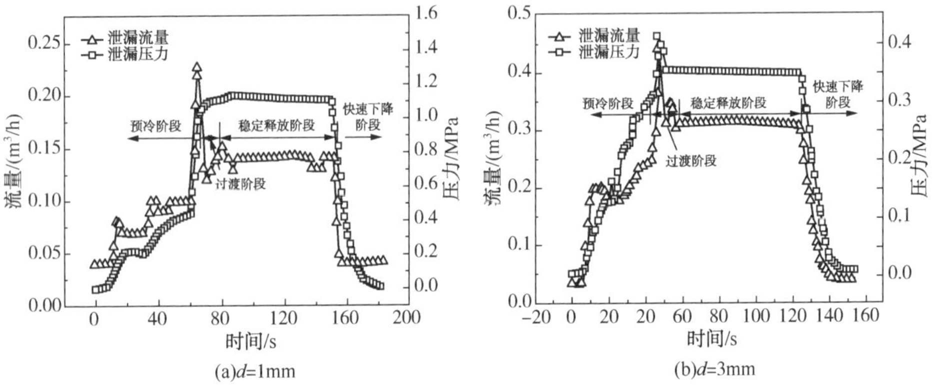

图 2-8　不同孔径的流量和压力随时间变化曲线

图 2-9 为五种孔口释放时的平均流量和压力数据，误差棒表示三次测试的平均值。在 d = 1mm 时，流量最小为 0.13m³/h，但是管内的压力最高达到 1.13MPa。随着释放孔径的增加，泄漏流量增加，管内压力迅速下降。在相同面积(3mm)的三个孔径中可以看出，释放的流量和压力值在误差范围内较为接近，说明孔径形状对相同泄漏工况下流量和压力的影响较小。

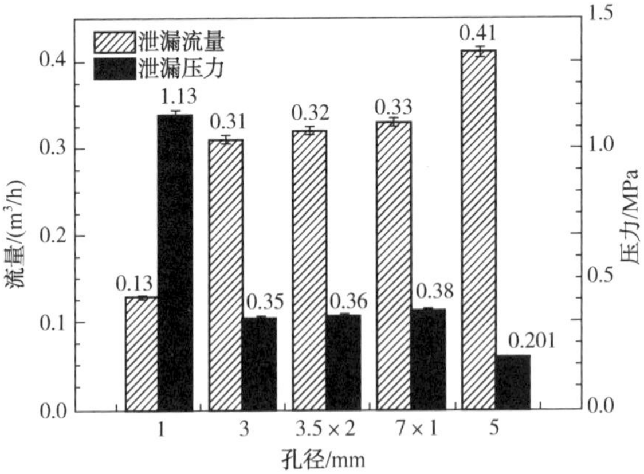

图 2-9　五种孔口下泄漏流量和压力

图 2-10 为三种圆形孔径 LNG 水下释放时流量和压力变化的特征参数。在三种孔径中，最大的释放压力为 1.13MPa，在 $d=1$mm 孔径中，泄漏流量仅为 0.13m^3/h，最大流量接近 0.6m^3/h，在 $d=5$mm 孔径中。因此释放流量随孔径的增加而增加，泄漏压力随孔径的增大呈现相反的关系。通过非线性拟合可以看出：在相同的泄漏孔径中，泄漏流量随压力的增加呈指数函数式上升关系，且孔径越小上升速度越快。

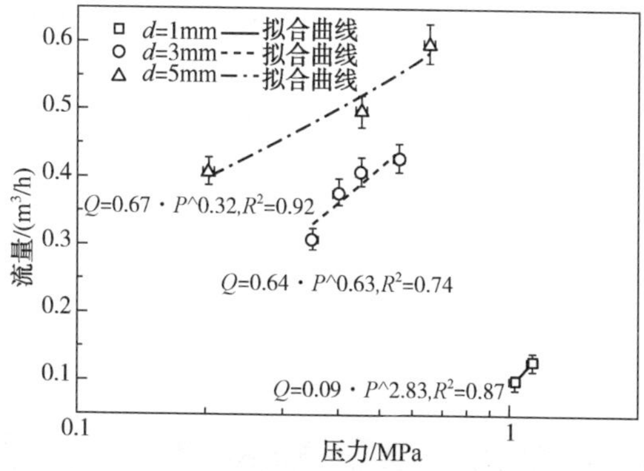

图 2-10　三种孔径下流量和压力的拟合曲线

测试结果表明：释放流量随着孔径的增加而增加，而泄漏压力随孔径的增大呈现相反的关系。为了便于将实验中泄漏压力与流量的水力学特征进行比较，文中选取了不同工况下的实验数据。图 2-11 中展示了 Fu 等[110]基于环路管道中 5mm 泄漏孔中液态水泄漏的水力学特征，Mogi 等[111]基于 0.2mm 和 2mm 喷射孔进行了液态二甲醚的射流测试，Zhang 等[112]开展了 10mm 孔径的 LNG 喷射泄漏实验测试。从图 2-11 中可以看出，在不同液体介质、泄漏孔径和操作压力的实验工况下，泄漏流量随压力的增加均呈现指数函数式上升趋势。

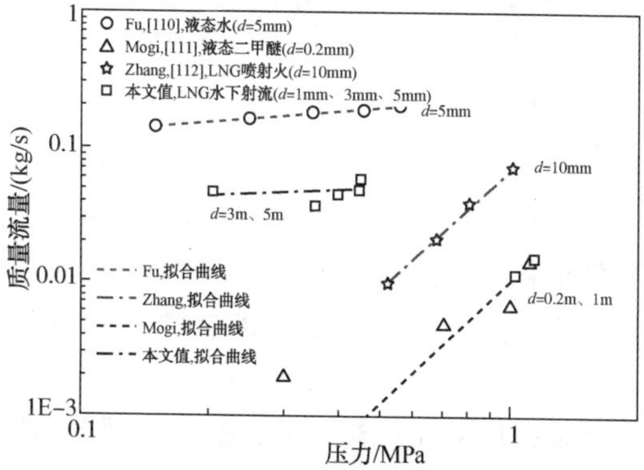

图 2-11　不同工况下流量随压力的变化

2.2.2 水下 LNG 羽流图像特征

2.2.2.1 LNG 释放羽流特征

图 2-12 为普通摄像机拍摄的 $d=5$mm 孔径下 LNG 水下释放过程，释放压力 $P=0.201$MPa，$H=0.7$m。从图中可以看出与实验测试数据一致的四个过程，图 2-12(a)为初始打开阀门时由于液化天然气与管道之间较大的温差，仅有气体从孔口释放的情景，气泡羽流在水中呈现清澈透明状；随着预冷时间增加(几十秒)和阀门开度继续增加，羽状物在上升过程中变暗，对水面的扰动明显增强，此时孔口喷射的流体包含了液化天然气液体和部分蒸发的蒸气，在图 2-12(b)中展现出两相流动的特征；图 2-12(c)为稳定的液体甲烷释放过程，低温液柱在水中呈现不透明的黑色垂直锥形羽流，为两种互不相融液体释放后的作用特征，而在接近液面处蒸发形成大量的气泡；图 2-12(d)为稳定释放一段时间后水箱内出现大量的蒸气泡。

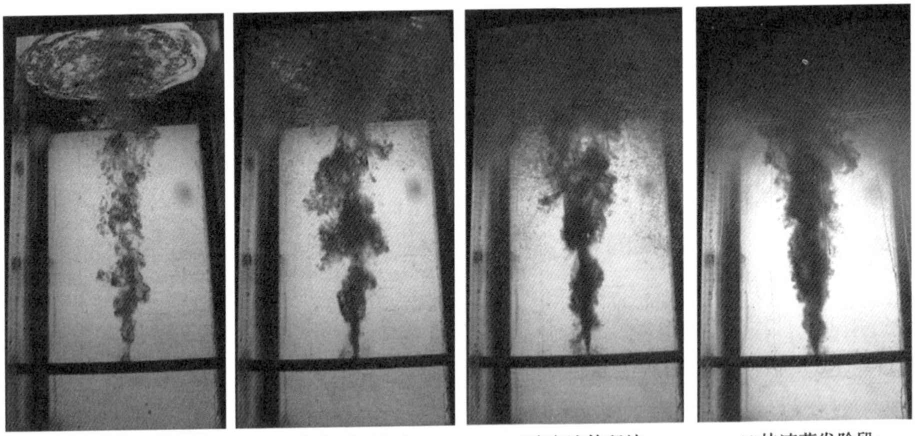

(a)气体释放　(b)管内两相流动　(c)稳定液体释放　(d)快速蒸发阶段

图 2-12　LNG 水下释放的不同阶段

图 2-13 为高速摄像机拍摄的 LNG 水下释放的羽流特征。从图中可以看出：

(1) 第一个区域是从释放点形成一定高度的喷射区域，在此范围内由于水和液化天然气之间较大的温差，在液柱表面会发生剧烈的膜沸腾现象，液体尖端的射流速度在阻力作用下不断减小，初始释放动量是控制液柱长度和流动建立区的主要因素；

(2) 第二个区域为喷射向羽流过渡区域，射流柱顶部的射流薄膜-蒸气膜界面在不稳定湍流作用下，在不同位置点处发生气膜破裂形成核沸腾，扰动引起局部沸腾和机械现象导致射流液体局部撕裂，此时从液柱表面和顶部分离出液滴，液滴周围会形成一层薄的蒸气膜，液滴被迅速加热到过热极限，导致局部剧烈的过热相变活动，在强烈的冲击下液滴向四周喷射，大量液滴的形成导致射流初始动量被完全消耗，此时小液滴释放到水中受热蒸发迅速形成了蒸气泡；

（3）第三个区域称为已建立的羽流区，刚形成的蒸气泡温度低于周围环境水温，继续被水体加热，气泡的上升速度取决于气泡直径，气泡群形成的气羽流以浮力和湍流色散力为主，在阻力的作用下，锥形羽流结构一直扩散至近水面；

（4）最后是羽流与水面相互作用的表面区，由于气柱与表面的相互作用，在表面形成了一个具有一定高度的泉涌和强径向流动的沸腾区。虽然喷射口的释放深度较浅，但是在右图中可以看到垂直液体射流的剧烈作用以及较高的蒸发率，羽流半径在近表面区域急剧扩散，大量蒸发的气泡不断涌出水面。由于涌出的蒸气云温度依然低于环境温度导致表面气体凝结，在水面会形成白色蒸气云，但是在测试中没有观察到液池的形成。

通过实验验证了 Raj 和 Bowdoin 建立的低温液体水下释放模型[33]，即水下释放的四个阶段：LNG 喷射、液滴形成、液滴上升和蒸发、蒸气泡加热上升。

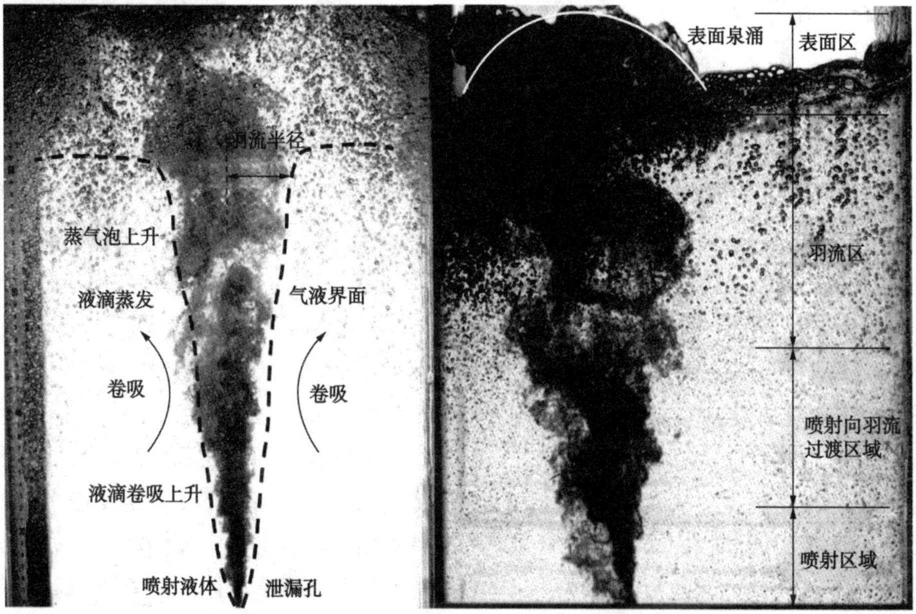

图 2-13 LNG 水下泄漏的羽流特征

为了清晰地捕捉 LNG 在水下射流过程中羽流特征，采用 MATLAB 软件程序实现了图像的射流边缘检测[113-115]。该程序主要采用图 2-14 所示的几个步骤来进行图像处理任务：(a)提取出相机中的原始图像；(b)将图像进行灰度反转，得到白色部分为气体上升羽流，深色部分为水体环境；(c)提高灰度对比度；(d)对图像进行二值化处理，得到清晰的黑白图像；(e)对图像进行中值滤波，以除去从射流界面分离的小气泡；(f)将图像内部空白区域进行自动填充；(g)采用图像自适应在保持界面形态的同时，通过去除边界的小气泡来调整射流界面；(h)采用边界检测技术得到羽流的边界特征。

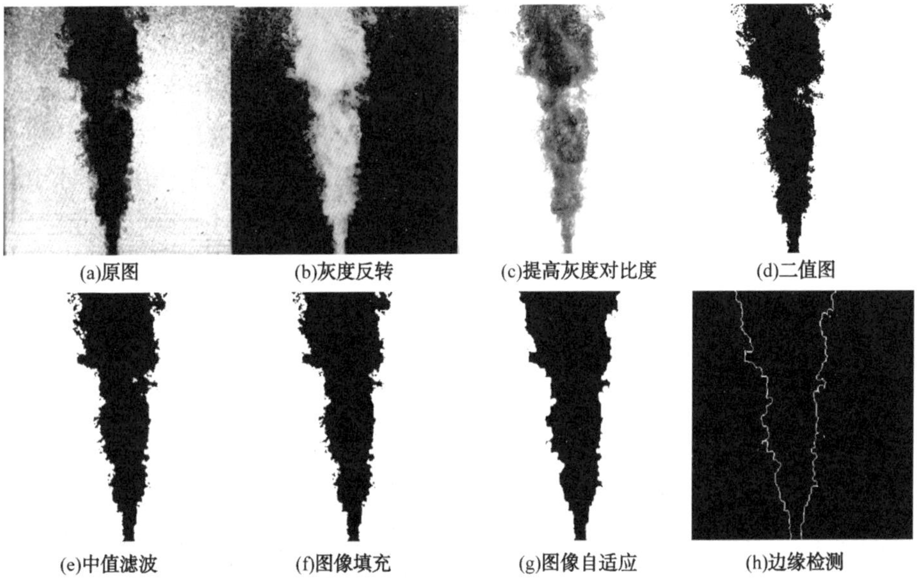

图 2-14　喷射边界检测步骤

基于实现的边缘检测技术应用于羽流图像的处理，采用大律法得到羽流的间歇图像。图 2-15 为每次选取一段时间内的羽流图像，得到羽流上升时在不同位置出现的概率，黑色越深表示羽流出现的概率越大，亮色表示羽流在相同位置出现的概率小，最后得到在稳定释放阶段 1～5mm 孔径垂直喷射的羽流上升轨迹。图 2-15(a)中 1mm 孔径时，在初始释放时羽流的体积很小，随着时间增加羽流开始上升，体积增大，在大于 0.9s 后达到稳定释放状态，在羽流中心可以看到明显的锥形结构；随着释放孔径增加，在初始时羽流体积增加，在稳定阶段形成的羽流体积和锥角更大。从图中可以看出在相同释放水深和雷诺数下，稳定阶段上升的喷射羽流在周期性的摆动下会形成固定的羽流夹角。羽流夹角定义为在孔口处形成的两条羽流轨迹之间的角度。选取间歇性为 0.95 处的羽流直径，由三角函数得到在 d=1mm 孔径下羽流形成的夹角最小为 19.5°±0.6°，由于喷射孔径较小，因此形成的羽流夹角较小。对比三种相同面积、不同形状的泄漏口，在 3mm 孔径中夹角约为 22°±0.6°，而在 3.5mm×2mm 孔径中夹角约为 24.4°±0.7°，在 7mm×1mm 释放孔径中夹角接近 28.1°±0.6°，因此，长宽比更大的矩形孔口会形成更大的羽流夹角，从而会影响上升羽流的扩展直径。在 d=5mm 孔径下羽流夹角可达 26.9°±0.6° 左右，可以看出随着孔径增加，羽流夹角增大，在水面将会引起更大范围的波动。

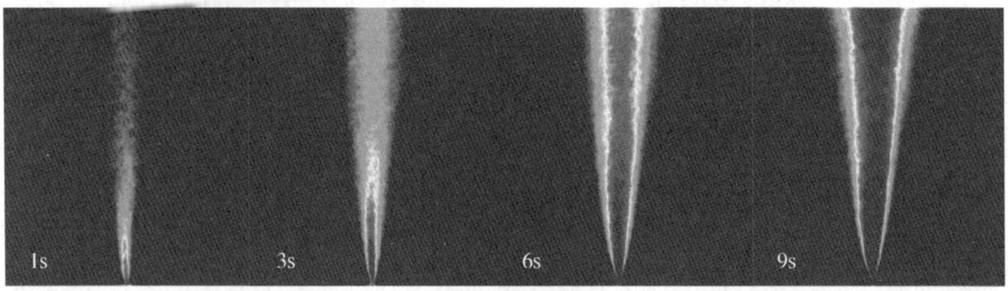

(a)1mm, *Re*=2080

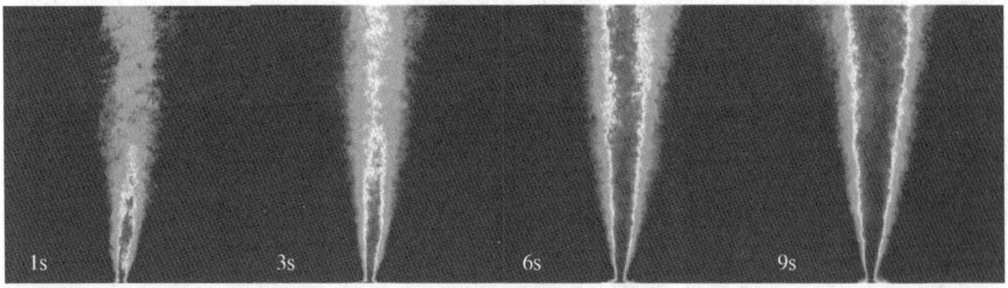

(b)3mm, *Re*=2150

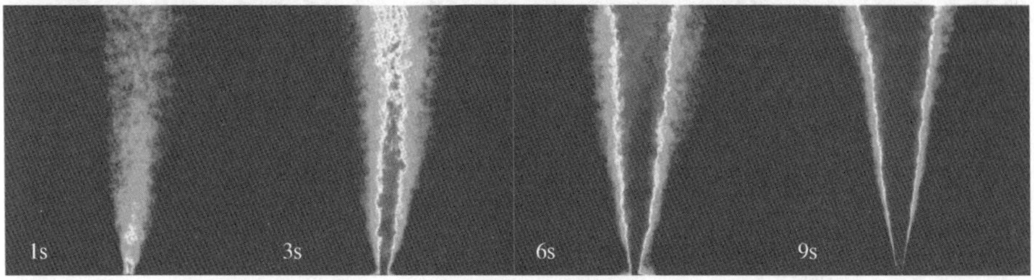

(c)3.5mm × 2mm, *Re*=2234

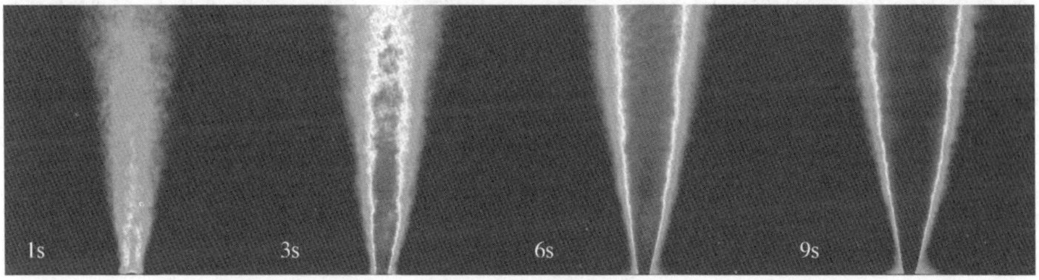

(d)7mm × 1mm, *Re*=2303

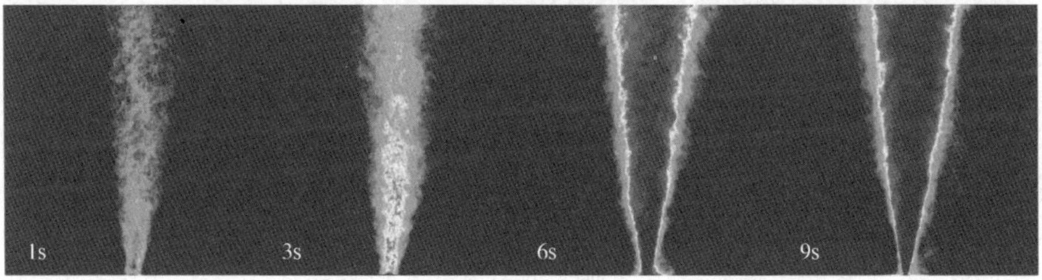

(e)5mm, *Re*=1706

图 2-15 LNG 垂直喷射随时间变化图像

图 2-16 为相机拍摄的在释放孔径 $d=3$mm 和 0.55MPa 下的水面泉涌现象。图 2-16(a)中显示了在 LNG 泄漏初始，由于巨大的温差导致剧烈的过热相变活动，蒸气泡非常迅速地释放，产生强烈的冲击波，在水面形成了一定高度的泉涌。在一段时间后，在水面形成了可见的白雾，此时蒸气温度将小于大气的露点和周围环境温度，导致大气中水分的凝结。在图 2-16(b)中可以看到白色气云；在释放结束阀门关闭后，依然有继续蒸发的白烟从水面扩散，该过程大约持续数秒。可以看出：近地表面羽流上升破坏水的结构和特征，受大范围蒸发膨胀和径向流的影响较为复杂，但是即使在较低的释放水深下，也没有观察到在水面形成液池，说明 LNG 水下换热过程发生在很短的距离内。

(a)开始释放出现泉涌　(b)蒸发气体出现　(c)释放结束后气体扩散

图 2-16　水面泉涌图像

2.2.2.2　LNG 释放孔口特征

图 2-17 为普通相机拍摄的在三种孔径下的喷射特征。图中展示了从初始释放到液相喷射至稳定阶段内的孔口特征。可以看出：在初始释放时气体从孔口分离呈现锥形，沿上升路径开始破碎为小气泡；随着释放时间增加，低温液体从孔口射流释放到环境温度的水渗透，细长且光滑的液柱在表面可能会发生膜沸腾现象。此时，在 1mm 释放的孔口速度约为 35.4m/s，由于阻力的作用，射流尖端的速度不断减小，射流柱上的薄膜-蒸气膜水界面的湍流不稳定，导致射流液体局部撕裂，液滴从表面释放到水中。在 3mm 孔径中，在初始的 1s 内可以看到不连续的气体喷射，随着低温液体的不断释放，羽流体积逐渐增加，在大约 9s 后液柱形成连续的喷射。在 5mm 孔径中，在初始时孔口处表现出不规则的气体泄漏的脉动行为，类似于“鼓泡”特征，随着流量增加逐渐形成连续释放的锥形喷射状态，液柱的体积和夹角相比于 1mm 孔径有明显的增加。在稳定阶段孔口的喷射速度下降约为 5.8m/s，可以看到在局部的剧烈热交换和机械现象导致射流液体撕裂，喷射的液滴向四周扩散。

图 2-18 为高速摄像机采用微观镜头拍摄的孔口释放特征。从图中可以看出：在 1mm 孔径下可以看到明显的结冰现象，在释放孔口形成了一定高度的冰柱体，此时在冰柱四周形成了多个气体通道，蒸发的气体从通道内涌出，这可能

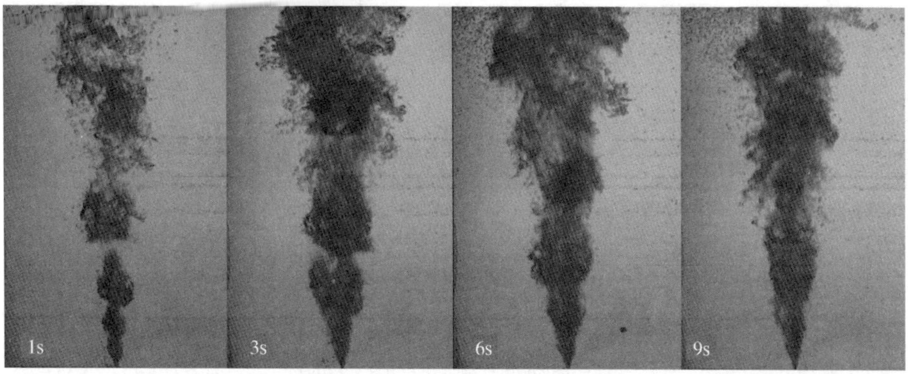

(a)d=1mm,P=1.03MPa,Re=2080

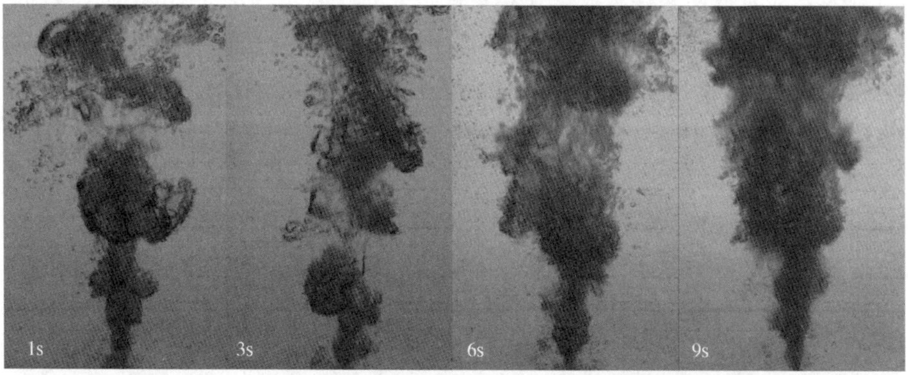

(b)d=3mm,P=0.351MPa,Re=2150

(c)d=5mm,P=0.451MPa,Re=2080

图 2-17　三种孔径下孔口释放特征

由于释放孔径小，导致低温液体迅速被周围环境加热形成了局部的结冰现象。随着释放孔径增加，在镜头中看到白色液柱，没有观察到明显的结冰现象，可能是由于孔径增加释放的低温液体量增加，在连续释放过程中不易在孔口形成结冰。

(a)d=1mm,P=11.0bar　(b)d=3mm,P=3.5bar　(c)d=3.5mm × 2mm, P=3.6bar　(d)d=7mm × 1mm, P=3.8bar　(e)d=5mm,P=2.5bar

图 2-18　五种孔口下的微观特征

图 2-19 为在 1mm 孔径中冰柱的破裂过程。在孔口形成冰柱后，在 1ms 内低温液体通过不稳定的冰层向四周喷涌，在 307ms 时冰柱在连续的低温液体作用下出现破裂，随着液体继续释放，在 612ms 时会继续形成约 2cm 高的冰柱。在其他测试中发现孔口会随机性出现结冰现象，但冰柱是不稳定的，随着液体的连续释放冰柱会不断破碎。

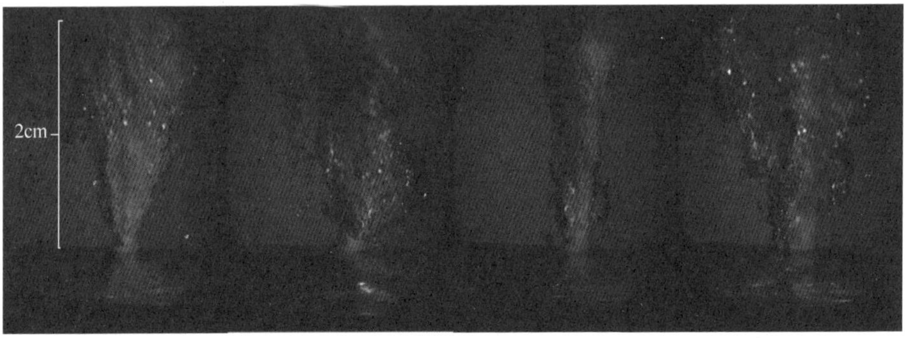

(a)d=1mm,1ms　(b)d=1mm,307ms　(c)d=1mm,612ms　(d)d=1mm,918ms

图 2-19　1mm 孔口微观特征随时间变化

2.2.2.3　不同孔径对羽流的影响

不同的失效机制可能导致不同的泄漏孔尺寸，泄漏孔径大小不仅会影响泄漏流量，也会影响上升羽流的形貌特征，因此有必要考虑孔径大小对羽流特征的影响。图 2-20 为三种孔径下 LNG 水下释放的上升羽流特征。从图中可以看出：在 1mm 孔径释放中，初始液体尺寸较小，在上升一小段距离后由于环境水体加热作用迅速破裂为液滴和小气泡，羽流体积较小且稀薄，此时羽流呈半透明状夹带大量气泡涌出水面；而在 3mm 孔径中，连续喷出的羽流在整个轴线呈黑色、不透明的特征，可能由于快速气化增加了气泡的密度，上升到近表面出现了大量蒸发的气泡；d=5mm 孔径的释放表明，孔径增加喷嘴内部的压力明显下降，但此时更多的液体从孔口释放，导致低温液体和环境水体之间的热交换更加剧烈，羽流呈稠密的暗黑色，大量蒸发的气泡到达并穿透水面。另外水的夹带也会随着孔径的增加而增大，形成更大的羽流体积。结果表明：孔径尺寸越大，羽流体积分数越大。

(a) d=1mm, P=1.0MPa, Re=2080　(b) d=3mm, P=0.35MPa, Re=2150　(c) d=5mm, P=0.45MPa, Re=2080

图 2-20　不同孔径对羽流特征的影响

为了量化羽流上升轨迹及夹角特征，基于图像处理技术得到稳定阶段的羽流间歇性图像，提取不同孔径下羽流的水平移动偏量，将羽流的水平偏量和垂直上升距离绘制在坐标图中。图 2-21 为三种孔径下羽流上升轨迹图像。从图中可以看出在相同的释放雷诺数下，随着孔径增加羽流夹角增加，导致上升的水平偏移量增加。羽流夹角在 1~5mm 孔径从 18.9°增加到约 29.9°，表明孔径大小会显著影响羽流的尺寸。

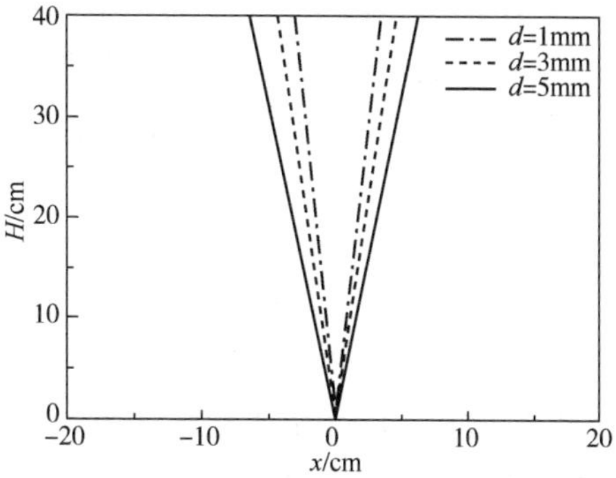

图 2-21　不同孔径下羽流上升轨迹

2.2.2.4　不同释放压力对羽流的影响

图 2-22 为在相同孔径下，羽流在不同释放压力下的特征，从图中可以看出，泄漏压力对羽流形状有显著的影响。在图 2-22(a)中，泄漏压力最小，液体在孔口的释放量较小，导致液滴迅速破碎形成蒸气泡继续上升；在相同孔径下，随着释放压力增加，喷出的羽流沿中心线变得稠密，气流体积分数也增加，更多的气泡到达液面，产生了强的表面沸腾。图 2-22(b)和(c)中在较大的压力下，连续上升的羽流在接近水面时大量分散，形成了更强的径向羽流半径和泉涌高度。泄漏压力主要影响了在相同孔径下液体的泄漏流量，泄漏压力越大，液柱初始动量越大，在垂直方向形成更大的连续喷射。此外，压力增加，水的卷吸作用增强，导致水面的气泡浓度增加。虽然低温液体的释放速率随着泄漏压力的增大而增大，但是在水面没有液池的形成，主要因为水的机械作用和快速的热交换下液柱在很短的距离内就完全蒸发。

图 2-22　不同压力对羽流特征的影响

图 2-23 展示了不同压力下羽流的上升轨迹。从图中可以看出，在相同孔径下，随着压力增加羽流夹角增大，水平方向的偏移量也增加。泄漏压力从 0.35MPa 增加到 0.55MPa 时羽流夹角从 22.6°增加到 27.5°。

为了更好地验证羽流上升引起的扩散特征，引入了 x 为自由表面的羽流半径，m；b 为水箱半径，m；L_v 为喷口中心线到自由表面中心的水平距离，m；L_h 为液池表面到羽流中心位置的垂直距离，m。通过拟合得到了如式(2-3)的预测关系式：

$$\frac{L_v}{L_h}=1.01\cdot\log\left(\frac{x}{b}\right)+1.68 \qquad (2-3)$$

图 2-24 比较了射流扩散半径与水箱尺寸比例之间的关系。图中对比了不同实验尺度和实验介质的测试数据[116,117]，包括了空气和液态水的射流特征。从图中可以看出：拟合公式可以表征不同工况水下释放的羽流卷吸特征，由气泡羽流的 L_v/L_h 比值高于水射流的 L_v/L_h 值，主要因为在较大的液体体积通量下，气泡羽流引起的湍流水平高于水射流引起的湍流水平，在所有测试范围内，L_v/L_h 的比值随 x/b 呈对数式上升关系，这表明在较大的水槽中将形成较长的卷吸范围。

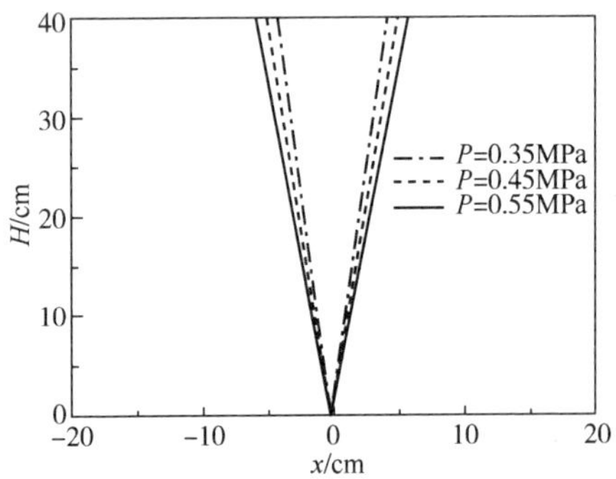

图 2-23　不同压力下羽流上升轨迹

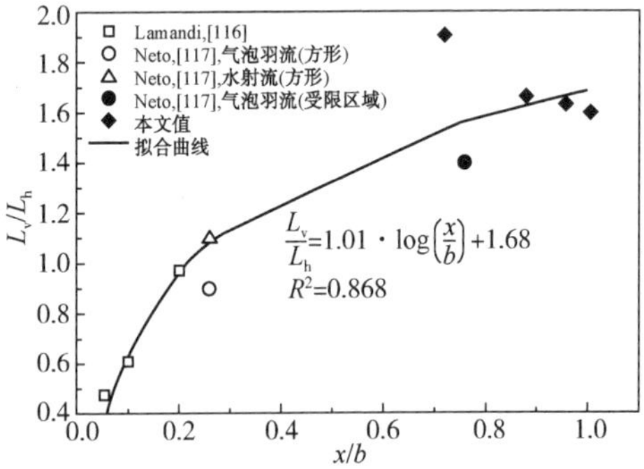

图 2-24　射流扩散半径与水箱尺寸的比例关系

2.2.3 不同因素对甲烷扩散浓度分布的影响

2.2.3.1 泄漏孔径对甲烷浓度的影响

图 2-25 为实验拍摄的蒸气云达到水面的扩散过程，泄漏孔径为 1mm，释放压力为 1.13MPa。从图中可以看出蒸气云扩散主要分为四个阶段：初始阶段、蒸气云产生阶段、稳定释放阶段和蒸气云扩散阶段。在初始阶段，LNG 从泄漏孔喷射形成羽流，在水面形成一定范围的泉涌，此时还没有形成明显的蒸气云，在释放一段时间后，蒸气云浓度增加，在水箱表面有白烟涌出，随着时间增加，蒸气云浓度达到稳定后在风速作用下开始向下风向扩散，在储罐阀门关闭后，蒸气云逐渐消失。

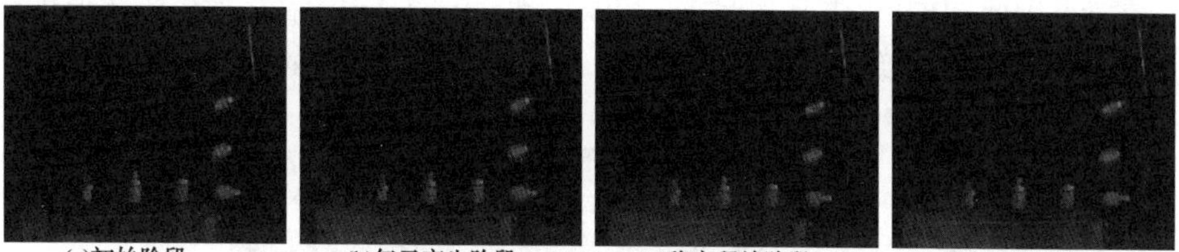

(a)初始阶段　(b)气云产生阶段　(c)稳定释放阶段　(d)气云扩散阶段

图 2-25　水面蒸气云扩散过程

图 2-26 为不同孔径下甲烷浓度随时间分布图像。从图中可以看出：浓度分布也经历了四个阶段，在开始释放后蒸气云到达液面，传感器经过一段响应后浓度开始上升，甲烷浓度在稳定阶段达到动态平衡，随着释放结束阀门关闭，浓度逐渐扩散至零值。在图 2-26(a)中，孔径 d=3mm 和风速为 0.5m/s，在释放初期甲烷浓度迅速上升，在稳定阶段 50~100s 内，在液面上方甲烷体积分数在 C2 和 C3 迅速增加并达到稳定值 100%(体积分数)，C1 处靠近水箱前端受风速和泉涌影响浓度值略低，在较高测点 C6 处体积分数稳定在 10%，而随着距离增加，在

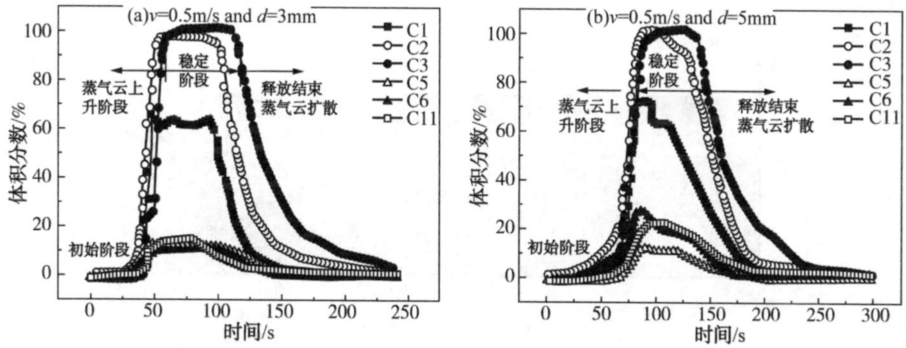

图 2-26　不同孔径对甲烷浓度分布的影响

C5 和 C11 处体积分数稳定在 10%和 17%左右，在释放结束后，气云扩散随时间演化是一个相对缓慢的过程。在图 2-26(b)中，随着泄漏孔径增加到 $d=5$mm，在水面的体积分数也达到了 100%的测试范围，在测点 C6 的体积分数稳定在 23%左右，而在较远距离的测点 C5 和 C11 处体积分数稳定在 11%和 20%左右，可以看出随着释放孔径增加，各点处浓度值也逐渐增加。

为了清晰地展示甲烷在横风中的扩散过程，在 Tecplot 软件中利用插值法将各个测点在稳定阶段的平均浓度绘制在坐标图中。图 2-27 为在 $x-y$ 水平面的甲烷浓度分布云图。从图中可以看出：蒸气云扩散具有典型的重气特征，在 $x=0$cm 距离水箱表面最近的位置，当垂直高度小于 10cm 时，甲烷浓度较高，而在 $y=15$cm 测点以上可以看出甲烷浓度相对较低。基于视频图像分析，当甲烷蒸气刚涌出水面时，由于换热不充分，蒸气温度低于周围环境温度，导致甲烷密度大于空气，因此，在开始扩散时呈重气特征沿地面流淌；随着在环境中继续加热升温，甲烷气体密度接近并低于空气密度，气云开始向上扩散。从云图也可以看

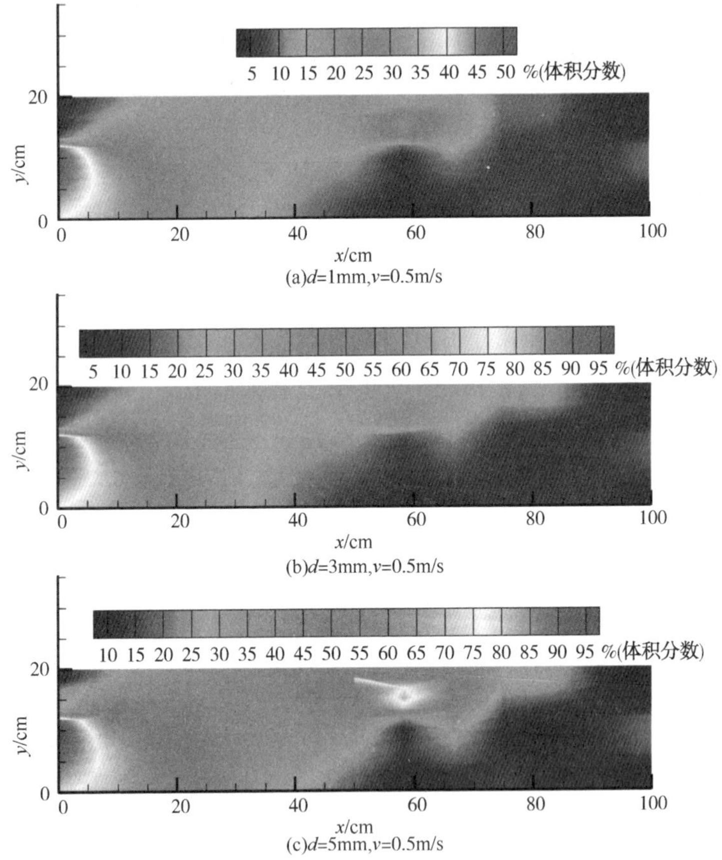

图 2-27　不同孔径下甲烷浓度分布云图

出，在图2-27(a)中，$d=1\text{mm}$，在 $x=0\text{cm}$ 和 $y=10\text{cm}$ 处，甲烷浓度相对较高，在沿地面流淌至 $x=40\text{cm}$ 时，地面甲烷浓度开始下降，在 $x=60\text{cm}$ 和 $y=15\text{cm}$ 处，甲烷浓度升高，说明气体开始向上扩散。在图2-27(b)和(c)中，随着释放孔径增加，整个平面内甲烷浓度增大，甲烷气体的扩散具有相似的过程。

图2-28为不同孔径对甲烷浓度的影响，图中选取了在三个风速时下风向的测点C5。从图中可以看出：随着泄漏孔径增加，在相同测点位置的甲烷浓度增加。通过非线性拟合得到了甲烷浓度随孔径增加呈指数上升趋势，说明泄漏孔径对浓度分布有较大的影响，在相同释放条件下，孔径增加相同范围内的甲烷浓度增加，危险范围扩大。

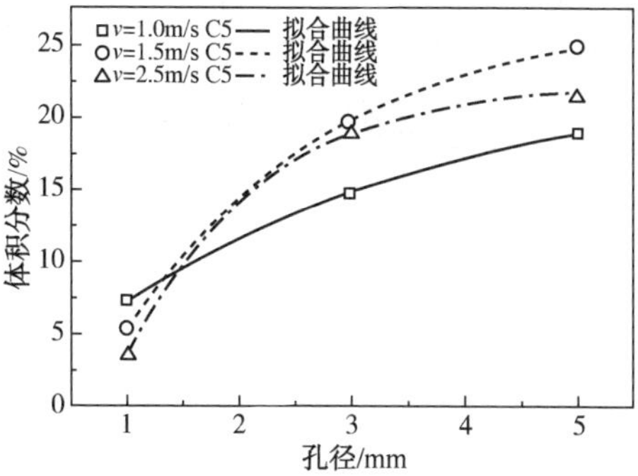

图2-28 孔径对甲烷浓度的影响及拟合曲线

2.2.3.2 风速对甲烷扩散浓度分布的影响

图2-29为在两种孔径下不同风速对相同测点甲烷浓度分布的影响。从图中可以看出：浓度上升过程依然呈三段式，在释放初期25~30s后，经过短暂的响应时间甲烷浓度开始上升，在稳定释放后浓度达到最大值。在图2-29(a)中，$d=1\text{mm}$，对于测点C11，在0.5m/s风速时体积分数接近11%，随着风速增加，测点位置的浓度值逐渐下降，由于测点的距离较远且释放孔径相对较小，因此体积分数下降。在图2-29(b)中，$d=3\text{mm}$，在最小风速0.5m/s时的体积分数接近16%，随着风速增加，在1.5m/s时体积分数达到最大25%，随后体积分数开始下降。当孔径较大时蒸发产生的甲烷蒸气量较大，风速较小时蒸气在扩散过程中主要受浮力影响，在达到测点C11时浓度值低，随着风速增加到1.5m/s，此时横向动量大于向上扩散的浮力作用，C11点的体积分数增加，当风速继续增加，气体分子扩散占据了主导地位，在4m/s时体积分数下降到9%。这说明增加风速有利于下风向浓度的扩散，减小可燃蒸气的危险范围。

图2-30为不同风速对甲烷浓度分布影响的云图。在图(a)中释放孔径 $d=1\text{mm}$、风速为0.5m/s时，$x-y$ 平面内甲烷浓度较高，在较小的风速下气体在浮力作用下向上扩散的趋势明显，在水平距离大于60cm后甲烷浓度下降较快；在图(b)中 $v=1.5\text{m/s}$ 时，平面内甲烷体积分数下降到22%左右，可以看出随着风速增加，甲烷浓度沿下风向扩散范围增加，但平面整体浓度值下降；在图(c)中 $v=4\text{m/s}$ 时，$x-y$ 平面甲烷浓度值更低，风速增加有利于气体的扩散。

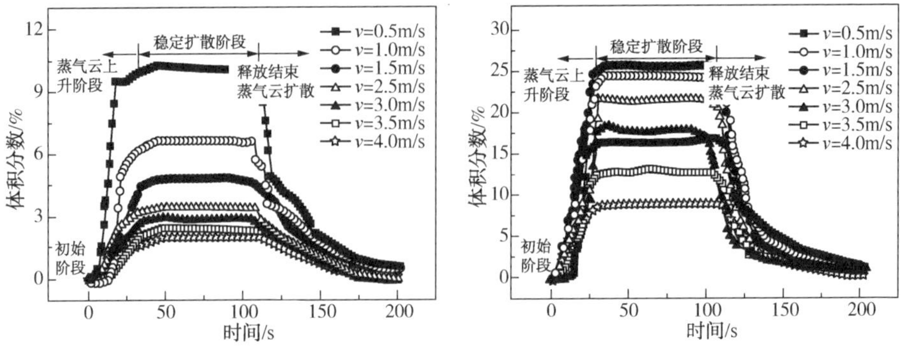

(a)d=1mm and C11　　(b)d=3mm and C11

图 2-29　不同风速对甲烷浓度分布的影响

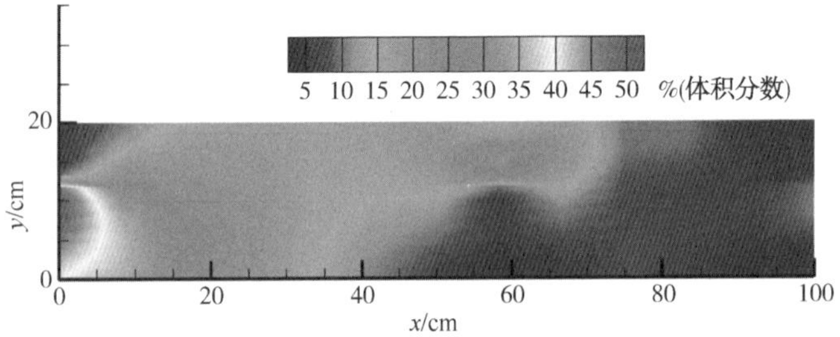

(a)d=1mm,v=0.5m/s

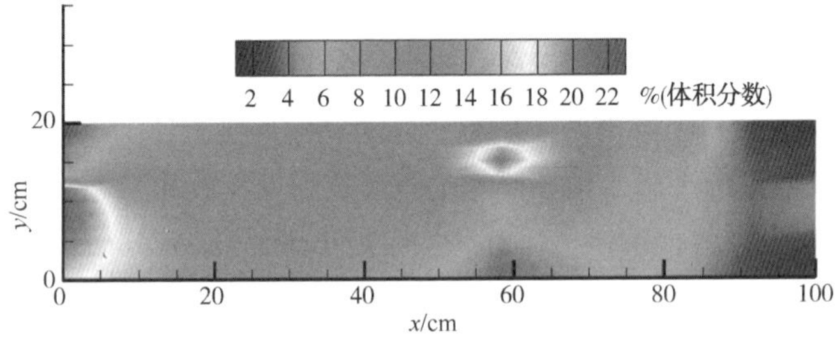

(b)d=1mm,v=1.5m/s

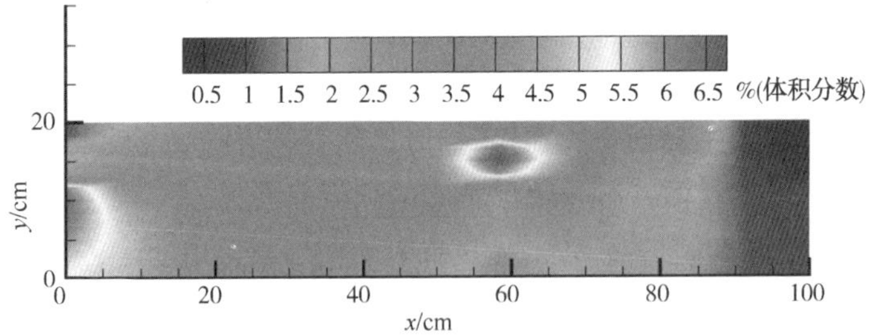

(c)d=1mm,v=4m/s

图 2-30　不同风速下甲烷浓度分布云图

图 2-31 对比了不同风速对甲烷浓度分布的影响。图中测点位置 C6、C5 和 C11 分别展示了近场和远场的甲烷浓度分布在风速中的扩散过程。对于 $d=5$mm

孔径，测点C6距离水箱下风向最近，因此属于近场扩散，可以看出体积分数随着风速增加而迅速下降，通过非线性拟合呈现指数式下降趋势。对于位于下风向距离水箱60cm和100cm处的C5和C11，相对距离较远，属于远场扩散，甲烷体积分数随风速增加呈先增加后下降的趋势，通过非线性拟合呈现正态函数分布，这也表明蒸气云远场扩散时在低风速下浮力占主导作用，随风速增加横向动量控制浓度扩散，当风速继续增加时蒸气浓度扩散加快。

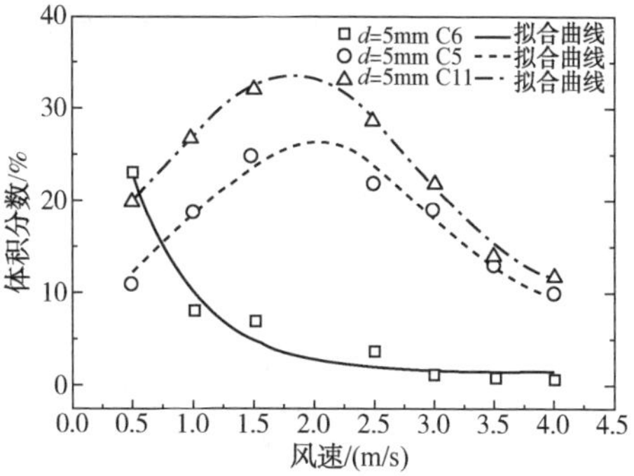

图2-31 风速对甲烷浓度的影响及拟合曲线

2.2.3.3 下风向距离对甲烷扩散浓度的影响

图2-32为不同测点位置下甲烷浓度分布随时间的扩散过程。在图(a)中，$d=1$mm、风速为3m/s时，水平面$y=10$cm处，随距离增加甲烷体积分数从7%下降到3%左右，在$y=15$cm处，随着距离增加甲烷体积分数先增加到9%后逐渐下降；在图(b)中，$d=3$mm、风速为3m/s时，水平面在$y=10$cm处，甲烷体积分数随距离增加从78%下降到17%左右，而在$y=15$cm处，甲烷体积分数在$x=60$cm处达到最大值63%，随后体积分数迅速下降。这表明蒸气云在近场中受重气效应影响使得较低平面的体积分数增加，而在远场扩散中受浮力和横风动量共同影响，在较高平面达到最大值后迅速扩散。

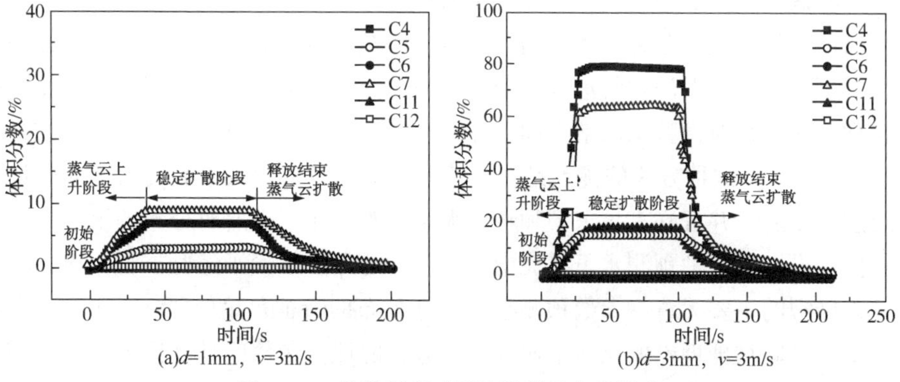

图2-32 扩散距离对甲烷浓度分布的影响

图2-33为扩散距离对甲烷浓度的影响。为了便于数据的对比，将水箱中心点设为原点，此时可以看出在$y=10$cm水平面，在$d=3$mm和3m/s风速时，甲烷体积分数随距离增加而逐渐下降，通过非线性拟合呈现二次函数下降趋势，在

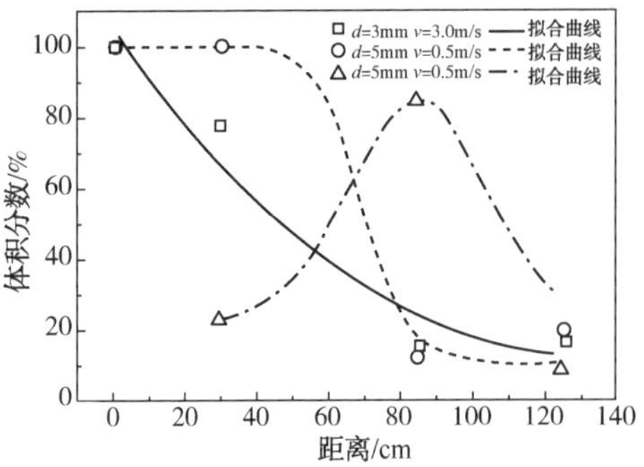

图 2-33 扩散距离对甲烷浓度的影响及拟合曲线

距离释放源较近处体积分数高，随着距离增加体积分数快速下降；在 $d=5\text{mm}$ 和 0.5m/s 风速时，体积分数随扩散距离增加也呈现快速下降趋势；在 $y=$ 15cm 水平面，$d=5\text{mm}$ 和 0.5m/s 风速时，体积分数随距离增加呈现先增加后减小的趋势，拟合得到正态分布特征，这主要因为低温甲烷气体具有重气扩散的特征，蒸气云先沿地面流淌随后在浮力作用下向上扩散。

通过对上述实验测试表明：在实验工况下液面形成可见的白色气云，在密度差的作用下导致气云塌陷沿地面下沉，此时重力塌陷的湍流作用控制着气云的尺寸及体积分数分布，随后在空气卷吸和大气湍流的作用下，气云与环境之间的热交换，此时由重气云向非重气云转变，气云逐渐被稀释冲淡，大气湍流将对气云的扩散起控制作用。因此，对于水下泄漏引起气云的加热上升过程，判断环境水体对甲烷气泡的传热过程，对于评估气云扩散特征有着重要的意义。

2.3 甲烷蒸气泡尺寸分布特征

在研究海洋油气泄漏中，气泡的尺寸分布和大小是控制气泡和液滴运移过程的关键变量，通过其独立的上升速度及其与周围液面的相互作用形成的平均流量和能量转换，对于预测油气的运移有重要作用[118-120]。

目前已经展开了各种预测气泡或油滴大小分布的工作[118-120]。有两种方法来预测水下天然气和石油的气泡或液滴破裂模型。第一种方法依赖于已经开发的基于物理方法的数值模型来求解不同尺寸级别流体颗粒的质量与孔口距离函数的总体平衡[121-123]。这种方法的优点是，它考虑了颗粒级上导致破裂的力，而该过程是尺度独立的，并且它直接求解颗粒的大小分布，而不需要对分布的统计形式进行任何假设。第二种预测水下射流中液滴尺寸的方法依赖于经验方程，该方程基于控制破裂的主要无量纲参数预测颗粒尺寸分布的特征尺度[124-126]，在方程中包含了基于不同物理理论的比例定律。这些方程的评估参数值是根据拟合数据来确定，最可靠的预测是使用相同尺度来校准孔口的尺寸。

2.3.1 R-R 函数分布模型

图 2-34 为实际气泡分布和处理后的气泡图像。采用 Image J 图像处理软件对

气泡尺寸进行分析，选取气泡上升到液面附近的原始图片如图 2-34(a)所示，图像大小为 660×480，图像处理步骤如下：

(1) 首先对图像进行中值处理，其次采用 HiPass filter 模块增强图像的亮度比率，然后采用二值化得到黑白图像，如图 2-34(b)所示；

(2) 通过 HiGauss 和 Despeckle 模块分别增强气泡细节以此获得模糊化的锐利边缘效果并降低脉冲噪声，最后通过 Laplace 模块强化图像中气泡羽流的所有边缘便于提取；

(3) 在颗粒尺寸模块提取出羽流和气泡边界如图 2-34(c)所示，比例尺为 2cm，将比例尺局部放大为 5mm，得到气泡图像如图 2-34(d)所示。

由统计的每个气泡的实际表面积，通过气泡等效直径的计算公式得到气泡的实际尺寸[106]。气泡的等效直径[109]通过气泡面积来进行换算，见式(2-4)：

$$d_{\mathrm{b},i}=\sqrt{\frac{4A_{\mathrm{b},i}}{\pi}} \tag{2-4}$$

式中，$A_{\mathrm{b},j}$为实际气泡表面积，mm^2。

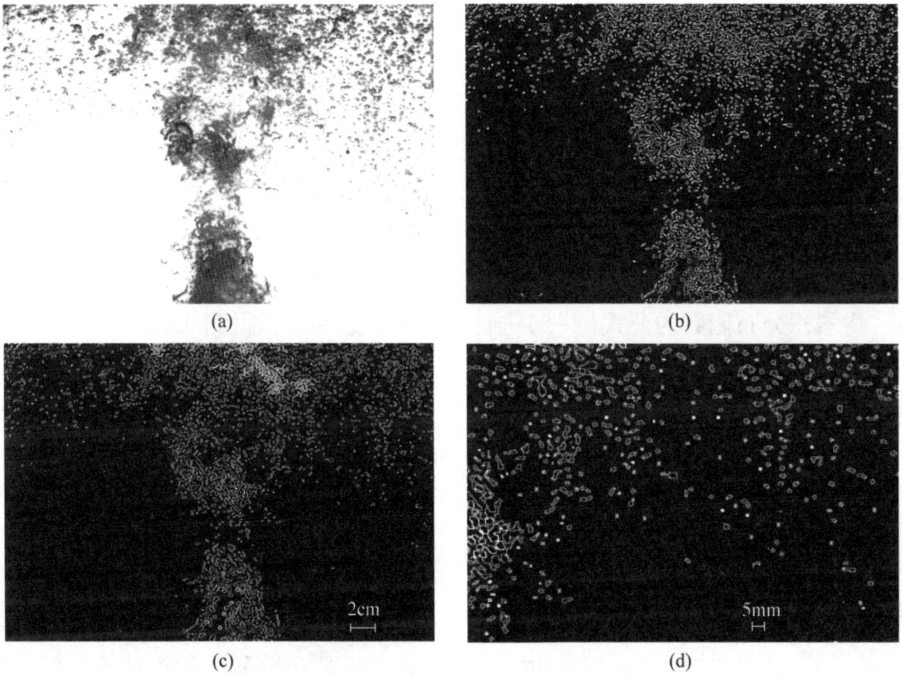

图 2-34 原始气泡图像与气泡直径选取

通过对气泡图像进行后处理，得到了三种泄漏孔径下气泡的统计分布特征。图 2-35 为不同孔径下气泡实际尺寸分布规律的 pdf 概率和累积体积分数，每种工况下的气泡总数在 250~334 之间。在图(a)中释放孔径为 1mm，气泡直径小于

2mm 的数量占比可达 60%，而大气泡尺寸的占比相对较小，在图(b)中释放孔径为 5mm，气泡直径在 1~3mm 之间占比最大，说明随着孔径增加气泡直径也略微增加。

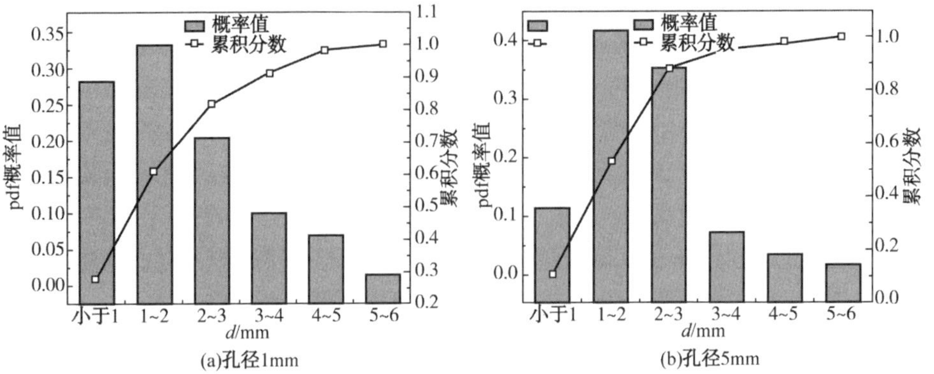

图 2-35　气泡尺寸分布数量统计

为了得到有效预测气泡尺寸的方法，考虑将对周围液滴大小进行数学统计。在目前描述气泡直径分布的统计学方法中，文献里关于气泡尺寸两个最常见的分布函数为：Rosin-Rammler 分布和对数正态分布[110]。R-R 分布是一个双参数分布函数，定义了一个特征直径和一个扩散参数，基于给定的累计体积分数 $V(d)$，当气泡直径服从 R 分布时，气泡直径的累积分布函数和概率密度函数分别见式(2-5)和式(2-6)：

$$V(d)=1-\exp[-(d/d_{50})^{\alpha}] \tag{2-5}$$

$$v(d)=(\alpha d^{\alpha-1}/d_{50}^{\alpha})\exp[-(d/d_{50})^{\alpha}] \tag{2-6}$$

将累积分布函数的公式(2-5)进行移项和对数变换，得到式(2-7)：

$$Y=\ln\ln[1-V(d)]^{-1}=-\alpha\ln d_{50}+\alpha\ln d \tag{2-7}$$

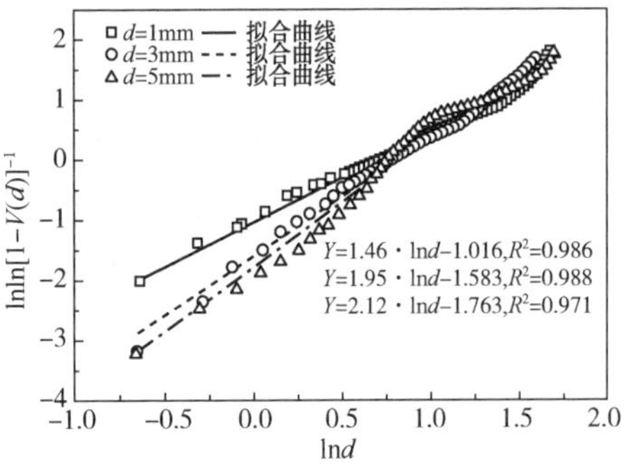

图 2-36　三种孔径下 R-R 分布函数拟合曲线

因此将 R 分布中气泡尺寸 $V(d)$ 的函数 Y 与气泡大小的对数 $\ln d$ 之间的线性关系进行定量分析，将 $\ln d$ 作为横坐标 X，$V(d)$ 作为函数 Y 的纵坐标，利用最小二乘法拟合得到对应的函数关系。由公式(2-7)可知直线的斜率为特征参数 α，得到 α 后利用截距计算出特征直径 d_{50} 的值。图 2-36 为三种孔径下气泡尺寸统计值与 R 分布函数的拟合曲线。图中拟合曲线的 R^2 均大于 0.97，得到了三条曲线 $\ln d$ 和 $V(d)$ 的线性关系，由直线的斜率和截距计算得到在 R 函数分布下的 d_{50} 值分别为 2.0mm、2.28mm 和 2.24mm。

根据直线得到的扩散系数和特征直径分别代入式(2-5)和式(2-6)，得到不同孔径下 R-R 分布的概率密度分数和累积体积分数的图像。从图 2-37 中可以看出：在概率密度分布中，当 d=1mm 时图像的峰值偏左，表明小气泡较多，随着释放孔径增加，函数图象峰值向右偏移，气泡尺寸增大，而在累积体积分数中三种孔径下区别并不明显。

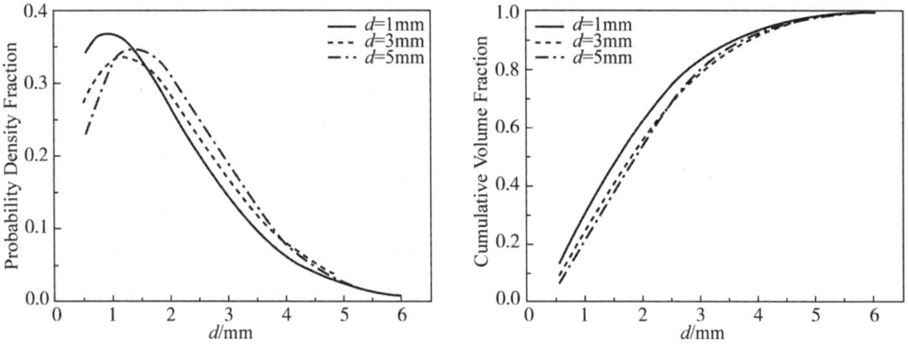

图 2-37 三种孔径下气泡尺寸的 R 函数分布

对将特征参数 α 和 d_{50} 的值代入 R-R 累积体积分布得到的理论值与实验统计值进行对比，如图 2-38 所示。从图中可以看出整体拟合结果较好，对于小气泡直径的计算较为准确，在气泡直径较大时，会产生部分的偏移。

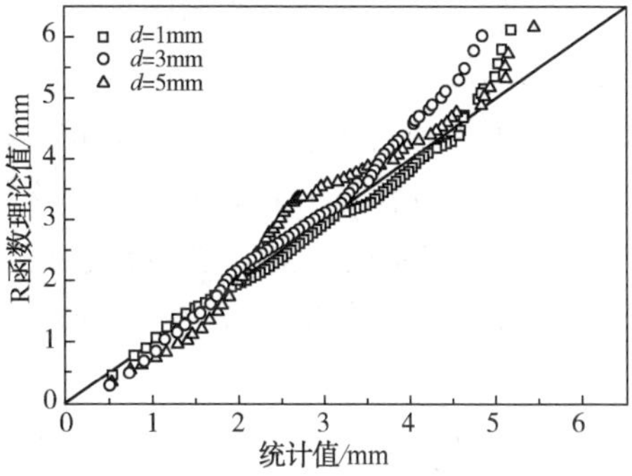

图 2-38 统计值与 R 分布理论值比较

2.3.2 对数正态分布模型

正态分布函数在数学统计中也是一种较为常见的分布类型，在数量统计中使用广泛。将对数正态分布函数应用于气泡直径分布中，描述气泡直径的分布特征，对数正态函数的概率密度函数和累积分布函数分别见式(2-8)和式(2-9)：

$$V(d)=F\left(\frac{\ln d-\mu}{\sigma}\right)=\frac{1}{\sqrt{2\pi}}\int_{-\infty}^{\frac{\ln d-\mu}{\sigma}}\mathrm{e}^{-x^2/2}\mathrm{d}x \tag{2-8}$$

$$v(d)=\frac{1}{\sqrt{2\pi}\sigma d}\exp\left[-\frac{1}{2}\left(\frac{\ln d-\mu}{\sigma}\right)^2\right] \tag{2-9}$$

将上式的标准正态分布函数进行变换可得式(2-10)：

$$Y=F^{-1}[V(d)]=\frac{1}{\sigma}\ln d-\frac{\mu}{\sigma} \tag{2-10}$$

可以看出：在对数正态分布中气泡尺寸分布的函数 Y 与气泡直径的对数 $\ln d$ 呈线性关系。将 $\ln d$ 作为横坐标 X，$V(d)$ 的函数 Y 作为纵坐标，把实验的统计数据值进行线性拟合得到斜率和截距。对于累积分布函数，将气泡数量按从小到大顺序排列，用中位秩公式计算累积概率 $V(d)$，见式(2-11)：

$$F_i=i/(n+1) \tag{2-11}$$

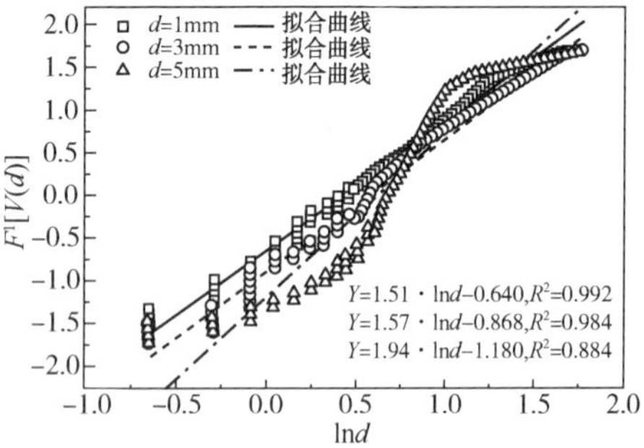

图 2-39　三种孔径下正态分布函数拟合图

式中，n 为每个实验工况下气泡的总数量。利用最小二乘法进行线性拟合，其中直线的斜率为对数标准差 σ，得到 σ 后由截距计算出对数均值 μ。图 2-39 为三种孔径下的正态分布函数拟合曲线。图中拟合曲线的 R^2 均大于 0.88，得到了三条曲线 $\ln d$ 和 $V(d)$ 的线性关系，由直线的斜率和截距计算得到在正态函数分布下的 d_{50} 值分别为 1.89mm、2.13mm 和 2.09mm。

由拟合曲线的斜率和截距计算得到对数标准差 σ 和对数均值 μ，在 d=1mm 孔径中为 0.647 和 0.408，在 d=3mm 孔径中为 0.411 和 0.641，在 d=5mm 孔径中为 0.507 和 0.81，代入正态分布的概率分布函数和累积分布函数，如图 2-40 所示。图中规律与 R 函数中类似，在概率密度分布中 d=1mm 的图像峰值偏左，意味着有较多的小气泡，随着释放孔径增加，图像峰值向右偏移，气泡尺寸略微增大，而在累积体积分数中，三种孔径下气泡尺寸分布上升速度类似。

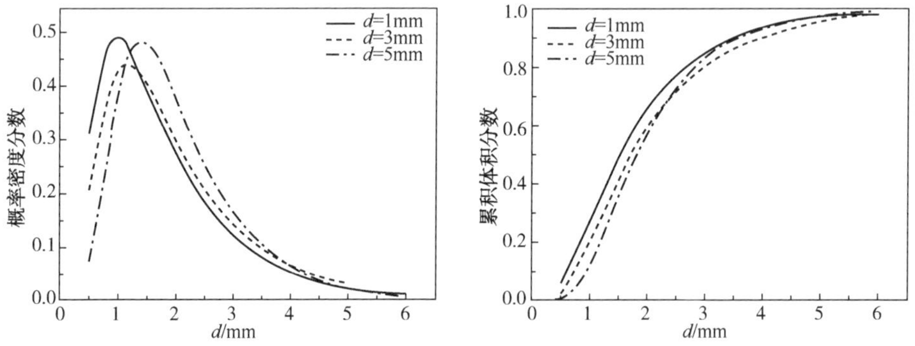

图 2-40　三种孔径下气泡尺寸的对数正态函数分布

对将特征参数 α 和 d_{50} 的值代入正态函数累积体积分布得到的理论值与实验统计值进行对比，如图 2-41 所示。从图中可以看出整体拟合结果也较好，对于小气泡直径小于 1mm 时偏差较大，当气泡直径大于 5mm 时，会产生部分的偏移，对于气泡主要分布的中间区域均有较好的预测结果。

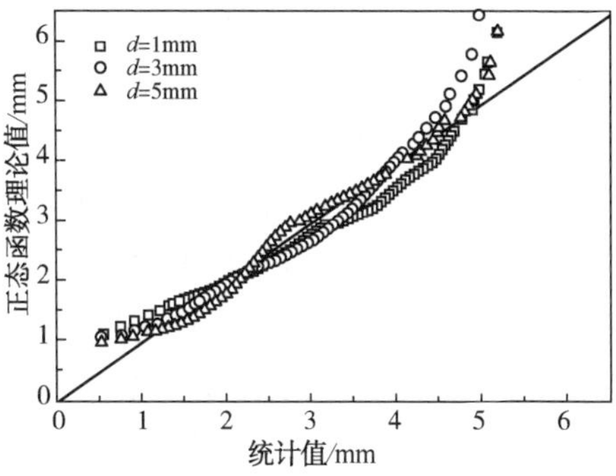

图 2-41 统计值与正态分布理论值比较

对于 R 分布，由 $Y=-\ln[1-V(d)]$与对数正态分布的标准偏差与累积体积分数的关系如图 2-42 所示。从图可以看出：在 d=1mm 孔径中，对于R 分布，S 小于-1.5 或大于 1.3 表示小于总体积的 1%，对于正态分布，同样适用于 $Y<0.01$ 和大于 4.5 的值；在 d=5mm 孔径中，对于 R 分布，S 小于-2.0 或大于 1.3 表示小于总体积的 1%，对于正态分布，同样适用于 $Y<0.01$ 和大于 4.5 的值。因此，对气泡大小数据中间区域的拟合程度较好，相对偏差较小。从图中来看，没有一个分布函数对所有数据都有完美的拟合，少数情况下对数正态分布最适合，一般来看，R 分布比对数正态分布更适合大范围的数据，但两种分布都很好地拟合了统计中心区域的数据，即气泡直径在 1~4mm 之间。因此，将两种方法中计算得到的直径进行平均，得到三种孔径下的 d_{50}值分别为 1.95mm、2.18mm 和 2.2mm。

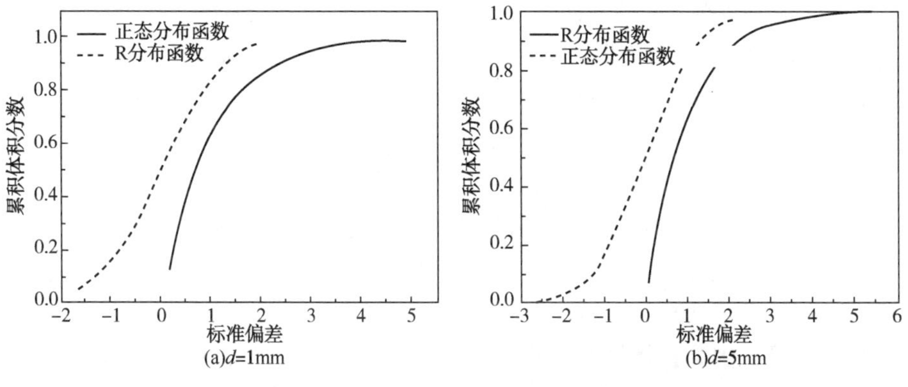

图 2-42 两种分布函数下标准偏差与累积体积分数之间的关系

2.3.3 气泡破裂模型

因此，液滴的大小分布对油气的扩散和运输至关重要，目前已经展开了各种预测气泡或油滴大小分布的工作[116-118]。有两种主要方法来预测水下天然气和石油的气泡或液滴破裂模型。第一种方法依赖于已经开发的基于物理方法的数值模型来求解不同尺寸级别的流体颗粒的质量与孔口距离函数的总体平衡[121-123]。这种方法的优点是：它考虑了颗粒级上导致破裂的力，而该过程是尺度独立的，并且它直接求解颗粒大小分布，而不需要对分布的统计形式进行任何假设。第二种预测水下射流中液滴尺寸的方法依赖于经验方程，该方程基于控制破裂的主要无量纲参数预测颗粒尺寸分布的特征尺度[124-127]。这些方程还可以通过基于物理理论来包含比例定律。这些方程的估计参数值是根据拟合数据来确定的，最可靠的预测是使用相同尺度来校准孔口尺寸。

在纯气体射流中，气泡射流分为层流和湍流[128,129]。当气体流量较小时，特征气泡尺寸随气体流量的增大而增大，并随喷嘴直径的增大而增大。这种结构具有单分散的尺寸分布，在尾部的小气泡数量可以忽略不计，称为层流破碎结构。随着气体流量的增加，特征气泡尺寸开始逐渐减小，在高雷诺数下与喷嘴直径无关。Leibson[130]在实验中将气泡尺寸几乎恒定的状态称为雷诺数大于 3000 时的湍流破碎状态。Zhao 和 Irons[129]发现了一个 Weber 数标准来描述从光滑气泡到不稳定界面破裂的转变。Johansen 等[118]提出了基于韦伯数尺度的经验方程对实测数据进行预测。这种尺度是由 Hinze[132]提出的湍流中粒子破碎理论发展而来。Weber 数的物理意义描述为破裂是由湍流动能引起的破坏力与由表面张力引起的阻力之间的平衡，见式(2-12)：

$$We_P = \rho_1 U_E^2 D/\sigma \tag{2-12}$$

式中，ρ_1表示喷射液体的密度，kg/m^3；U_E为喷口速度，m/s；D 为喷口直径，m；σ 是油和水之间的界面张力，N/m。

DeepSpill 的实验发现[41]：油滴的大小与韦伯数比例 $d/d_0 = We^{-3/5}$有很好的一致性，该比例方程见式(2-13)：

$$d_{50}/D = A \cdot We_p^{-3/5} \tag{2-13}$$

式中，d_{50}是液滴的体积平均直径，m；A 是一个经验系数。

将实验中观察到的 d_{50}值和气泡破裂的范围与无量纲参数进行关联，并加入了有关气体射流破裂的额外文献数据进行对比。文献中层流范围内气泡大小随流量增加，依赖于喷孔直径，而在湍流范围内，气泡尺寸随流量略微减小，并不依赖于喷孔直径。因此，将气泡尺寸进行特征归一化处理[126]，见式(2-14)：

$$d_0 = \sigma/(\Delta\rho g)^{0.5} \tag{2-14}$$

式中，$\Delta\rho$ 为喷射流体与射流环境之间的密度差，kg/m^3。

当气体喷射韦伯数 We_p大于一个临界值韦伯数 We_c时，气相射流和入射液体之间的界面就变得不稳定。因此，这种不稳定的气液界面开始破裂，形成小气泡，并将小液滴带入射流主体，最终呈现出雾化喷雾的连续流动。Zhao 和 Iron[129]描述了一种气体破碎数据作为归一化函数的临界 We_c，见式(2-15)：

$$We_c = 10.5\,(\rho_1/\rho)^{-1/2} \tag{2-15}$$

式中，ρ_1表示喷射液体的密度，kg/m^3；ρ 为环境液体的密度，kg/m^3。

为了将不同释放工况的数据进行比较，将 x 轴表示为归一化的 We_p 数据，y 轴为气泡尺寸的特征参数，预测在 $We_p/We_c=1$ 时将由层流破碎过渡到湍流破碎，如图 2-43 所示。在 Mori 等[133]的研究中氮气进入汞域的数据显示在一个层流破裂范围；Zhu 等[134]测量了空气和水共同射流中气泡的大小，并且测量了少量的纯气体射流；Leibson 等[136]的实验中气体进入水中大多也符合层流特征，根据气泡尺寸随气体流量增加的不同趋势，确定了层流和湍流气泡破裂的状态。在层流范围，实验发现气泡大小增加流量和依赖喷嘴直径，在湍流范围，气泡尺寸随流量微弱减小，并且不依赖于喷嘴直径。实验发现进入水中的气体大多符合层流(气泡尺寸随雷诺数增大)与湍流(气泡尺寸随雷诺数减小或不变)破碎之间的过渡雷诺数，然而，进入汞的氮气数据表明层流流态保持在较高的雷诺数，颗粒雷诺数 Re_p 不是区分层流和湍流破碎的合适的临界参数。

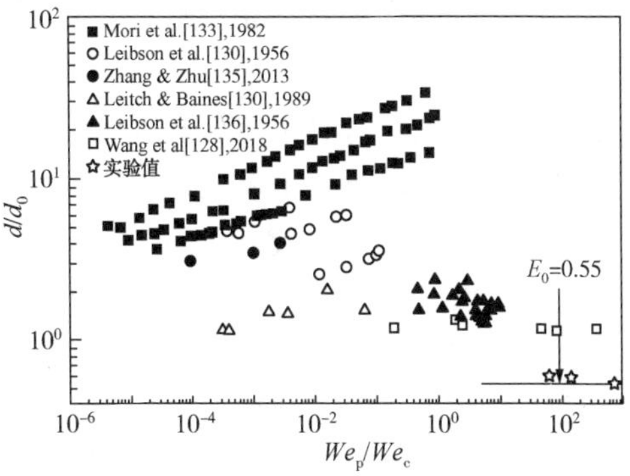

图 2-43 特征气泡尺寸与临界 Weber

由 Zhao 等[125]将气体破碎数据作为韦伯数的函数归一化的临界韦伯数 We_c，预计 $We_p/We_c=1$ 时将由层流破碎过渡到湍流破碎，即在 $We_p/We_c<1$ 时，气泡尺寸随气体流量增加；而在 $We_p/We_c>1$ 时，气泡尺寸不再随流速而增加，这是湍流破碎状态的特征。

湍流破碎的 E_0的渐近值预测了进入水中的空气射流的最小体积平均直径为 $d_{50}=3$mm。在 E_0定义的特征气泡直径 d_0与静止的环境流体由 Raleigh 稳定性判据定义的液体上升的最大稳定粒子大小具有相同的尺度行为，给出了 Eotvos 数 $E_0=(d/d_0)^2$的一种形式。在层流破碎状态下，$d/d_0=E_0^{1/2}$不会对气泡大小的数据失效。这主要有两个原因：首先，对于层流破碎，气泡大小取决于喷嘴直径，因此，d 应该包含在任何会破碎数据的参数中；其次，比多相射流不稳定的预雾化状态下存在多种气泡破碎模式。在低流量情况下，圆形气泡直接在喷嘴处形成，随着流量的增加，这些初始气泡会伸长，从喷嘴处被捏出后会出现破碎。需要对这些射流不稳定的不同状态进行分类，并且可能存在不同的无量纲相关性来瓦解每个状态中的数据。Wang 等[126]的实验展示了纯空气进入水中在 $E_0=1.2$ 的湍流破碎状态下，无量纲气泡尺寸逐渐趋于一个恒定值。但 E_0也是一个量纲参数，在高 We_p时 $E_0=1.2$ 的表观渐进值不是一个普遍的常数，而是与有限空间内的数据相一致的结果。将本书的甲烷气泡特征参数描述得到 $E_0=0.55$，在湍流范围内气泡尺寸基本保持不变，也说明 E_0值在空间范围内具有局限性。

在实际的多相流体系释放中，对于羽流来说，释放的动量对被卷吸的环境流体的总动能贡献很小，而环境流体的总动能主要由浮力引起的加速度决定。相比之下，喷射流释放的动量在被卷吸的环境流体的总动能中占相当大的比例。卷吸流体的湍流运动是气泡破裂的原因，由浮力射流中的总动能产生。因此，可以预期，与纯气体射流相比，喷射气体加液体共流射流的破裂动力学会有很大的不同。液体密度比气体大得多，携带了大部分动量，而气体主要携带浮力，动量通量描述了流量穿透水体的能力，浮力通量描述了流量加速上升过程卷吸环境水中的湍流耗散率。为了捕捉这些效应，对预测气泡大小的韦伯数尺度进行修正。将纯射流中的特征长度尺度 D 替换为 l_M，l_M是描述浮力射流或羽流的特征长度尺度[122,128]。通过引入射流水平动量通量 M 及浮力通量 B 关联了射流到羽流的过渡长度范围 l_M。一般可取 M 和 B 的初始值 M_0和 B_0来评估 l_M，相关参数计算见式(2-16)~式(2-22)：

$$M_0=Q_0U_0 \tag{2-16}$$

$$B_0=g'Q_0=(\rho_w-\rho_L)g/\rho_wQ_0 \tag{2-17}$$

$$U_C=U_0(1+Fr^{-1}) \tag{2-18}$$

$$Fr=U_E/(g^* \cdot D)^{1/2} \tag{2-19}$$

$$l_M=M_0^{3/4}/B_0^{1/2} \tag{2-20}$$

$$U_E=\begin{cases} a\left[\dfrac{-1+\sqrt{1+2(k-1)Ma^2}}{(k-1)Ma}\right] & \text{for} \quad Ma\leqslant\sqrt{(k+1)/2} \\ a\sqrt{\dfrac{2}{k+1}} & \text{for} \quad Ma\geqslant\sqrt{(k+1)/2} \end{cases} \tag{2-21}$$

$$We_m=\rho_LU_C^2l_M/\sigma \tag{2-22}$$

Johansen 等[118]推导了单相流在射流到羽流过渡点的速度与多相流相同的速度尺度 U_C，其中 Fr 为佛罗德数，U_E是一个特征释放速度，g^*是减少的重力加速度。液化天然气在孔口处以液态释放，喷射流的动量占卷吸环境流体中总动能的很大比例。而释放的气相甲烷羽流在环境流体中的总动能主要由浮力引起的加速度决定。因此，与纯气态释放相比，液化天然气射流的破裂动力学会有很大不同。为了得到统一尺度的射流体系中气泡破裂的方程，采用 We_m数比例，因为只涉及单一的无量纲参数，可以修改不同的缩放比例来帮助预测气泡的大小，得到了 d/l_M的特征长度尺度与新 We_m数之间的关系。将文献值与实验值进行比较，如图 2-44 所示，得到了纯气体射流和气液共同射流的韦伯数尺度。图中虚线给出了 $We_m=324$ 的值，定义了雾化开始的时间[132]，其中雾化定义为流体颗粒的破碎完全受湍流控制时的雾化。图中的数据中层流破裂都是处于气泡阶段的行为，而湍流破裂包括了鼓泡和射流两种工况。在 $We_p>We_c$时气泡破碎属于射流破碎体系，即 $We_m<324$ 的预雾化状态，在 $We_m<1$ 时，图中数据有两个分支，可能由于雾化前阶段多种不稳定机制导致的破裂。结果也进一步证明高韦伯数时 E_0 的表观渐近值不是一个普遍常数，而是与有限参数空间内的数据相一致的结果。因此，建议使用修正的韦伯数尺度来预测气泡的大小。

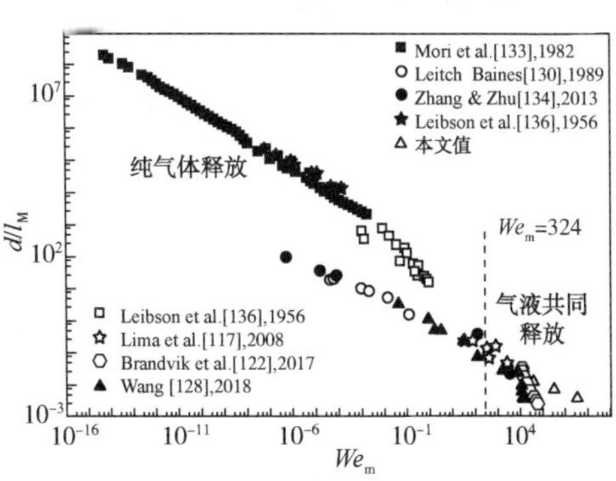

图 2-44 新 We_m 数与 d/l_M 的相关性

通过对高 We_m 数下的数据进行拟合，得到在 We_m 大于 324 释放气体时，采用 $d/l_M\sim4.3We_m^{-3/5}$ 来预测气泡的大小。但是由于多种不稳定机制的作用，目前对气泡大小缺乏普遍的尺度规律，包括剪切应力在气泡初次破碎中所起的作用，这导致相对较大的液滴在湍流的作用下破裂。剪切应力对液滴大小的影响可能与流体的性质没有直接关系。快速相态变化对于初始液滴的形成和破裂的影响，还没有明确的结论。

2.3.4 低温液体水下释放数学模型

通过对 Raj 和 Bowdoin 的文献[33]进行总结，已经开发了一个数学模型来描述低温液体水下释放的物理过程，主要用于计算低温液体的液相体积分数，以及液滴在水下破裂后形成蒸气泡的温度变化规律。通过与文中的实验图像对比分析，将 LNG 水下释放的物理过程分为四个阶段：(1)LNG 液柱喷射；(2)液滴形成；(3)液滴上升和蒸发；(4)蒸气上升和加热。图 2-45 为文献中描述水下喷射过程的图解模型。下面简介模型的计算过程并用实验气泡直径进行计算。

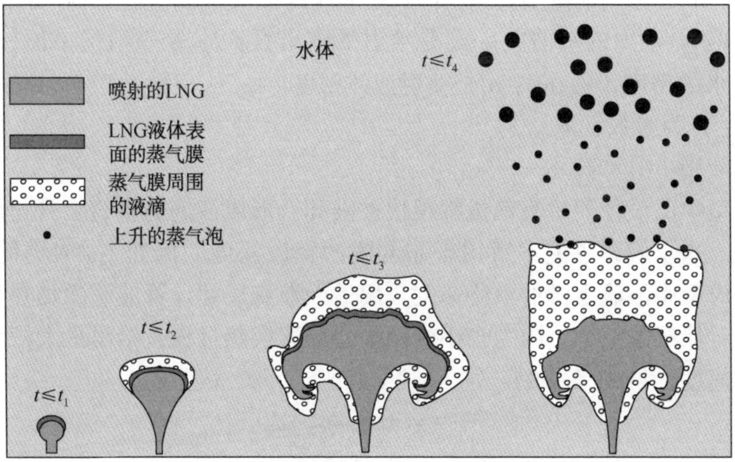

图 2-45 LNG 水下喷射图解模型

(1) LNG 喷射距离

模型中选取液柱完全破裂为液滴的垂直距离 S_1 由式(2-23)确定：

$$S_1 = 10d_J \tag{2-23}$$

式中，d_J为泄漏孔直径，m。

(2) 最大液滴尺寸

由 Okhotskii[137]提出的确定最大液滴尺寸的相关性，假设液体破碎的距离(cm 量级)相对于释放水深(m 量级)不在相同量级，只考虑由机械力导致的喷射破碎形成的最大液滴尺寸，忽略水下的热相互作用效果，此时最大液滴和产生的蒸汽模型结果偏保守，如式(2-24)~式(2-29)所示：

$$\frac{d_P}{d'_J} = 3^{1/3}\left(\frac{\rho_J}{\rho_W}\right)^{2/9}\left(\frac{1}{\beta\sqrt{2\pi We_J}} + \frac{2^{7/2}\pi^{3/2}}{\beta We_J\sqrt{L_{P,J}}}\right)^{2/9},\ Bo_J \leqslant \pi^2 \tag{2-24}$$

$$\frac{d_P}{d'_J} = 3^{1/3}\left(\frac{\rho_J}{\rho_W}\right)^{2/9}\left(\frac{1}{\beta\sqrt{2\pi We_J Bo_J}} + \frac{2^{7/2}\pi^{3/2}}{\beta We_J\sqrt{L_{P,J}}}\right)^{2/9},\ Bo_J \geqslant \pi^2 \tag{2-25}$$

$$Bo_J = \frac{g(\rho_W - \rho_J)d_J^2}{\sigma_J} \tag{2-26}$$

$$Re_J = \frac{U_J d'_J}{\nu_J} \tag{2-27}$$

$$We_J = \frac{\rho_J U_J d'_J}{\sigma_J} \tag{2-28}$$

$$L_{P,J} = \frac{Re_J^2}{We_J} \tag{2-29}$$

其中当 $d_J \leqslant \frac{\pi\sigma_J}{g(\rho_W - \rho_J)}$时，则 $d'_J = d_J$；当 $d_J \geqslant \frac{\pi\sigma_J}{g(\rho_W - \rho_J)}$时，则 $d'_J = \frac{\pi\sigma_J}{g(\rho_W - \rho_J)}$。

式中，d'_J是喷射有效直径，m；d_P是形成的最大液滴直径，m；Bo_J是喷射的邦德数；We_J是喷射的韦伯数；Re_J是喷射的雷诺数；Lp_J是喷射的韦伯-雷诺数之比；ρ_W是水的密度，kg/m^3；ρ_J是喷射液体密度，kg/m^3；σ_J为喷射液体的表面张力，N/m；β 为常数，取 0.3。

(3) 液滴上升和蒸发

在模型中假设任何垂直动量都很快被破坏，形成液滴的垂直上升速度等于其末端速度。这个假设可能不适用于非常浅的释放深度，例如 1m 或更低的深度。给出了在模型中液滴上升的最终速度，用最大液滴尺寸计算液滴的加热蒸发过程会得到相对保守的结果，因为较小的液滴会加速换热过程，给出最大液滴尺寸的层流上升速度，见式(2-30)：

$$U_d = \frac{g(1 - \rho_L/\rho_W)d_P^2}{18\upsilon_W} \tag{2-30}$$

湍流上升速度见式(2-31)：

$$U_{\mathrm{d}}=\sqrt{\frac{4}{3}\frac{g(1-\rho_{\mathrm{L}}/\rho_{\mathrm{W}})d_{\mathrm{P}}}{C_{\mathrm{D}}}} \tag{2-31}$$

式中，U_{d}是液滴上升速度，m/s；v_{w}是水的运动，m^2/s；C_{D}是半球形下落的阻力系数(假设为0.44)。

液滴直径的下降速率可表示为式(2-32)：

$$\frac{dV_{\mathrm{P}}}{\mathrm{d}t}=-\frac{h_{\mathrm{FB}}A_{\mathrm{P}}(T-T_{\mathrm{sat}})}{\lambda\rho_{\mathrm{L}}} \tag{2-32}$$

式中，h_{FB}为膜沸腾热传导系数，$\mathrm{W/(m^2\cdot K)}$；A_{P}为液滴的表面积，m^2；V_{P}为液滴的体积，m^3；T_{sat}是LNG的饱和温度，K；λ是LNG的气化潜热，J/kg。

上式表明液滴直径随时间呈线性下降，整个液滴的蒸发时间t_{evap}见式(2-33)：

$$t_{\mathrm{evap}}=\frac{\lambda\rho_{\mathrm{L}}d_{\mathrm{P}}}{2h_{\mathrm{FB}}(T-T_{\mathrm{sat}})} \tag{2-33}$$

由此得到液滴形成到完全蒸发的垂直上升距离S_2见式(2-34)：

$$S_2=(1/3)U(d_{\mathrm{P}})t_{\mathrm{evap}}(d_{\mathrm{P}}) \tag{2-34}$$

式中，U_{d}为液滴上升速度，m/s；t_{evap}为液滴的蒸发时间，s。

(4) 气泡上升和加热

当液滴蒸发产生的低温气泡在水中上升时，由于承受的静水压力逐渐减小，水柱体积膨胀，周围的水会持续加热。图2-46展示了蒸气泡在水下形成并加热上升过程的示意图。从图中可以看出：由液滴形成的蒸气泡距水面的初始深度为S_i，此时蒸汽泡在浮力作用下继续上升，但温度依然低于环境温度，因此在水体作用下加热上升，当蒸气泡达到99.5%的环境温度时距离为S_3，此时气泡距离水表面的距离为S_4。

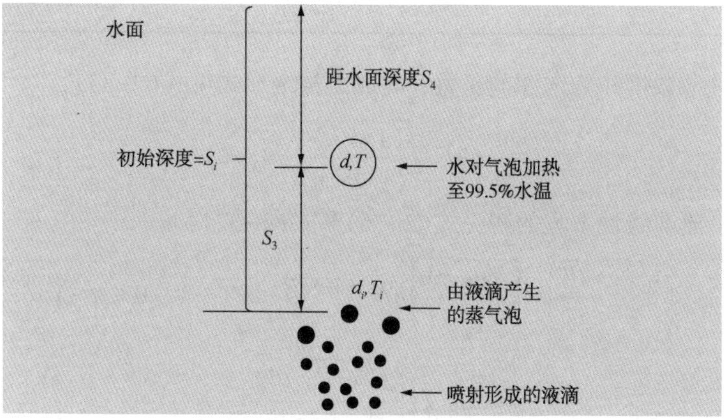

图2-46 蒸气泡在水下上升过程示意图

为了计算单个蒸汽泡的上升与水的热交换，得到上升气泡内的蒸气温度达到99.5%水温时的上升距离，模型给出了如下假设条件，并给出了定义的无量纲参数，如表2-9所示：

① 气泡中所含的蒸气被认为是一种理想气体；

② 气泡内的条件在局部压力条件下处于热力学平衡，即准稳态状态；

③ 气泡中蒸气的初始状态由饱和状态表示，饱和状态下的总压与气泡初始释放深度相对应；

④ 忽略蒸气密度的变化对气泡总浮力的影响；

⑤ 蒸气泡的特性用等效球体积来表示；

⑥ 气泡以相同直径的湍流末端速度上升；

⑦ 忽略气泡内的蒸气运动对上升速度的影响；

⑧ 在气泡通过水体上升时，其质量是恒定的，不考虑环境对气体的吸收；

⑨ 所有上升的气泡都独立于其他气泡与水相互作用，不考虑上升气泡的群体行为。

表2-9　无量纲计算参数

无量纲参数	计算式	无量纲参数	计算式
无量纲初始静态压力 P^*	$P^*=\frac{\rho_W g S_i}{P_a}$	特征热传递时间 $t_{ch,T}$	$t_{ch,T}=\frac{m_i C_P T_i}{\pi d_i^2 h T_i}$
特征上升时间 t_{ch}	$t_{ch}=\frac{S_i}{1.74\sqrt{g(1-\rho_g/\rho_W)d_i}}$	特征上升时间和特征加热时间的比值 Γ	$\Gamma=\frac{t_{ch}}{t_{ch,T}}$
无量纲初始温度 θ	$\theta=\frac{T}{T_i}$	无量纲水体温度 θ_W	$\theta_W=\frac{T_W}{T_i}$
无量纲深度 η	$\eta=\frac{S_3}{S_i}$		

关于气泡温度作为水深的函数，写成无量纲形式见式(2-35)；

$$\frac{d\theta}{d\eta}=-\Gamma\sqrt{\frac{(1+P^*)^{\theta}}{(1+P^*\eta)}}(\theta_W-\theta) \tag{2-35}$$

上述一阶非线性方程的解见式(2-36)和式(2-37)：

$$\left(\frac{\sqrt{\theta_W}-\sqrt{\theta}}{\sqrt{\theta_W}+\sqrt{\theta}}\right)=\left(\frac{\sqrt{\theta_W}-1}{\sqrt{\theta_W}+1}\right)e^{\Omega\left[\sqrt{(1+P^*)\theta}-\sqrt{(1+P^*)}\right]}, \quad 0\leqslant\eta\leqslant1 \tag{2-36}$$

$$\Omega=2\Gamma\frac{\sqrt{(1+P^*)\theta_W}}{P^*} \tag{2-37}$$

式中，T 为达到99.5%的水体温度，K；T_i 是蒸汽泡的初始温度，K；T_W 为水体温度，假设为293K；S_3是蒸气泡温度达到99.5%水温时与水面的距离，m；S_i是蒸气泡形成时的初始深度，m；U_i是蒸气泡上升的初始速度，m/s；d_i为初始蒸气泡直径，m；m_i为蒸汽泡的初始质量，kg；C_p为气泡的比热容，J/(kg·K)；h 为水到蒸气泡的总传热系数，W/(m^2·K)；Ω 为释放初始深度的常数。

基于上述计算模型，为了对潜在的LNG水下意外泄漏事故进行风险评估，文中分别选取了25mm、50mm、75mm、100mm、125mm和150mm的泄漏孔径和6m、9m、12m的释放水深，释放流量为10~550m^3/h，保证了相近的喷口速度，基于预测气泡直径预测公式得到气泡的平均直径为0.0017m，代入上述方程计算蒸气泡温度达到99.5%水温时的上升距离和气泡距离水面的高度。图2-47中展示了蒸气泡温度达到99.5%时的总上升距离和距离水面高度。在图2-47(a)中可以看出：在相同的出口速度下，蒸气泡总上升距离随着释放水深增加而增加，当释放水深在2.5~4m，低温蒸气泡将加热到与周围水体环境相近的温度，因此当释放深度大于4m时，从水面涌出的甲烷蒸气温度较高，气体密度将小于空气，在环境中以浮力扩散形式消散，不会在地面形成重气云。随着释放孔径增加，蒸气泡上升距离呈指数上升特征。在图2-47(b)中，释放水深越大，距离水面的高度也越大，从蒸气泡加热到水体温度的总上升距离增加也可以看出距离水表面高度会增加，这可能是由于蒸气泡深度较大时，局部压力较高，蒸气泡中相同质量的气泡面积较小，较低的表面积转化为较小的传热速率，因此，增加上升距离以实现相同的温度。随着孔径增加，距离水面高度略微下降，意味着蒸气加热到环境水温的上升距离增加。

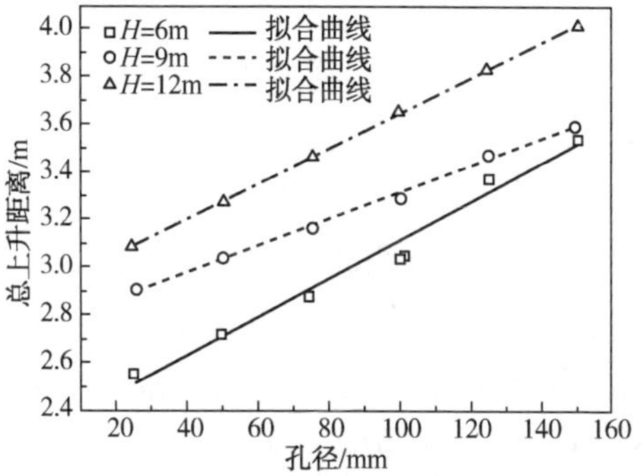

(a)总上升距离曲线

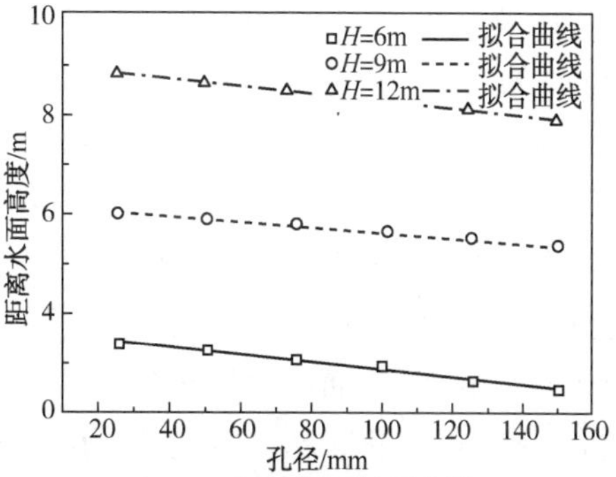

(b)距离水平高度曲线

图2-47 蒸气泡温度达到99.5%水温的总上升距离和距离水面高度

通过对模型的适用条件和局限性分析可知：该模型主要用于评估管道或船舶在浅水区泄漏液化天然气所产生的蒸气量，适用于连续的液化天然气水下释放，当射流初速度为连续湍流，释放深度大于4m时，具有普遍适用性。模型首先假设了射流破碎距离 L 与孔径 d 的比值(L/d=10)，即在射流液体等于10倍泄漏孔径处完全分解为单个液滴，在之前的文献[138]中，雷诺数大于2000的湍流喷射，液柱的机械破碎距离是恒定的，与流速无关。文献模型仅适用于由湍流引起的机械破碎，忽略了热效应引起的热力学作用，因此文中的计算结果可能是保守的。

该模型的适用范围取决于入射液体的物理破碎现象是否适用于所有直径和不同的释放速度。如果假设液体的喷射破碎出现在另一种液体中[比如破裂距离与直径之比(L/d)是恒定的强烈湍流的连续喷射]，那么模型将适用于从大直径孔的连续释放(包括，从理论上说一个完整的泄漏孔)。然而，即使在相同温度下，也没有非常大直径的液体射流进入另一种液体的实验数据。因此，任何关于模型适用性极限的假设在此时都只能是一种猜想。由于管外背压迅速下降和与全孔管失效相关的其他吹扫现象，这种失效的释放如果发生的话，可能类似于大量液化天然气的瞬间释放。因此，该模型不适用于瞬时释放。

对于模型中所考虑的2.5~15cm范围内的三种释放深度和射流直径，通过水体的上升高度在3~4m之间的蒸气温度基本处于水温。射流直径越大，蒸气加热到环境水温的上升距离越大。这个结果是基于模型中的假设，从喷嘴喷出的液体射流在距离等于10倍射流直径的范围内完全分解为单个液滴(液滴随后蒸发形成单个气泡)。从文献中分析，对于高湍流射流(以高雷诺数为代表)，破碎长度与射流直径之比与流量无关(即与雷诺数无关)。Richards 等用数值方法研究了液体-液体射流的破裂，并将其结果与 Meister 等报道的庚烷释放到水中的实验数据进行了比较。从这些研究中可以看出，对于雷诺数>2000的高湍流射流，其机械破碎距离是恒定的，与流速无关。大直径喷嘴(0.688cm)破碎长度与直径之比(L/d)约为5，小直径喷嘴(0.332cm)破碎长度与直径之比约为20。

本书对液化天然气射流破碎距离$L/d=10$的假设是保守的。书中示例所选用的喷嘴直径范围在2.5~15cm之间。基于该尺寸范围和所采用分析的流量雷诺数为10^8，现有的热力学上没有相互作用的液-液射流实验数据表明，L/d比约为5。另外需要注意的是，一些文献结果仅适用于射流的机械破裂(由于湍流引起的射流表面波振荡)，而不适用于任何热效应。可以认为(由于没有实验数据可以比较)，低温的液化天然气射流进入热液体(如水)时，射流破碎距离应小于纯机械扰动引起的破碎距离。在这种情况下，通常预计液化天然气喷射液柱在距离不到$L/d=5$的位置就会分解成液滴。因此保守地说，文中假设的距离是$L/d=10$。这个假设给出了模型中的一个不确定性。对于低温液体射流释放到热液浴中，这一假设还缺少实验的证明，尽管这一假设似乎适用于湍流、非混相液体射流释放到其他液体中。通过上面的讨论，低温液体射流的破裂距离比非低温液体射流要短。只有未来更多的研究和实验才能为非混相低温液体射流在水中的破碎提供合适的关联关系。

模型中的另一个假设是，蒸气气泡作为个体在水柱中上升。这些蒸气泡是否凝结形成一个大气泡并上升到表面，这种现象发生的环境是未知的。此外，在分析中没有考虑到的是，对蒸气泡的传热可能是由气泡的群集行为控制的，而不是每个气泡独立地作用于与水的热和动态相互作用。在考虑形成的最大尺寸气泡的基础上，建立了气泡达到水温的上升距离模型。蒸气泡越大，它的加热速度就越慢。需要指出的是，一个真正的释放将会有一系列的蒸气泡沫大小(等于或小于最大尺寸的假定)，因此计算结果在上升距离内蒸气加热水柱是保守的(也就是说，可能预测的是比现实的情况一个更大的上升距离)。该模型初步研究了液化天然气在水下释放时液滴和气泡的动力学和传热特性。该模型没有考虑任何快速相变现象(Rapid Phase Transition，RPT)，也没有考虑 RPT 对液化天然气射流在水下释放行为的影响，因为预测何时和是否会发生 RPT 是非常复杂的，需要额外的研究和实验数据来验证并基准化模型结果或修改模型参数。

基于此，模型中假设的蒸气泡尺寸在 mm 量级，而在假设中仅考虑了单个气泡独立地作用于水体的传热和动态相互作用，而蒸气泡的传热可能是由气泡群体行为控制的，且当气泡尺寸越大，其加热速度就越慢，因此对于蒸气泡尺寸的假设也可能导致计算结果偏于保守，但是目前还没有更好的实验数据来验证低温液体在浅水区域释放的气泡行为。最后模型没有考虑快速相变现象对液化天然气水下射流的影响。因此，对于液化天然气水下释放依然有必要开展大尺度的实验进行全面验证。

2.4 本章小结

通过自主搭建的 LNG 水下泄漏实验装置，测试了 LNG 水下释放的管内水力特征，通过高速成像系统记录了宏观羽流上升和微观孔口释放特征，量化了不同因素对水面蒸气云扩散特征的影响，评估了蒸气泡尺寸分布特征，建立了预测气泡尺寸的无量纲模型，实现了对蒸气泡在水下加热上升距离的预测，得到主要结论如下：

(1) 液化天然气在水下释放的水力学特征分为四个阶段：预冷阶段、过渡阶段、稳定释放阶段和快速下降阶段；在稳定释放阶段，随着释放孔径的增加流量增大，而管内的泄漏压力下降；通过对比不同介质、孔径和压力下的液体喷射释放，结果表明泄漏流量随压力的增加均呈现指数式上升关系。

(2) 通过高速摄像机观察到 LNG 在水下释放呈现四个区域：喷射区、过渡区、羽流区和表面区。低温液体在水下喷射会形成一定高度的喷射区域，在较大的温差下液柱表面发生剧烈沸腾，在液柱表面和顶部受热产生液滴进入过渡区域，随着初始动量下降阻力增加，进入羽流建立区，气泡呈锥形结构向上扩散，在表面区形成一定高度的泉涌向四周扩散。通过实验验证了 Raj 等建立了低温液体水下释放模型的四个阶段。在近似的释放雷诺数下，羽流形成的夹角随孔径增加而增加，对于相同面积、不同形状的释放孔口进行实验，发现矩形孔口会形成更大的羽流夹角。基于不同液池尺寸建立了羽流扩散半径的预测关系式：

$$\frac{L_{\mathrm{v}}}{L_{\mathrm{h}}}=1.01\times\log\left(\frac{x}{b}\right)+1.68$$

(3) 通过高速摄像机微观镜头观察孔口的释放特征发现，在 1mm 孔口处形成了约 2cm 高的冰柱，快速蒸发的气态甲烷从冰柱四周喷涌而出，但冰柱会随着液体的连续喷射在毫秒量级内呈周期性的破碎过程，而随着孔口尺寸增加，垂直释放的液体量增加，将形成连续喷射的液柱。

(4) 水面形成的甲烷气体在密度差作用下具有明显的重气扩散特征，在重气云团的湍流作用控制下，在近场扩散中甲烷浓度随风速增加而快速下降，随着外界环境和气体之间的热交换，在空气卷吸和大气湍流的作用下重气云向非重气云转变，在远场扩散中随着风速和距离增加呈先增加后减小的趋势；而随着泄漏孔径的增加，相同位置的甲烷浓度呈现指数式上升趋势。

(5) 将气泡大小进行处理后得到的气泡尺寸统计值分布特征与 R-R 函数和对数函数均有较高的一致性，得到了在两种函数下的气泡平均直径。基于无量纲模型分析，预测在 $We_{\mathrm{p}}/We_{\mathrm{c}}=1$ 时气泡由层流向湍流破碎转变，此时液体射流气泡破裂的临界值 $E_0=0.55$，通过对气泡特征尺寸和 We 进行修正，可以用 $d/l_{\mathrm{M}}\sim 4.3We_{\mathrm{m}}^{-3/5}$ 来预测液体射流中气泡的大小。

(6) 通过计算蒸气泡加热上升计算模型可以得出，在相同的喷口速度下，25~150mm 孔径和 6~12m 水深，蒸气泡在 3~4m 距离内加热到接近水体温度，随着释放水深增加，蒸气泡上升距离增加，随着孔径增加，距离水面距离则略微下降。

3 LNG 蒸气云燃烧特征

从第 2 章研究可以看出，液化天然气在水下泄漏后的主要危险是在水面聚集了大量可燃气体，在环境风的影响下无色的可燃气体沿下风向迅速扩散，此时危险范围将明显增加。通过文献调研发现：现场燃烧法可以有效消除水面泄漏的原油，减少可燃物的扩散半径，但是对于气体在水面扩散形成的蒸气云火焰还鲜有报道。

因此，基于应急处理和评估安全范围的需求，采用现场燃烧法对水面形成的可燃蒸气云开展池火燃烧实验，分别测试在不同孔径的泄漏流量和环境风速下的蒸气云火焰燃烧特性，主要包括火焰的燃烧速率、火焰温度分布、火焰几何高度和倾角以及火焰的热辐射，通过建立无风时火焰高度的预测模型，以及横风下火焰长度和倾角的预测模型，将结果与不同类型池火实验进行对比，全面评估蒸气云火焰的燃烧特征。

3.1 实验装置及测试方法

3.1.1 火焰几何形态测试

当 LNG 在水下连续释放后在水面溢出形成大量甲烷可燃蒸气，随后用点火杆将蒸发的可燃蒸气点燃，当释放达到稳定状态时假设甲烷蒸气全部参与燃烧，将水面上形成的燃烧火焰定义为稳定燃烧状态，此时火焰的燃烧速率由稳定状态的泄漏流量来计算，燃烧速率[66]表示为单位面积的质量损失速率 [kg/(m^2 · s)]。

在液面形成点火后，由水平布置的一台 Sony 摄像机来记录火焰的形态特征。用三脚架将摄像机布置在水箱正前方，调整镜头位置与液面齐平，保证火焰区域被全部捕捉，拍摄频率为 30fps/s。由摄像机记录的火焰可见光部分来表征整个燃烧区域。

火焰图像的后处理采用 MATLAB 软件，通过图像数字处理模块提取单次实验中稳定燃烧阶段约 1min 的视频文件，对实际火焰图像进行后处理的主要步骤如下：

(1) 在图像处理工具箱中对初始火焰图像边缘进行过滤，增强视频效果；

(2) 将 RGB 火焰图像转化为灰度图像，便于将火焰图像从背景中提取；

(3) 通过大律法将灰度图像进行二值化处理，得到火焰的间歇性图像；

(4) 统计出计算区域的总像素数，得到单位像素对应的实际长度值，最后将火焰的像素尺寸转化为实际高度。

图 3-1 为火焰在横风条件下的燃烧图像和间歇火焰图像，火焰高度 H_f 定义为火焰锋线与燃烧表面之间的垂直距离，在横风作用下火焰长度 L_f 定义为液池中心到火焰顶端的距离，火焰倾角 θ 定义为火焰偏离竖直方向的夹角[51,52]。间歇性是指火焰在一定高度上停留的时间，火焰随时间的平均高度定义为间歇性达到 0.5 的火焰锋线与燃烧表面之间的距离[66]。

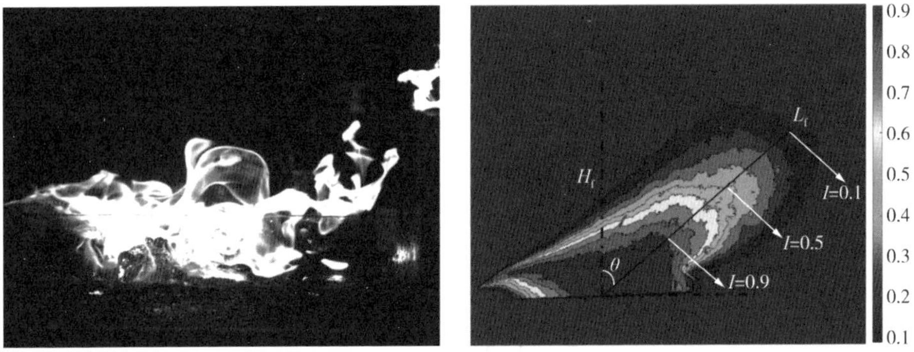

图 3-1　在横风下火焰的高度和倾角

3.1.2　火焰的温度及辐射测试

火焰温度是池火燃烧的基本热力参数之一[140]。火焰温度的测量对了解 LNG 蒸气云火焰燃烧状态、燃烧过程及热释放产物的特征，从而建立合理的热辐射模型具有重要的意义。

温度的测量方式主要有两种：接触式测量法和非接触式测量法。接触式测量仪表与被测物体直接接触，是获取温度最直接和必要的一种手段，但是测点布置的数量有限，只能得到少数特定位置的温度，而大量布置测试点不仅会增加测试的成本，并且对流场会有一定的影响，影响测量的准确性。非接触测量的仪表与被测物体不直接接触，以光学原理为主，不会对流场造成影响，但是由于不同物体自身属性的差异，以及测试环境的影响，都会影响测量的精度，导致测试温度偏离实际值。

本文采用两种方式相结合的方法，通过热电偶直接测量火焰内部的温度特征，再利用红外热成像仪测量火焰的二维温度场分布。测试装置为 K 型热电偶

（-40～1300℃），测量精度为±0.5%，响应时间小于1s。其中热电偶沿水箱的垂直和水平两个方向分别进行布置，在垂直方向上布置7只热电偶，前4个热电偶之间的间距为5cm，后3只热电偶的间距为10cm依次向上布置，测量沿火焰高度上的温度分布；在水平方向上布置5只热电偶，每只间距均为5cm，热电偶高度与水箱齐平，测量在横风作用下火焰下风向的温度分布。将所有热电偶连接到数据记录仪上进行实时数据采集，具体布置如图3-2所示。

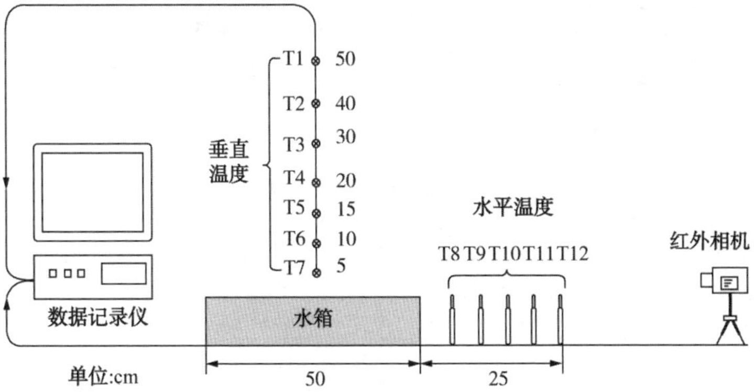

图3-2 温度传感器和热成像仪的布置

采用热成像仪记录火焰的温度特征，将热成像仪布置在液池的水平方向，距离2m左右，拍摄速率为25fps/s，实验拍摄的发射率设为0.5，其他参数值包括环境温度和相对湿度均与实验工况保持一致[140]。实验采用的热成像仪型号为Flir E95，具体参数如表3-1所示，热成像仪如图3-3所示。

表3-1 IR摄像机主要参数

主要参数	参考值	主要参数	参考值
探测器类型	焦平面阵列，非制冷型	热灵敏度	<0.15℃
波长范围	7.5～13μm	空间分辨率(IFOV)	1.3mrad
视场角(FOV)	24°水平，18°垂直，全彩色LCD	测量范围	-40～120℃，0～1200℃
图像分辨率	464×348	数据输出	14-bit实际时间数码摄像
测量精度	量程±2%或±2℃	图片储存	全动态，14-bit数码储存

火焰的热辐射是向外界传热的一种主要途径，研究热辐射在横风作用下的支配比例，对揭示火焰燃烧机理有很大的帮助。热辐射计选取法国Captec公司生产的TS-10C辐射热流传感器，测量原理基于传感器的输出电压与热流密度之比，将测量的输出电压除以传感器灵敏度计算得到热流密度，每只传感器均标注独立的灵敏度，辐射热流计的主要参数如表3-2所示，实物图如图3-4所示。

图 3-3　热成像仪实物图

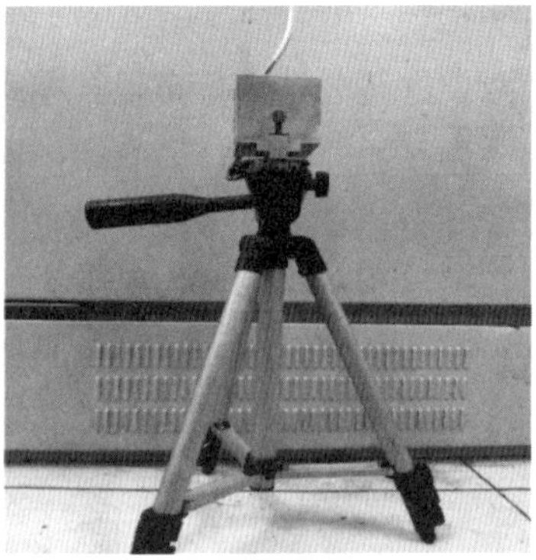

图 3-4　热辐射计实物图

表 3-2　热辐射计的主要参数

参数型号	TC-10	参数型号	TC-10
尺寸	ϕ10mm，厚度仅 0.4mm	准确度	<3%
工作温度	-180~200℃	响应时间	<0.05s
热阻抗	0.006℃ · m^2/W	电阻抗	≈100Ω/dm^2
输入范围	±200kW/m^2	光谱响应	0.3~50μm
灵敏度	<0.2μV · m^2/W		

在使用时将热辐射计安装在三角支架上，布置在固定位置上，将电源线和数据线分别连接入数据记录仪，设定好测试量程，将辐射热流芯片正对火焰燃烧中心位置，测试完成后用酒精棉擦洗传感器表面，清洁干净后以便下次使用，热辐射计的布置如图 3-5 所示。三只辐射计均放置在火焰的下风向，与水箱边缘的距离分别为 3*D* 和 5*D*(*D* 为水箱直径)，辐射计 q_2 在高度上等于 0.5*D*。每种工况进行三次重复实验，保证结果的独立性，室内温度均保持在(23±1.5)℃。

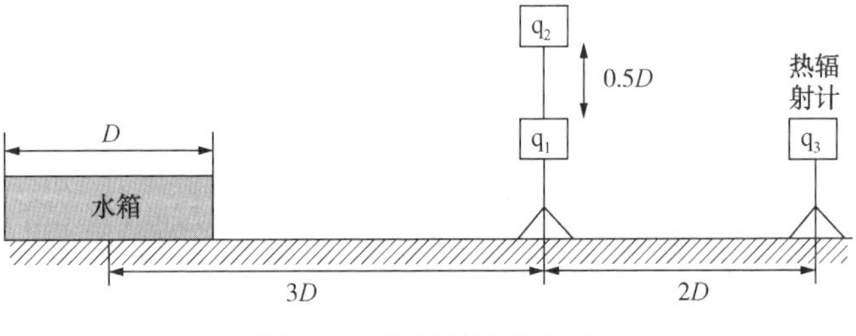

图 3-5　热辐射计的布置

3.2　火焰的几何形态

质量燃烧速率是确定池火燃烧程度的一个重要参数，因为它不仅关系到许多火焰长度的相关性，更重要的是它决定了总燃烧热。大型实验往往采用热电偶法，通过液位的高度和位置来表征火焰的燃烧速率[66]。通过对大量实验数据进行总结，得到了液体池火质量燃烧速率与液池直径的关系式，见式(3-1)：

$$m_f = \dot{m}_\infty (1-e^{-k\beta D}) \tag{3-1}$$

式中，m_f为燃料单位面积的质量燃烧速率，kg/(m² · s)；$\dot{m}_\infty$为液池无限大时的最大质量燃烧速率，kg/(m² · s)；$k\beta$为拟合系数；D为液池直径，m。

表 3-3 为不同文献中得到的池火燃烧速率模型参数值。

表 3-3 燃烧速率模型参数拟合值

参数	Rew	Babrauskas	FERC	Zhang
$\dot{m}_\infty$	0.141	0.078	0.11 或 0.14	0.14
$k\beta$	0.136	1.1	0.46	0.41

在本文的研究中，液化天然气在水面形成的蒸气云火焰，燃烧速率由泄漏流量控制。将实验中得到的蒸气云池火焰的燃烧速率与 Suardin[97] 和 Gomez[143] 在 MKOPSC 德州农工大学下进行的其他实验一起绘制。文献中已有的其他实验结果以及 Rew[141]、Babrauskas[52] 和 FERC[142] 的相关性如图 3-6 所示。从图中看出实验数据具有很强的分散性，不同的实验条件和环境对燃烧速率均有一定程度的影响。对于不同尺度的实验，无限大燃烧速率为 0.14kg/(m² · s)的模型更适合大型池火灾，但 0.11kg/(m² · s)更适合小型池火灾。

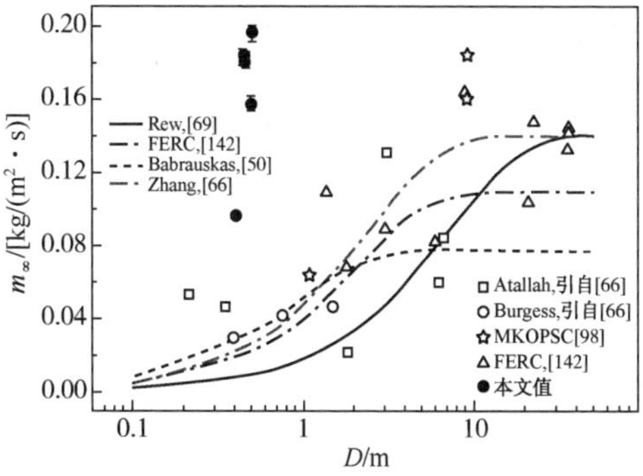

图 3-6 质量燃烧速率实验值与模型的对比

本文的数据证实了在无限制的液池燃烧中，小型池火燃烧速率接近于 0.12kg/(m² · s)。而 d=3mm 和 d=5mm 孔径的蒸气云火焰燃烧速率远大于现有的实验及模型值，一方面说明在水面形成蒸气云火焰燃烧过程中，由泄漏产生的蒸气源源不断地供给燃烧，导致燃烧速率随流量变化而变化，当增加泄漏孔径或流量时，得到的蒸气云火焰燃烧速率相对会更高；另一方面火焰直径可能受限于水箱的尺寸，得到了较高的燃烧速率。但实验也证实了类似于壕沟等狭窄通道内(船舶在近岸区卸货)一旦发生泄漏或燃烧，相对于现有的模型来说将产生较高的燃烧速率和较高的火焰高度。

3.2.1 无风时火焰的高度

图 3-7 中给出了火焰高度随时间的变化以及火焰高度的间歇性图像。图(a)

为在无风条件下 1mm 孔径的蒸气云火焰高度在稳定阶段内随时间的变化。选取了 10s 内的火焰高度图像，可以看到蒸气云火焰在水面燃烧过程中火焰脉动和跳跃现象。基于 Zukoski 等[139]引入的间歇率来描述火焰的高度，在所有统计的火焰高度中，高度大于 H 的时间占总时间的比率。图(b)为火焰在无风条件下的平均火焰高度和最大火焰高度。图中平均火焰高度 H_{ave} 在间歇率为 0.5 时对应的高度为 0.6m，最大火焰高度 H_{max} 为间歇率在 0.1 时对应的 0.72m 高度。

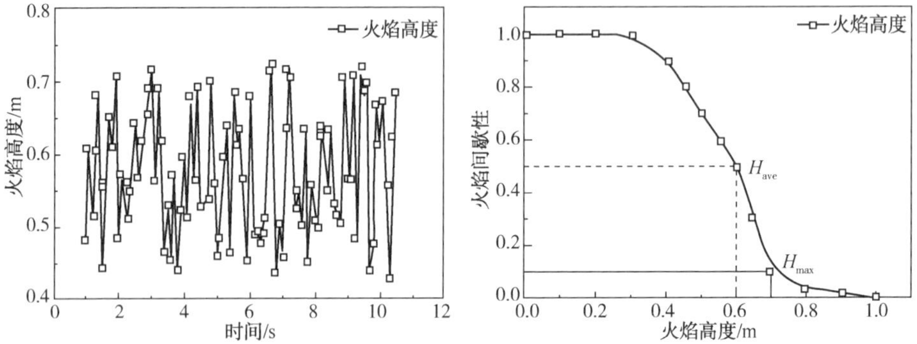

(a)火焰高度随时间的变化　　(b)平均火焰高度和最大火焰高度

图 3-7　火焰高度随时间变化及平均火焰高度

无量纲热释放率 Q^* 已经发现与火焰高度具有相关性，计算见式(3-2)：

$$Q^*=\frac{Q}{\rho c_p T_\infty \sqrt{g} D^{5/2}}=\frac{\dot{m}\Delta h_c}{\rho_a C_{ap} T_a \sqrt{g} D^{5/2}} \tag{3-2}$$

式中，$\dot{m}$ 为燃料质量损失率，kg/s；D 为液池直径，m；Δh_c 为燃烧热(甲烷为 50MJ/kg)，kJ/kg；ρ_a 为环境密度，kg/m^3；C_{pa} 为环境比热容，kJ/(kg · K)；T_a 为环境温度，K。

图 3-8 中展示了实验获得的无量纲火焰长度与无量纲热释放率之间的关系，Thomas[56-58]、Moorhouse[146]、Pritchard[147] 和 FREC[142] 的相关性在它们推导的 Q^* 范围内绘制。将实验结果和文献结果在无风条件下的火焰高度进行了对比发现：实验数据依然满足于现有的模型，但在实验条件下，蒸气云池火的表观燃烧速率和无量纲燃烧速率范围均增加。基于实验数据拟合得到了无量纲热释放率与火焰高度和直径比例的关系式，从式中可以看出在相同的 H_f/D 比值下，实验的无量纲热释放速率大于文献值，主要原因可能是一方

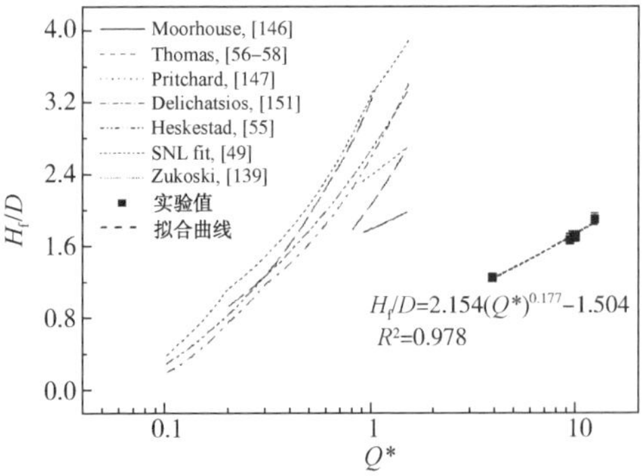

图 3-8　火焰高度和直径比值与无量纲热释放率

面由泄漏流量表示燃烧速率导致了较大的无量纲热释放速率值；另一方面当孔径较大时火焰直径可能受液池范围的影响，形成的火焰高度与液池直径比值偏低。但实验结果也表明在受限环境内连续泄漏的蒸气云火焰可能产生较大的无量纲热释放速率，拟合公式(3-3)可以用于预测在受限空间内的蒸气云火焰高度，适用于在无风条件下 2~15 的 Q^* 值范围。

$$H_f/D=2.154\,(Q^*)^{0.177}-1.504 \tag{3-3}$$

3.2.2 有风时火焰的高度

图 3-9 为在 1mm 孔径下蒸气云火焰随风速的变化特征。从图中可以看出在无风时，从水面涌出的甲烷蒸汽与周围的空气混合，燃烧火焰形成的卷吸气流将空气从四周卷入燃烧区域，在液池表面火焰直径较大，火焰羽流卷吸空气向上自由扩散，呈现明显的锥形结构，伴随着火焰周期性的脉动现象，形成了一种动态平衡的稳定燃烧火焰。随着风速开始增加到 0.5~1m/s，水平运动的气流使池火向下风向倾斜，充分供应的氧气与水面上方的燃料形成充分混合，燃烧程度加剧。随着风速继续增加至 1.5~2m/s 时，火焰倾斜程度增加，在下风向火焰燃烧的羽流区域出现了火焰“脱落”的现象。当风速大于 2.5m/s 以后，火焰贴近液池表面剧烈燃烧，对周围的空气卷吸速度增加，在火焰中心形成了明亮的燃烧区域，火焰的倾斜长度降低。继续增加风速，火焰的形态不再发生明显变化，此时可燃物与氧气混合燃烧的当量比接近饱和，可见火焰燃烧程度与氧气的供应速度密切相关。

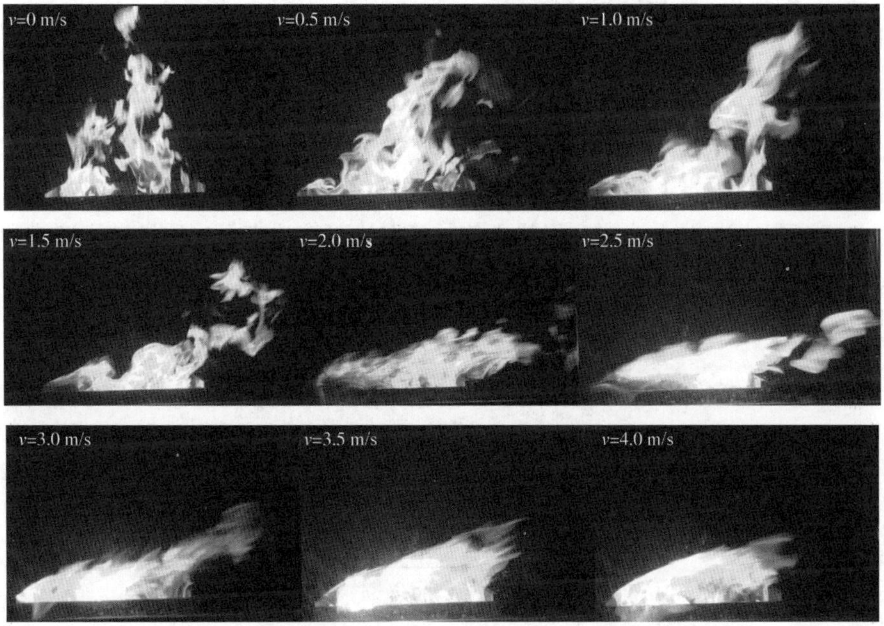

图 3-9　d=1mm 孔径下火焰的几何尺寸随横风的变化

火焰在横风下的几何形状是池火灾的一个重要特征，它有助于确定用于预测辐射的火灾模型，包括火焰的视角因子、火焰直径、长度和倾斜角度。在横向风作用下，气流对火焰产生卷吸作用，引入理查德森数特征量(Richardson number)来表示横向气流对火焰燃烧的影响，R_i数表示燃烧浮力作用于横向气流惯性力之间的相对强度[142]。当火焰处于完全燃烧时，假设气体服从理想气体状态方程，R_i数计算见式(3-4)：

$$R_i=\left(1-\frac{T_a}{T_{Ad}}\right)\frac{gD}{u^2} \tag{3-4}$$

式中，T_a为环境气流的温度，K；T_{Ad}为绝热火焰的温度，K；u为横向气流速度，m/s。为使无风条件下R_i数有意义，通常取其倒数R_i^{-1}。

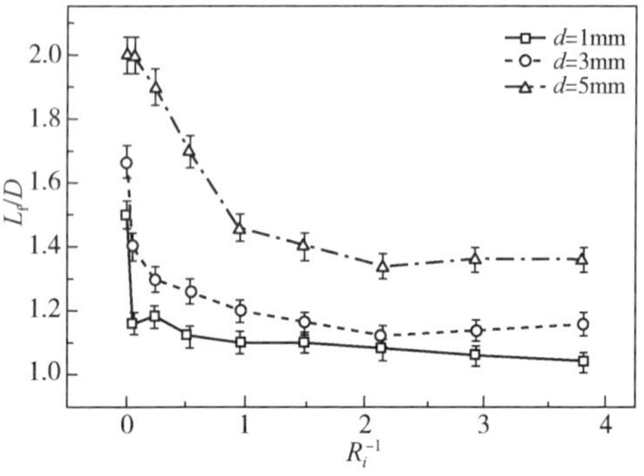

图 3-10　三种孔径下火焰 L_f/D 随 R_i^{-1} 的变化规律

图 3-10 为三种孔径下火焰长度与直径比值在不同风速下的变化情况。从图中可以看出：蒸气云火焰的平均火焰长度随风速增加呈下降趋势，导致 L_f/D 逐渐下降，且释放孔径越小，L_f/D 比值越低。当 1mm 孔径在 R_i^{-1} 值较小时平均火焰高度变化幅度较大，随 R_i^{-1} 值的继续增加，火焰尺寸下降表明相对于自身的浮力，横风的作用增强，R_i^{-1} 大于 1 时 L_f/D 的值恒定，此时火焰尺寸基本保持稳定。在大孔径释放燃烧中也可以看出：在 R_i^{-1} 值较小时火焰尺寸迅速下降，表明在低风速下，相对于自由燃烧产生的浮力作用，横风对火焰高度的影响占主要地位，当 R_i^{-1} 大于 1 时，火焰尺寸将趋于稳定，此时火焰自由燃烧的浮力作用与横向气流作用保持相对平衡状态。

对于浮力控制的池火灾，平均火焰长度取决于液池直径、质量燃烧速率和风速，Thomas[56-58]在木垛燃烧实验基础上采用如下模型计算横风下直径为 D 的火焰长度，计算见式(3-5)～式(3-7)：

$$\frac{L_f}{D}=A(m^*)^p(u^*)^q \tag{3-5}$$

$$m^*=\frac{\dot{m}}{\sqrt{gD}\rho_a} \tag{3-6}$$

$$u^*=\frac{u}{\left(\frac{g\dot{m}D}{\rho_a}\right)^{1/3}} \tag{3-7}$$

式中，L_f为火焰长度，m；D 为液池直径，m；$\dot{m}$ 为燃料质量损失率，kg/s；ρ_a为空气密度，kg/m^3；u 为横向气流速度，m/s；A、p、q 为拟合系数值。

基于以上的模型，Moorhouse 于 1982 年进行了有风条件下的 LNG 池火实验，得到了火焰高度拟合数据，Ptitchard 建立了有风条件下的火焰长度关系式，Zhang 等对于大型 LNG 池火进行了高度拟合，得到了不同的火焰长度预测模型参数。将本书拟合结果与文献值进行比较，如表 3-4 所示。从表中可以看出不同类型池火实验的模型参数会略有差别。可能由于不同燃烧材料的性能差异，不同燃烧热导致燃烧速率不同；对于相同的 LNG 燃烧介质，不同的环境条件均会对模型参数产生影响。

表 3-4　文献中火焰长度的预测模型参数

文献	A	p	q	说明
Thomas	55	0.67	-0.21	木垛火
Moorhouse1	6.2	0.254	-0.044	LNG 池火，圆柱形火焰
Moorhouse2	4.7	0.21	-0.114	LNG 池火，三角形火焰
Pritchard	10.615	0.3005	-0.03	LNG 池火
Battele	1	-0.19	0.06	LNG 池火
Zhang	4.77	0.096	-0.24	地面 LNG 池火
本书	1.18	-0.112	-0.04	水面 LNG 蒸气云火焰

图 3-11 为不同文献中在横风条件下火焰长度预测值的比较。从图(a)中可以看出：在 3mm 孔径下，实验测量值相比于模型预测火焰长度偏低，在 Thomas 模型中预测的火焰长度值最大，随着风速增加，火焰尺寸下降明显，在其他 LNG 池火模型中，火焰尺寸随风速增加而略微下降。在 5mm 孔径的释放条件下，火焰长度的最大偏差也是用 Thomas 模型计算的，火焰长度与 Battele 的 LNG 实验数据最接近，平均偏差小于 10%。随着风速增加，火焰长度预测值均呈现出逐渐降低的趋势，与实验结果相一致。与文中确定的平均火焰尺寸相比，大多数相关性都有高估实验结果的倾向，而 Thomas 相关参数是从木垛火上发展而来的，显示出了对火焰高度最大的高估。Moorhouse 和 Battele 在直径大于或小于 6.1m 的地面或堤坝中的液化天然气池火灾得到的相关系数，表现出相对较好的预测结果。分析认为，文献研究中与当前研究的主要差异在于不同泄漏位置引起的质量损失率差异，与地面或水面形成的池火灾相比，水下泄漏的 LNG 在水中完全蒸发，蒸气云火焰产生的燃烧速率更大，导致了文献中更高的火焰尺寸。

通过对实验中 LNG 水面蒸气云火焰数据进行拟合，得到了新的关联参数，在横风条件下火焰高度的预测模型计算见式(3-8)：

$$\frac{L_f}{D}=1.18\cdot(m^*)^{-0.112}(u^*)^{-0.04} \tag{3-8}$$

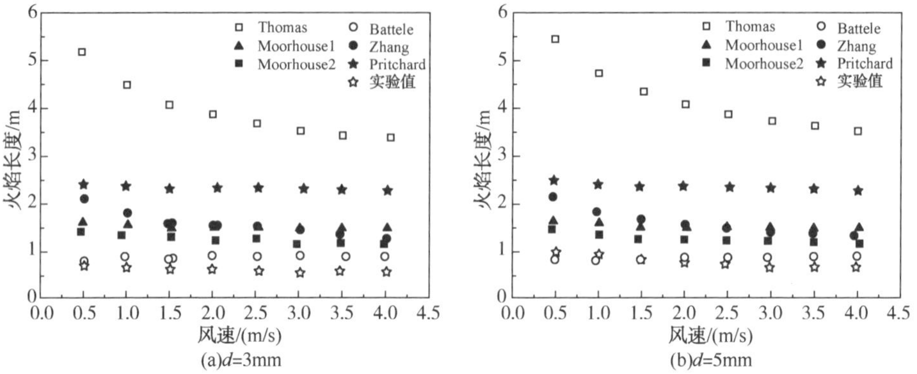

图 3-11　不同文献下火焰预测长度在横风下对比

通过数据拟合，得到拟合参数的标准差和统计量如表 3-5 所示。可以看到标准差均较小，相关度 R^2 大于 0.8，可见拟合效果较好。

表 3-5　横风条件下火焰长度拟合参数统计量

拟合参量	A		p		q		统计量	
	参数	标准差	参数	标准差	参数	标准差	残差平方和	相关度 R^2
数值	1.18	0.521	−0.112	0.1523	−0.04	0.0614	0.096	0.81

为了将本书的模型与已有的预测模型进行更好的比较，采用归一化标准方差(Normalized Mean Square Error，NMSE)和偏移量(Fractional Bias，FB)两个指标来比较各个关系式的预测效果[142]，其中 NMSE 表示相关程度，FB 表示预测的偏离程度，计算见式(3-9)和式(3-12)：

$$NMSE=\frac{1}{n}\sum_{1}^{n}\frac{(x_0-x_p)^2}{(x_0x_p)} \tag{3-9}$$

$$FB=\frac{1}{n}\sum_{1}^{n}2\frac{x_0-x_p}{x_0+x_p} \tag{3-10}$$

$$MG=\exp\overline{(\ln X_0/X_P)} \tag{3-11}$$

$$VG=\exp\overline{(\ln X_0/X_P)^2} \tag{3-12}$$

式中，x_0表示所有实验的样本值；x_p为模型预测值；当 FB 为负值时，表明预测值相对于实验值偏高估，当 FB 为正值时，表明预测值相对于实验值偏低估。

七种火焰高度在横风下预测值的数学统计结果如表 3-6 所示。从统计结果来看，Thomas 和 Pritchard 建立的关系式对火焰平均高度的预测结果偏差较大，导致较大的统计偏差值，以 LNG 池火建立的其他关系式相对偏差较小，但不同实验工况和环境条件对拟合参数均有影响。

表 3-6 横风条件下火焰长度模型预测效果

类别	Thomas	Moorhouse1	Moorhouse2	Pritchard	Battele	Zhang	本书模型
NMSE	3.627	0.728	0.401	1.756	0.183	0.802	0.081
FB	−1.366	−0.774	−0.539	−1.096	−0.341	−0.802	−0.212

图 3-12 对比了不同模型值与本文测量值的 *MG* 和 *VG* 偏差统计。将模型中的几何平均偏差（*MG*）和几何平均方差（*VG*）标注在相同横坐标和纵坐标的图中，从图中可以看出，坐标点(1，1)为本文的测试数据所在位置，简称“理想点”。模型计算值距离理想点的位置越近，说明模型计算结果与实测值越接近。结果表明：除了 Thomas 和 Pritchard 建立的关系式对火焰平均高度的预测结果偏差较大外，其他模型均有较好的预测效果。

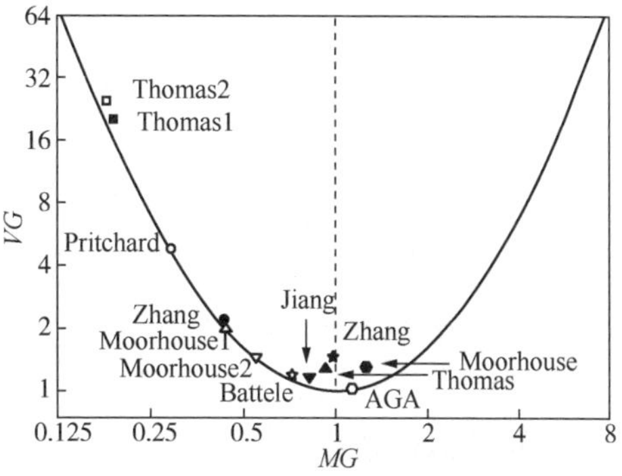

图 3-12 各种模型中 *MG* 和 *VG* 偏差统计

3.2.3 火焰倾角

火焰倾角是影响池火燃烧特征的一个重要因素，它与横风条件下火焰的燃烧速率和视角因子有关。由火焰尺寸计算得到了三种孔径在 0~4m/s 风速下的火焰倾角。图 3-13 为在横风下火焰倾角随 R_i^{-1}数的变化规律。从图中可以看出：火焰倾角随 R_i^{-1}增加呈阶梯式上升的过程，拟合得到了分段函数来反映倾斜角的正切值与 R_i^{-1}之间的特征。当 R_i^{-1}小于 1 时，火焰倾斜迅速增加到约 50°，速度高达 2m/s；当 $1<R_i^{-1}<2$（$u=2\sim2.5$m/s）时，火焰倾斜角缓慢增加，接近 80°；当速度继续增加到 $R_i^{-1}>2$（$u=3\sim4$m/s）以上时，火焰完全倾斜，如火焰图像中所示，此时倾角变化不大。在强对流气流的热传递过程中，质量燃烧速率保持相对平衡，继续增

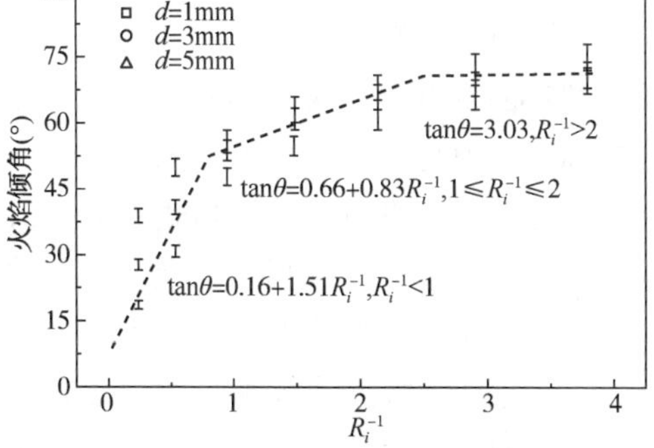

图 3-13 三种孔径下火焰倾角随 R_i^{-1}的变化规律

加风速，火焰倾角和燃烧强度变化不大，与火焰高度的分析结果一致。在 1mm 孔径中火焰倾角相对较大，这可能由于在相同气流作用下，火焰体积小，所以更容易随气流发生倾斜。

采用相同的方法来分析火焰倾角。目前主要采用两种方法来预测火焰的倾角。

第一种基于消防工程师学会[147]的规定，火焰倾角与无量纲风速 u^* 的关系计算见式(3-13)和式(3-14)：

$$\cos\theta=\begin{cases} k(u^*)^e, & u\geq 1 \\ 1, & u<1 \end{cases} \tag{3-13}$$

$$u^*=\frac{u}{\left(\dfrac{g\dot{m}D}{\rho_a}\right)^{1/3}} \tag{3-14}$$

式中，u 为风速，m/s；k 和 e 为拟合系数。该模型的主要缺点是在低风速下预测的倾斜角为 0。

表 3-7 为不同文献中火焰倾角预测模型的系数与实验值的比较。表中列举了不同燃料性质、液池尺寸、风速大小和环境条件下的预测系数，在不同相关性中火焰倾角拟合系数均较为接近。

表 3-7　文献中火焰倾角的预测模型参数

模型	AGA	Thomas	Moorhouse2	Zhang	Jiang	本书模型
k	1.0	0.7	0.86	0.74	0.75	0.769
e	-0.5	-0.49	-0.25	-0.17	-0.28	-0.278
说明	LNG 池火	木垛火灾	烃类池火	地面 LNG 池火	航空煤油池火	水面 LNG 火灾

图 3-14 对比了两种孔径下火焰倾角与不同文献模型计算值在横风下的比较结果。从图中可以看出：在 1mm 孔径下，在 $u<1$m/s(平均偏差为 4%)的低气流条件下，火焰倾斜角与 Moorhouse 关联式有很好的一致性，随着风速增加火焰倾角上升速度较快，在风速大于 2.5m/s 后与 Thomas 模型相关性较好(平均偏差 5%)；在 5mm 孔径下，火焰倾角预测值与 Thomas 模型相关性较好，随着风速增加火焰倾角最大接近 70°。这些相关性显示出在不同阶段与火焰倾角较好的一致性，虽然这些实验使用了不同的燃料和空气速度、液池大小和形状以及环境条件来进行拟合。Moorhouse 的相关性在低风速时更接近于实验数据，实验条件的风速为 1.8~14.4m/s，液池尺寸为 6.1~15.2m，使用液化天然气为燃料。此时当燃料类型相同时，预测结果表现出较强的一致性。然而，基于液池尺寸为 0.91m×(0.13~0.61m)、风速为 1.5~5.6m/s 木垛火焰的 Thomas 关联式，在大于 2m/s 的风速下与实验数据值接近，此时风速对火焰倾角的影响更大。因此，

在不同的实验工况下，燃料池尺寸、燃料类型和空气流速等因素均会对火焰倾角的相关性有影响。

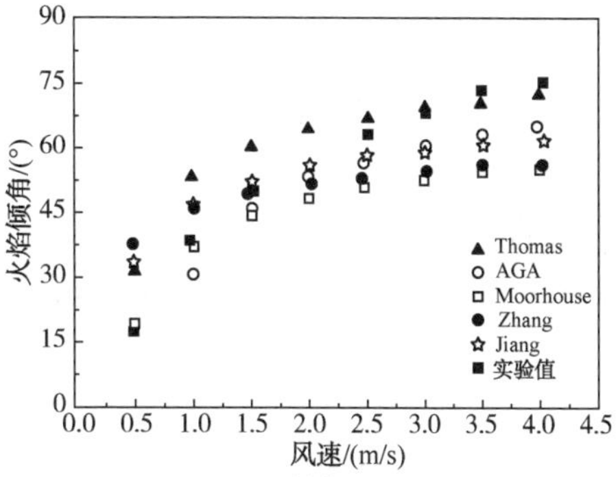

(a)d=1mm

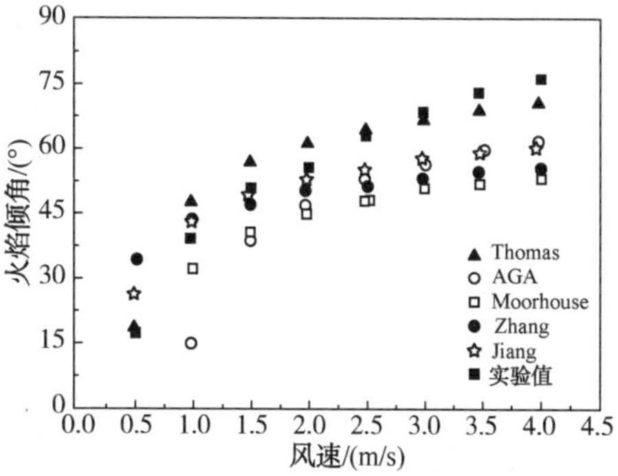

(b)d=5mm

图 3-14　不同文献下火焰预测倾角在横风下对比

通过对实验中火焰倾角数据拟合，得到了新的关联参数，在横风条件下火焰倾角的预测模型计算见式(3-15)：

$$\cos\theta=\begin{cases}0.769(u^*)^{-0.278}, & u\geq 1\\ 1, & u<1\end{cases} \tag{3-15}$$

通过数据拟合，得到拟合参数的标准差和统计量如表 3-8 所示，可以看到标准差均小于 0.03，相关度 R^2 大于 0.88，可见拟合效果较好。

表 3-8　横风条件下火焰倾角拟合参数统计量

拟合参量	k		e		统计量	
	参数	标准差	参数	标准差	残差平方和	相关度 R^2
数值	0.769	0.01795	−0.278	0.03053	0.00608	0.882

将本书的实验结果与文献数据进行对比，依然采用归一化标准方差(*NMSE*)和偏移量(*FB*)两个指标来评价各关系式的预测效果，火焰倾角统计结果如表 3-9 所示。从表中可以看出：本书建立的火焰倾角预测模型与 AGA 和 Zhang 的模型结果接近，该模型参数都是基于 LNG 池火进行的测试，表现出较好的预测效果。

表 3-9　横风条件下火焰倾角模型预测效果

类别	Thomas	AGA	Moorhouse	Zhang	Jiang	本书模型
NMSE	0.132	0.033	0.153	0.247	0.163	0.141
FB	−0.207	0.139	0.216	−0.068	−0.125	−0.078

第二种方法是用 Froude 数和 Reynolds 数来表示，这种相关性的形式与 Welker 和 Sliepcevich[140] 得出的结果相似，模型计算见式(3-16)和式(3-17)：

$$\frac{\tan\theta}{\cos\theta}=f(Fr)^{a}(Re)^{b} \tag{3-16}$$

$$\frac{\tan\theta}{\cos\theta}=3.3(\rho_{v}/\rho_{a})^{-0.6}(Fr)^{a}(Re)^{b} \tag{3-17}$$

式中，u 为风速，m/s；ρ_v为蒸气密度，kg/m^3；ρ_a为空气密度，kg/m^3；f、a 和 b 为拟合系数。

表 3-10 为不同文献中火焰倾角预测模型的系数与实验值的比较。表中列举了不同燃料性质、液池尺寸、风速大小和环境条件下的预测系数，在不同相关性中火焰倾角拟合系数略有差别。

表 3-10　文献中火焰倾角的预测模型参数

文献	f	a	b	说明
Welker and Sliepcevich	0.7	0.428	0.109	烃类池火
Pritchard and Binding	0.666	0.333	0.117	LNG 池火
Moorhouse cylindrical	1.9	0.339	0.05	LNG 池火
Hauffman	式 2-9	1.6	0.07	烃类池火
Jiang	0.131	1.159	0.381	航空煤油池火
本书值	0.552	2.435	0.157	水面 LNG 池火

图 3-15 为使用第二种方法得到的火焰倾角预测值与不同文献值进行对比的结果。从图中可以看出：利用文献相关性得到的火焰倾角在低风速下偏差较大，主要可能因为它们使用较高的风速进行拟合，风速在 1.5~2.5m/s 之间预测结果与 Moorhouse 和 Prichard 相关性接近，随风速继续增加，与 Jiang 和 Hauffman[141] 的预测偏差逐渐缩小，因此，对于 Fr 的依赖性可能具有局限性，导致结果在低 Fr 时预测偏高，在高 Fr 时预测不足。

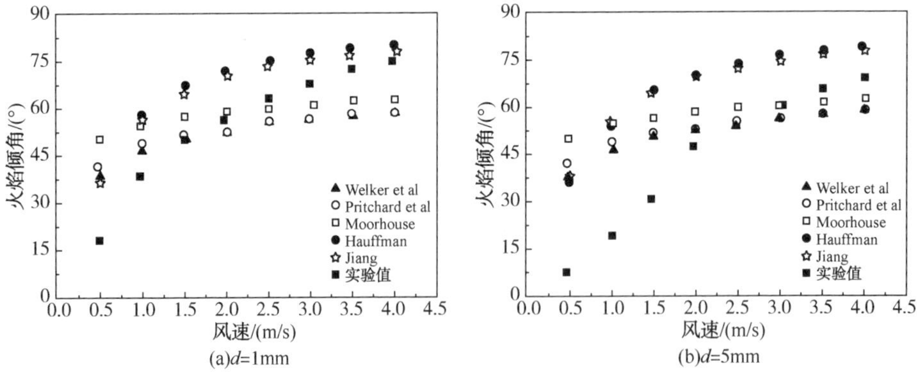

图 3-15　不同文献下火焰预测倾角在横风下对比

将本书的实验结果与文献数据进行对比，依然采用归一化标准方差（*NMSE*）和偏移量（*FB*）两个指标来评价各关系式的预测效果，火焰倾角统计结果如表 3-11 所示。从表中可以看出：采用 *Fr* 和 *Re* 方式建立的火焰倾角预测关系式比 SFPE 和 AGA 推荐的模型预测结果偏大，因此，建议采用 AGA 和 SFPE 推荐的火焰倾角预测模型更为合适。

表 3-11 横风条件下火焰倾角模型预测效果

类别	Johnson	Pritchard et al	Moorhouse	Hauffman	Jiang	本书模型
NMSE	0. 283	0. 319	0. 416	0. 309	0. 329	0. 24
FB	−0. 132	−0. 145	−0. 231	−0. 357	−0. 368	0. 144

3.3 火焰的温度及热辐射分布

3.3.1 火焰温度分布

对稳定燃烧状态下蒸气云火焰的温度特征进行量化分析。图 3-16 为孔径 $d=1mm$ 和泄漏压力 $P=1.13MPa$ 时垂直和水平方向在静止条件下的甲烷火焰燃烧温度随时间的变化。从图（a）中可以看出：在蒸气云火焰点燃后轴向温度迅速上升，在稳定阶段火焰温度达到最大值后表现出周期性的振荡特征，距离水面最近的传感器 T1 温度波动幅度最大。一方面是由于火焰燃烧时卷吸空气产生的周期性脉动特征；另一方面是由于水面泉涌影响了传感器的测量，导致距离水面较近处温度波动明显。随着测点距离的增加，在垂直高度上火焰的温度呈现逐渐减小的趋势。这主要因为甲烷浓度在刚涌出水面时最大，此时燃料和氧气混合形成的火焰温度最高，随着火焰高度增加燃料变得稀薄，火焰温度开始下降；当停止泄漏后火焰熄灭温度迅速下降。在图（b）中给出了稳定燃烧阶段的火焰温度特征，虚线为在此阶段的火焰平均温度值，用来表示火焰的温度特征。在距水面最近处平均温度接近 747K，随着垂直高度增加火焰温度下降，在最顶部平均温度仅为 405K。图（c）为水平布置的 5 只传感器温度随时间的全时域变化特征，水平方向温度波动较小，在距离水箱最近处温度较高，随着测量距离增加火焰温度逐渐下降，但是在无风时整体温度值较垂直方向明显偏低。在图（d）中可以看到最近处的平均温度为 321K，随着距离增加在最远处平均温度仅为 306K。

当增加风速时火焰会发生倾斜，此时将垂直方向的火焰燃烧区域称为火焰核心区，将水平方向倾斜的火焰称为羽流区。为了将横风对火焰核心区和羽流区温度的影响进行比较，引入了无量纲温度 T 来描述温度的变化[64,65]，计算见式（3-18）：

$$T^* = \frac{T_{mean} - T_{amb}}{T_{max} - T_{amb}} \tag{3-18}$$

式中，T_{mean}为火焰测点的平均温度，K；T_{amb}为环境温度，K；T_{max}为火焰的最大测试温度，K。

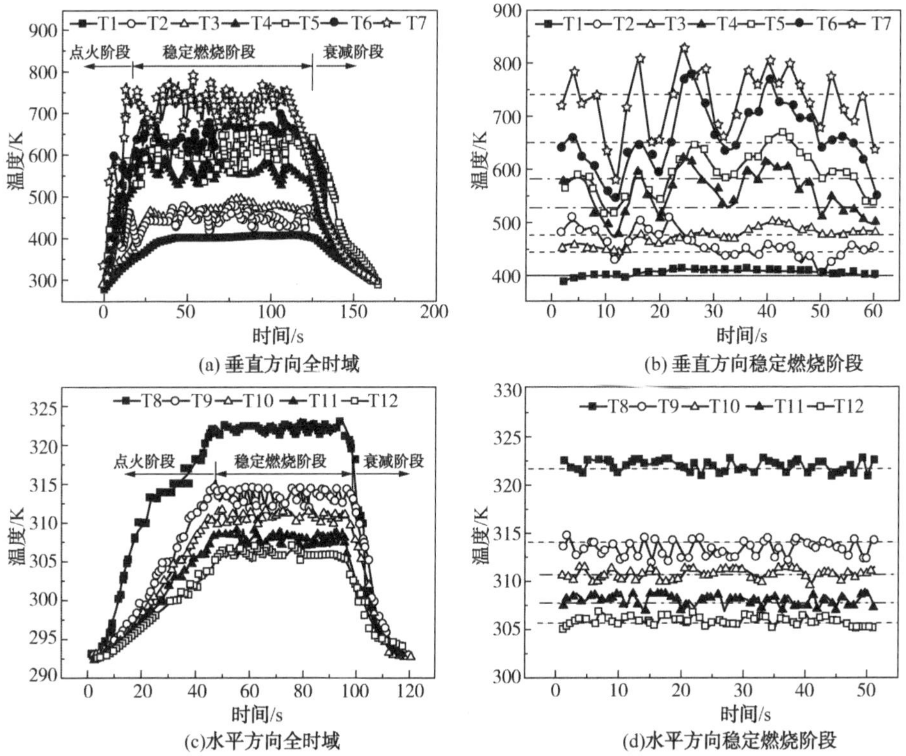

图 3-16　不同阶段的温度随时间的变化

图 3-17 为三种直径下火焰无量纲温度在不同风速下对垂直和水平方向的影响规律。在图(a)中垂直方向上距离水面位置最近的 T7 无量纲温度值较高，在风速作用下无量纲温度继续增加，这主要是由于水面甲烷浓度较高，提高风速后会增加可燃气体与空气的混合，火焰温度上升。随着测点距离增加，在 T5 中当风速逐渐增加时，测点温度开始略微下降，可能由于风速使火焰发生倾斜，导致位置较高的测点逐渐与火焰主体分离，火焰温度开始下降。从其他四个测点也可以看出火焰温度随风速增加开始逐渐下降。因此可以推断火焰温度与燃烧形态密切相关。由于 1mm 孔径泄漏量相对较小，火焰的燃烧速率低，在 T4 测点以上的无量纲温度均小于 0.4。在图(b)中水平方向的无量纲温度在无风时均小于 0.05，此时火焰垂直向上发展，在水平方向的温度基本不变。当风速增加时无量纲温度开始增加，说明火焰开始向下风向倾斜，水平测点的温度开始增加。当风速大于

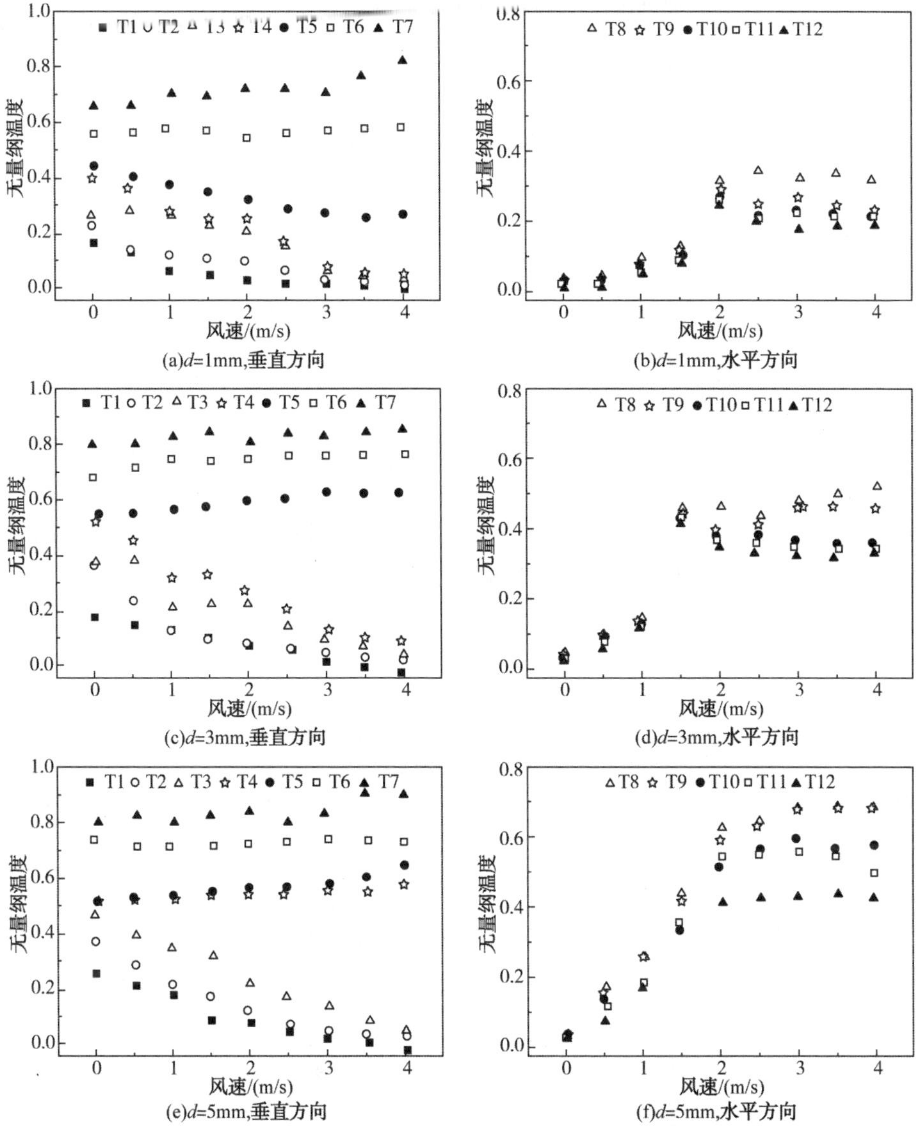

图 3-17　三种孔径在不同方向的温度随风速的变化

2.5m/s 后，温度变化不明显，此时下风向火焰体积区域稳定，无量纲温度值也稳定在 0.2~0.3 之间。图(c)为 3mm 孔径的垂直火焰无量纲温度，在靠近液面测点的温度值最大为 0.8，随风速增加助燃气体供应更加充分，火焰温度继续增加，在 T4 测点位置，随着风速增加无量纲火焰温度出现了下降趋势，说明此时火焰主体开始温度测点，逐渐向下风向偏移。随后的测点温度均呈现下降趋势。图(d)中水平方向的温度变化与 1mm 孔径类似，在无风时温度值很小，随风速增加无量纲温度值开始增加，在 1.5m/s 风速时无量纲温度接近最大值 0.5 左右，此后温度随风速变化程度减弱，说明火焰形态趋于稳定。图(e)为5mm的垂直温度分布，可以看到大孔径下较大的燃烧速率形成的无量纲温度较大，在T7处均大于0.8且随着风速增加可以达到最大温度值。且随着火焰体积增加，在测点T3处出现了温度随风速增加而下降的趋势。对比图(f)水平方向温度变化，可以看到无量纲温度随风速增加上升速度明显，在2m/s风速时下风向无量纲温度趋于稳定值。通过对比3种孔径在不同风速和方向的无量纲温度，发现火焰温度随燃烧形态变化而变化，增加风速会提高火焰核心区域的燃烧程度，导致火焰温度上升，而水平方向温度增加是由于火焰发生倾斜开始向下风向传递大量热流，导致温度升高。

图3-18为三种孔径在垂直和水平方向上最大无量纲温度值随风速的变化规律。从图中可以看出：在1mm孔径下无量纲温度最低，随着孔径增加燃烧温度增大，无量纲温度值也逐渐增加，在5mm孔径中达到0.9以上。而在水平方向温度T8测试值在无风时相对较小，随着风速增加无量纲温度开始上升，而大孔径下的平均温度值较大，说明释放燃料增加会增大参与燃烧可燃物的比例，从而提高了燃烧程度。

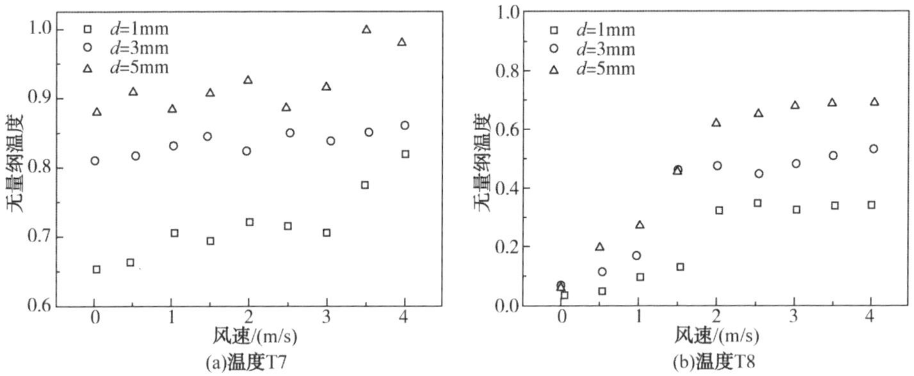

图3-18　三种孔径下最大温度随风速的变化

3.3.2　火焰温度场分布

火焰的发射率是影响热成像测量火焰温度特征的主要因素[145,150]。因此，本文将不同火焰发射率下的热成像温度与热电偶测量的火焰温度值进行了对比。图3-19中展示了两种孔径下垂直高度的温度测量值和热成像温度比较。从图中可以看出：在发射率大于0.4时热成像温度值普遍偏低，当发射率降到0.3时与热电偶测量值接近。但是影响火焰发射率的因素很多，比如燃料性质、混合程度、拍摄距离、环境温度和湿度等。因此测试的发射率可以作为对燃料性质和实验工况的一种反映。

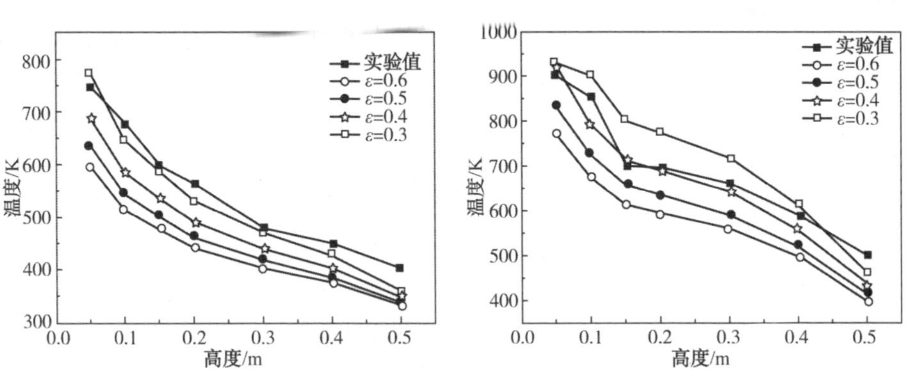

(a)*d*=1mm　　(b)*d*=5mm

图 3-19　不同发射率下火焰轴线温度与实测值比较

图 3-20 为红外摄像机拍摄的三种孔径在静态环境下的火焰温度轮廓图像。从左侧的 CCD 图像中可以看出明亮的燃烧火焰，此时对于火焰的燃烧区域轮廓很难分辨。通过红外热成像仪得到了火焰的温度图像，可以清晰地看到火焰的燃烧状态，在接近液池表面的连续火焰区域温度最高，随着高度增加火焰扩散程度

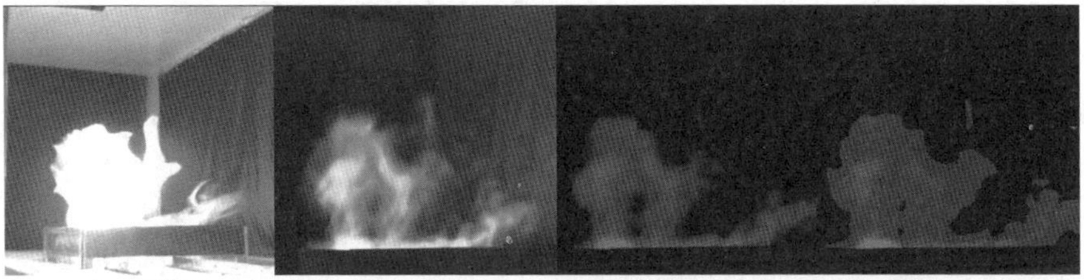

CCD图像　热成像温度分布　温度轮廓 > 300℃　温度轮廓 > 200℃

(a)*d*=1mm

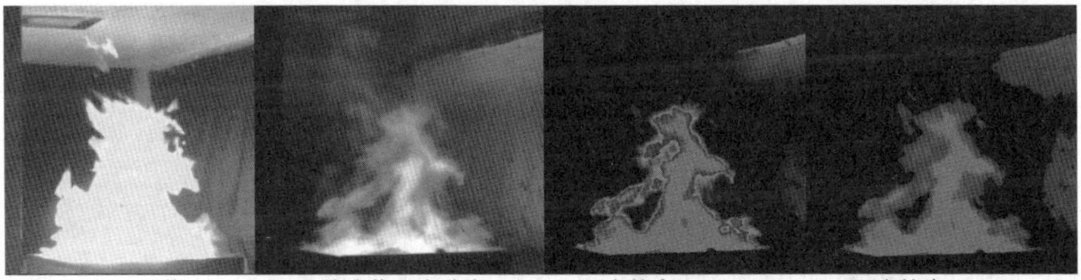

CCD图像　热成像温度分布　温度轮廓 > 300℃　温度轮廓 > 200℃

(b)*d*=3mm

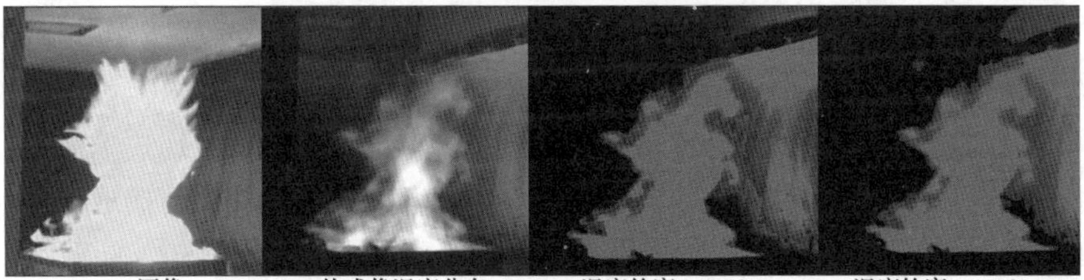

CCD图像　热成像温度分布　温度轮廓 > 300℃　温度轮廓 > 200℃

(c)*d*=5mm

图 3-20　不同等温线下火焰热成像图比较

较大。将背景轮廓过滤得到不同等温线下的火焰图像，大于 300℃ 的火焰温度范围最小，主要集中在液池表面的连续燃烧区域，在 200℃ 温度轮廓线下温度区域增加，而且释放孔径增加，火焰的高温区域范围也在不断增大。通过火焰的红外图像也可以用来判断火焰的轮廓尺寸。

图 3-21 为通过热成像得到的三种直径下火焰温度分布图。从图中可以看出：火焰温度在高度上分布并不连续，火焰在燃料表面区域温度较高，随着高度的增加而逐渐下降，在火焰上部存在间歇羽流区。在液池表面甲烷浓度相对较高，与氧气混合程度充分，燃料与氧气的比例接近化学当量比，燃烧反应最剧烈，而在火焰上部的间歇羽流区，火焰温度下降明显，主要由于燃料的消耗使得可燃物浓度相对较低，导致燃烧程度下降，以及在顶部气流不稳定的振荡。当释放孔径较小时，连续火焰区的最高温度范围较小，随着高度增加火焰平均温度下降较快，间歇羽流区卷吸程度增加；相对于较大的释放孔径，连续火焰区高温范围增加，在 5mm 孔径中最为明显，核心火焰区域温度接近 1000K，呈现出连续上升的火焰柱。

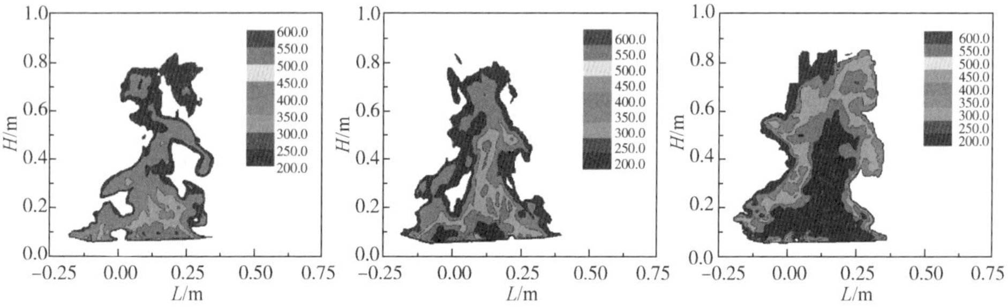

图 3-21　火焰的温度场图像

3.3.3　火焰的热辐射分布

一旦泄漏的甲烷在水面形成稳定燃烧时，来自火焰的辐射对周围设备和工作人员的影响是不能忽略的。测量横风下火焰的热辐射范围，并用经典的固体火焰模型进行比较，用于评估和预测火焰的危险半径[150]。

图 3-22 为在静态环境下火焰热辐射值随时间的变化。在图(a)中，当甲烷点燃后热辐射值迅速上升，在热辐射值达到稳定后随火焰的脉动产生周期性的振荡，此时热辐射值围绕某一水平线上下波动，即可得到火焰的平均热辐射值。从图中可以看出在相同的距离下，热辐射计在不同高度处的热辐射值接近，没有表现出明显差异。而在图(b)中，辐射计与水箱距离分别为 3*D* 和 5*D*，高度与水箱表面齐平，此时可以看到在稳定燃烧阶段，热辐射值随着距离的增加出现了明显下降。

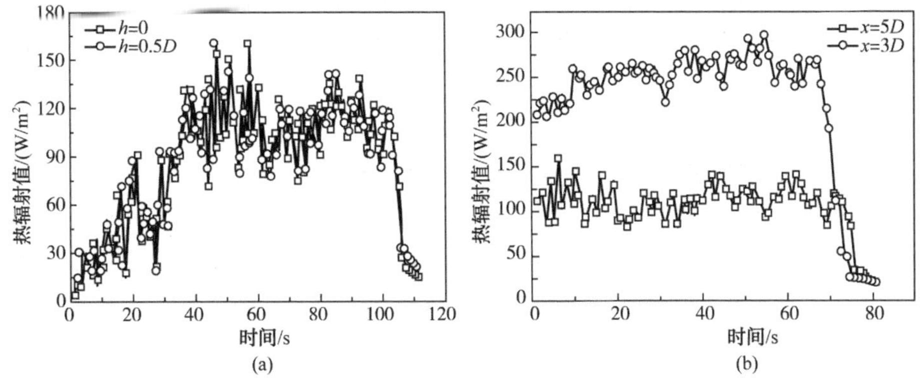

图 3-22 3mm 孔径下热辐射值随时间的变化

为了便于评估火焰的辐射强度，在工程上经常使用固体火焰模型来计算火焰的热辐射值。固体火焰模型将火焰表面看成一个圆柱体，柱体表面以固定的表面热辐射强度均匀向外释放能量。模型考虑了环境风速、火焰形状、目标物体与火焰中心的距离等对火焰热辐射的影响。主要设计参数包括火焰特征参数(火焰高度、倾斜角以及拖曳比)、火焰表面热辐射强度、大气透射率和视觉因子[66,71]，计算见式(3-19)：

$$q'=E\times F(s)\times\tau(s) \tag{3-19}$$

式中，q'为热辐射强度，kW/m^2；F 为火焰对目标物体的视角系数；E 为火焰表面发射功率，kW/m^2；τ 为透视率。

视角系数是一个几何量，描述了目标物体位置、火焰高度和直径的相对关系，无风时火焰视角因子计算见式(3-20)～式(3-23)[71]：

$$F_{v}=\left[\tan\left(\frac{h}{\sqrt{S-1}}\right)-\frac{h}{S}\tan\sqrt{\frac{S-1}{S+1}}+\frac{Ah}{S\sqrt{A-1}}\tan\sqrt{\frac{(A+1)}{(A-1)}}\right] \tag{3-20}$$

$$h=\frac{2H_{f}}{D} \tag{3-21}$$

$$S=\frac{2R}{D} \tag{3-22}$$

$$A=\frac{h^{2}+S^{2}+1}{2S} \tag{3-23}$$

式中，H_f为火焰的高度，m；D 为火焰直径，m；R 表示火焰中心与辐射计之间的距离，m。

不同文献中总结的大气透射率，存在不同的相关性，因此透射率的计算常采用经验模型，采用的计算见式(3-24)[71]：

$$\tau=1-0.058\ln(R) \tag{3-24}$$

式中，R 表示火焰中心与辐射计之间的距离，m。

对于火焰表面的发射功率，通过引入辐射发射率来进行表征，计算见式(3-25)：

$$E=\varepsilon\sigma T_{\mathrm{f}}^{4} \tag{3-25}$$

式中，σ 为斯蒂芬-玻尔兹曼常数，其值为 5.67×10^{-8}W/(m^2·K^4)；ε 为辐射发射率；T_{f}为火焰温度，K。

发射率定义为物体表面发射的辐射能与同温度下黑体发射的辐射能量的比值，因此，根据热成像得到火焰温度场图像和测量的火焰热辐射值，火焰的辐射发射率 ε 计算见式(3-26)：

$$\varepsilon=\frac{q}{\sum_{x}\sum_{y}\tau\sigma T_{x,y}^{4}F_{x,y}} \tag{3-26}$$

式中，$T_{x,y}$为 x，y 坐标点下的火焰温度，K；$F_{x,y}$为 x，y 坐标点的火焰视角系数。

由此得到三种释放孔径下的辐射发射率分别为 0.311、0.331 和 0.345，可以看出随着释放量的增加，火焰的发射率也增加。图 3-23 为由红外相机得到的不同释放孔径下的火焰发射功率图像。从图中可以看出在 1mm 孔径下火焰的发射功率相对较小，最大的发射功率集中在液池表面，此时燃料浓度相对富集，随着燃烧程度增加甲烷浓度下降，火焰温度降低发射功率也随之下降，平均发射功率约为 1.61kW/m^2；而 5mm 孔径下火焰的平均发射功率增加，最大发射功率为 12kW/m^2。可以看出随着释放孔径增加，燃料浓度增加，火焰温度升高，导致平均发射功率也随之增加。

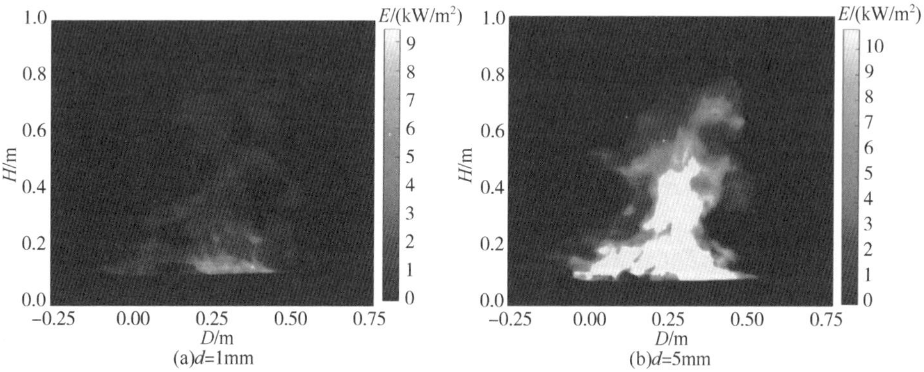

图 3-23　火焰的发射功率分布

图 3-24 为在无风时火焰的热辐射值与固体火焰模型比较。从图中可以看出：模型计算值与测量值的变化趋势一致，随着目标物体与液池中心位置距离的增加，视角系数逐渐下降，热辐射值降低。在距离液池相同位置处，释放孔径增

加，热辐射值也增加，随着距离继续增大，热辐射值的增加趋势变缓。与测量值相比，模型计算结果相对偏低。这可能由于火焰在不同区域燃烧形态偏离圆柱体。

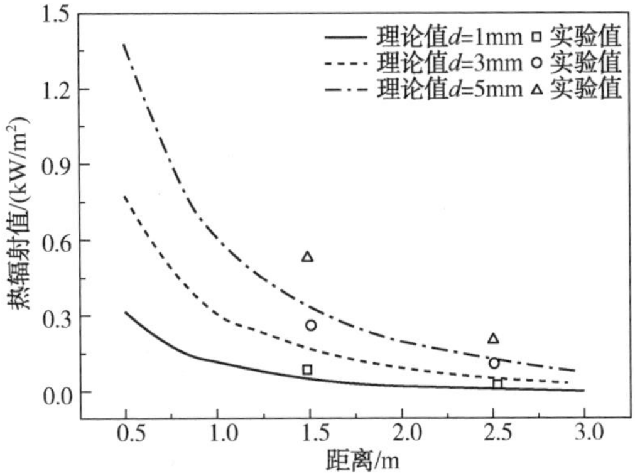

图 3-24 热辐射实测值与模型计算值对比

在横风条件下，火焰将发生倾斜，与竖直方向夹角为 θ，此时火焰视角系数的表达式见式(3-27)[71]：

$$\pi F_V=\left[\begin{array}{l}\dfrac{a\cos\theta}{b-a\sin\theta}\dfrac{a^2+(b+1)^2-2b(1+a\sin\theta)}{\sqrt{AB}}\tan^{-1}\sqrt{\dfrac{A}{B}}\sqrt{\dfrac{b-1}{b+1}}+\\ \dfrac{\cos\theta}{\sqrt{C}}\left(\tan^{-1}\dfrac{ab-(b^2-1)\sin\theta}{\sqrt{b^2-1}\sqrt{C}}+\tan^{-1}\dfrac{(b^2-1)\sin\theta}{\sqrt{b^2-1}\sqrt{C}}\right)-\dfrac{a\cos\theta}{b-a\sin\theta}\tan^{-1}\sqrt{\dfrac{b-1}{b+1}}\end{array}\right. \tag{3-27}$$

式中 $a=\dfrac{H_f}{D}$；

$b=\dfrac{R}{D}$；

$A=a^2+(b+1)^2-2a(b+1)\sin\theta$；

$B=a^2+(b-1)^2-2a(b-1)\sin\theta$；

$C=1+(b^2-1)\cos\theta$；

θ 是火焰倾角，(°)。

图 3-25 为三种释放孔径下热辐射值随风速的变化。从图中可以看出：释放孔径较小时热辐射值随风速的增加而逐渐下降，在较大释放孔径中，热辐射值随风速的增加先增加后减小，可能因为在风速较低时，火焰倾斜圆柱模型得到的视角系数变大，热辐射值增加，而随着风速继续增加，燃烧湍流强度增加，火焰高度降低视角系数下降，从而导致热辐射值下降。在距离液池中心相同位置，热辐射值随着释放孔径的增加而增加。由于蒸气云火焰燃烧的复杂性，以及固体火焰模

型中一些假设条件和经验参数具有一些局限性，导致模型的计算结果偏于保守。

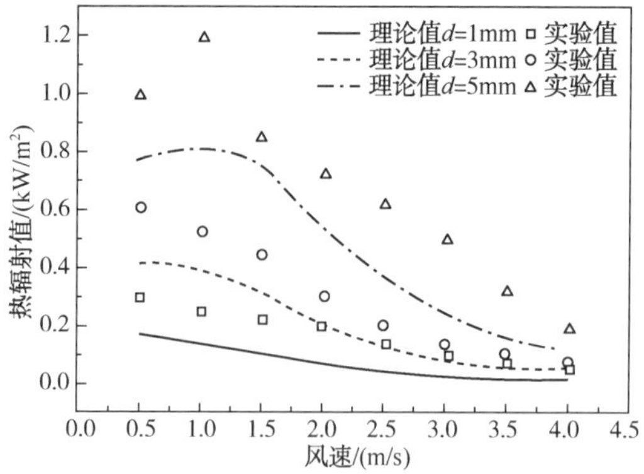

图 3-25　火焰热辐射随风速的变化

3.4　本章小结

本章利用风洞装置对 LNG 泄漏在水面形成的蒸气云进行了点火实验，在不同风速下测试了火焰的燃烧速率、火焰的温度分布(轴向和下风向)及温度场特征、火焰的高度及倾角的分布规律，拟合并建立了火焰高度和倾角的预测模型，并与不同模型结果进行了对比，评估了横风下火焰热辐射分布特征，并与经典的固体火焰模型进行了比较，得到主要结论如下：

(1) 蒸气云在水面形成稳定燃烧的火焰，燃烧速率由 LNG 的泄漏流量控制，随着孔径和泄漏流量的增加，单位面积的质量燃烧速率也增加；与大型的 LNG 水面池火燃烧实验相比，水下泄漏形成的蒸气云火焰质量损失速率更大。

(2) 在无风时，在近表面位置火焰的温度最高，随着轴向高度的增加，火焰温度逐渐下降，随着孔径和泄漏流量的增加，火焰的平均温度升高；在 3 种孔径下火焰温度随风速增加在轴向上呈现不同的趋势，在接近液池表面的温度随风速增加而增加，最大接近 1000K，在较高位置由于火焰随风速发生倾斜，此时温度呈下降趋势；而在下风向火焰温度随风速增加而增加，直至温度趋于稳定值。由热成像得到的火焰温度场分布可以看出：火焰在接近液池表面温度最高，随着火焰高度增加，燃料浓度下降，火焰温度轮廓开始降低，在发射率为 0.3 时与实测值接近。

(3) 将火焰高度和直径与无量纲热释放率 Q 结合，得到了用于预测在受限空间内的蒸气云火焰高度的预测模型：

$$H_f/D=2.154(Q^*)^{0.177}-1.504$$

适用于在无风条件下 2~15 的 Q^* 值范围。

（4）在有风条件下火焰尺寸随风速增加呈下降趋势，通过引入 R_i^{-1} 数表明，在 R_i 小于 1 时，横向气流占主导作用导致火焰尺寸下降较快，随着 R_i 数增加，火焰燃烧的浮力作用与横向气流作用达到相对平衡状态，火焰尺寸趋于稳定。通过实验数据拟合得到了横风下火焰长度的预测模型：

$$\frac{L_f}{D}=1.18\cdot(m^*)^{-0.112}(u^*)^{-0.04}$$

将火焰尺寸与已有预测模型进行对比分析，结果表明预测效果较好。

（5）火焰倾角随 R_i^{-1} 增加呈阶梯式上升的过程。当 R_i^{-1} 小于 1 时，火焰倾角增加速度较快；当 $1<R_i^{-1}<2$ 时，火焰倾角缓慢增加；当 R_i^{-1} 大于某一临界值（约为 2）时，火焰倾角基本保持稳定。通过实验数据拟合得到了火焰倾角的预测模型：

$$\cos\theta=\begin{cases}0.769(u^*)^{-0.278}, & u\geqslant 1\\ 1, & u<1\end{cases}$$

与已有预测模型进行的对比分析，表明了较好的预测效果。

（6）火焰热辐射值随着释放孔径和流量的增加而增加；随着与液池距离的增加而逐渐下降；随着风速增加，火焰视角因子降低导致热辐射值下降。将实验值与固体火焰模型对比发现，模型值的预测结果偏于保守。

4　纳米颗粒提高泡沫稳定性机理

在以往的研究中发现，高倍泡沫在抑制液化天然气泄漏扩散及池火灾的过程中暴露出易破碎、不稳定等缺点，对于大型火灾往往需要二次施加，目前针对消防安全中暴露出的问题，已有学者展开了提高泡沫稳定性的研究，但是针对不同的应用场景，不同类型的消防泡沫(水成膜泡沫、氟蛋白泡沫、抗溶性泡沫、高倍泡沫等)成分差异很大，在研究中不同类型纳米颗粒与泡沫表面活性剂之间的应用效果及作用机理均需要详细的实验探究。

因此，本章针对高倍泡沫在抑制池火灾过程中不稳定、易破碎的缺点，基于目前常用的添加纳米固体颗粒的研究手段，搭建了小尺度泡沫发生实验装置，选取了三种性质不同的纳米颗粒来探究固体添加剂对提高泡沫稳定性的作用效果。首先比较了不同类型纳米颗粒和添加质量对发泡性能和泡沫半衰期的影响；其次，通过显微成像系统对气泡尺寸分布及液膜厚度随时间衰变的变化特征对泡沫稳定性的影响进行了评价；最后，通过研究不同质量分数纳米颗粒添加剂对泡沫溶液表面张力、润湿性、Zeta 电位和电导率等因素的影响，进一步探索了纳米颗粒添加剂提高泡沫稳定性的作用机理。

4.1　实验材料及测试方法

4.1.1　高倍泡沫混合溶液的制备

高倍数泡沫溶液采购于山东淄博祐安消防科技有限公司，型号为 3%高倍数泡沫液。主要配料有十二烷基硫酸钠、黄原胶以及氟碳表面活性剂，通过一定的比例混合制成。当发泡体积比超过 200 倍时，即可认为是高倍数泡沫溶液[83]，制造商给出的测试值为 478 倍。在常温常压下(25℃，101.325kPa)，制造商给出的高倍数泡沫主要参数如表 4-1 所示。

表 4-1　高倍数泡沫液主要参数

型号	性质	密度	50%析液时间	黏度	凝固点	发泡倍数
3%高倍泡沫	淡黄色液体	1.02g/mL	18min	100cps	-15℃	478

根据生产商的建议，高倍数泡沫浓缩液以3%的体积比与水混合。首先，将烧杯清洗干净加入500mL清水(水温为30℃±0.5℃)，用胶头滴管提取15mL的高倍泡沫溶液加入清水中混合；其次，先用搅拌器以500r/min的速率搅拌15min，将搅拌好的泡沫溶液放置在水浴中备用，水温控制在30℃±0.1℃。随后选取不同质量分数(0.05%、0.1%、0.5%和1.0%)的纳米颗粒与泡沫溶液进行混合，用电子天平分别称取一定质量的纳米颗粒倒入泡沫溶液中，将混合溶液用搅拌器以500r/min的速率搅拌15min进行预混；最后，把得到的混合溶液在超声作用(超声波降解)下分散30min，超声功率为50%。对于疏水型SiO_2，将颗粒分散溶液放入乙醇中，离心分散，慢慢倒出上层清液，再将颗粒分散进入质量分数为0.5%的盐水中，将制备好的混合溶液放置在水浴中进行控温保存，以备实验测试使用[23,24]。超声分散仪采购自宁波新芝，如图4-1所示。

图4-1 超声波分散仪

4.1.2 纳米颗粒性质与表征

纳米颗粒的选取原则[21]：(1)无毒无害，与溶液具有较好的相容性，对环境友好，易于回收和处理；(2)耐温性好，能有效隔绝热量传递；(3)粒径小、比重轻，形成泡沫稳定性好；(4)便于应用，推广价值高，价格便宜，易于采购和加工。基于上述原则，实验选取了三种不同类型的纳米颗粒，分别为亲水型SiO_2、疏水型SiO_2以及Al_2O_3，三种颗粒均采购于阿拉丁试剂。制造商给出的三种纳米颗粒主要参数如表4-2所示。

表4-2 三种纳米颗粒主要参数

名称	颗粒尺寸/nm	密度/(g/cm³)	比表面积/(m²/g)	纯度/%	外观
亲水型SiO_2	7~40	2.6	300	99.8	白色蓬松粉体
疏水型SiO_2	7~40	2.6	260	99.8	白色蓬松粉体
Al_2O_3	<20	1.06	<200	99.9	白色颗粒粉末

纳米颗粒的微观特征主要采用场发射扫描电镜(Scanning Electron Microscope，SEM)和透射电镜(Transmission Electron Microscope，TEM)来表征。

(1) 场发射扫描电镜采用日本的JEOL JSM-7500F型电镜进行测试，对实验所用的三种纳米颗粒表观形貌和粒度进行观测表征。首先，称取10mg纳米颗粒置于样品瓶中，将亲水型 SiO_2以及 Al_2O_3分散于超纯水中，疏水型 SiO_2分散于无水乙醇中；其次，采用超声波处理器分散 15min，之后移取 20μL 分散液，置于测试专用的硅片上放在恒温箱中干燥保存；最后，对样品进行喷金处理，测试放大倍数在 500~100k 之间。

（2）透射式电子显微镜采用日本的 JEOL JEM 2100 型电镜，用来对三种纳米颗粒进行拍摄。样品溶液的制备方法同上，将配置好的分散液滴加在载有碳膜的铜网上，自然晾干后使用。使用六硼化镧电子枪，工作加速电压为 200kV。

4.1.3 混合溶液的测试方法

4.1.3.1 混合溶液的润湿性测试

溶液的润湿性能可以反映不同添加剂下的吸附性能，一般通过测量接触角来直接反映溶液的润湿性能[30,31]。测量不同溶液在氟碳板［尺寸 5cm×2cm（长×宽）］上的接触角。接触角由高速摄像机拍摄，高速摄像机连接微观镜头布置在液滴正前方，后方由一台白炽灯补光。在实验开始前将有机玻璃板清洗干净，将配置好的溶液用移液器提取 5μL 液体滴在有机玻璃板上，拍摄得到接触角图像。每种溶液分别测量三次，取平均值作为最终结果，接触角的计算方法如图 4-2 所示。

图 4-2 接触角计算示意图

从图中可以看出通过测量液滴的高度和半径，由三角函数可以得到液滴与有机玻璃板之间的夹角。因此，接触角的计算方法[143]见式（4-1）：

$$\theta = 2 \times \arctan \frac{h}{r} \tag{4-1}$$

式中，h 为液滴高度；r 为液滴半径；θ 为液滴与水平面之间的夹角，(°)。

4.1.3.2 混合溶液的表面张力测试

表面张力的测试采用瑞典 Biolin 公司的表面张力仪，仪器型号为 Theta Flex，如图 4-3 所示。采用 Du Nouy 吊环法测定溶液的表面张力，仪器量程范围在 0.01~2000mN/m，精度为±0.01mN/m。

测试时将配置好的溶液倒入玻璃皿中，将玻璃皿放置在具有精密天平的测试平台上，借助 Du Nouy 环提拉出溶液，记录和分析撤出溶液的力，由天平记录的力转化为表面张力。每次实验测试三次，并计算平均值。测试溶液温度控制在 25℃±1℃，室内环境温度为 21℃±1℃。

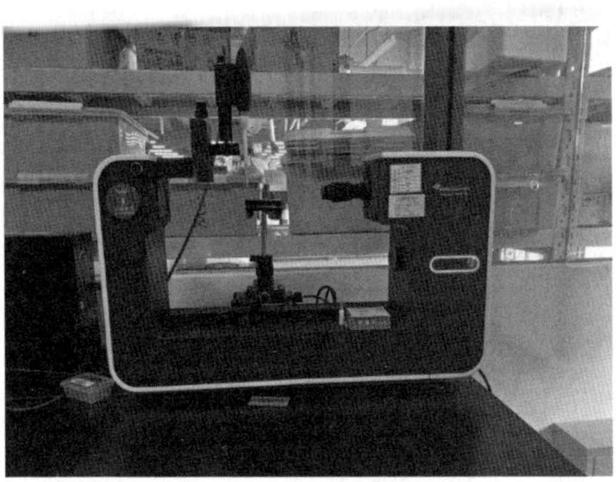

图 4-3　表面张力测试仪

4.1.3.3　混合溶液的 Zeta 电位测试

Zeta 电位仪采用英国马尔文公司的电位仪，仪器型号为 Zetasizer 2000，图 4-4 为 Zeta 电位测试仪。仪器的最小采样体积为 10μL，最大粒径范围 0.3nm~10μm，测试温度为 0~90℃，精度优于±1%。通过对 Zeta 电位进行测量，确定表面活性剂溶液的稳定性以及纳米颗粒在表面活性剂溶液中的分散能力。

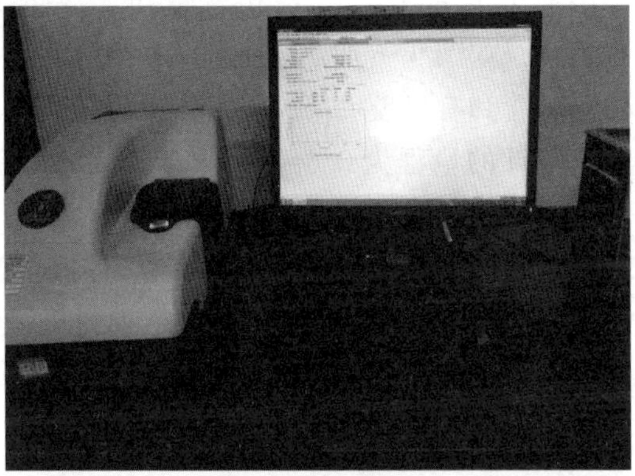

图 4-4　Zeta 电位测试仪

测试时移取 3mL 左右待测溶液置于四面透光的玻璃皿中，在 25℃ 温度下测定溶液中纳米颗粒的 Zeta 电位。每次实验测试三次，并计算平均值。

4.1.3.4　混合溶液的电导率测试

溶液的电导率测试选用上海仪电科学仪器的电导率仪，如图 4-5 所示，型号为 DDS-307，量程范围为 0~100mS/cm，电子单元基本误差为±1.0%，仪器的基本误差为±1.5%，可重复性优于 1%。

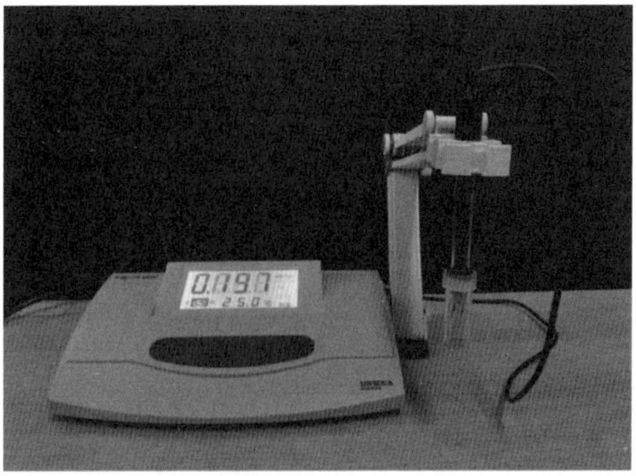

图 4-5　电导仪

首先，选取合适的测试电极常数；其次，设定测试温度与被测溶液的温度保持一致；最后，用蒸馏水清洗电极头部，再用被测溶液清洗一次，将电导电极侵入被测分散液中，当读数稳定时测试分散液的平衡导电性。每次测试结束后用无水乙醇对电导电极进行冲洗，每组溶液分别测试三次，并计算平均值。

4.1.4　小尺度泡沫发生装置

将配置好的泡沫溶液用于生成气相-液相-固相的三相泡沫体系。搭建了稳定的小尺度泡沫发生装置，如图 4-6 所示，主要包括气体流量泵、阀门、玻璃转子流量计、气石、输气软管和有机玻璃筒。将气体泵通过输气软管与玻璃转子流量计连接，玻璃转子流量计的量程为 0.6~6L/min；然后接入有机玻璃筒下端的导气管，将配置好的一定量混合泡沫溶液加入有机玻璃筒中，有机玻璃筒的尺寸为 3.5cm×3.5cm×25cm(长×宽×高)，通过阀门控制气体流量为 3L/min，此时在有机玻璃筒中生成一定高度的泡沫柱，关闭气体泵后通过显微镜观察泡沫柱的衰变特征。泡沫的膨胀率由生成泡沫柱体积除以泡沫液体积来计算[30,31]。

图 4-6　小尺度泡沫发生装置示意图

4.1.5 泡沫性能测试方法

4.1.5.1 泡沫稳定性测试

通过一台 Sony 相机来记录全时段的泡沫体积衰变特征，由 Image J 软件进行后处理，得到泡沫高度随时间下降的变化规律。通过相机记录的泡沫柱衰变过程，为了将结果进行统一比较，利用归一化方法表示泡沫下降速率，泡沫归一化高度随时间变化见式(4-2)[23,24]：

$$\Phi=\frac{H_{\mathrm{t}}}{H_0} \tag{4-2}$$

式中，H_0表示初始阶段泡沫的高度；H_{t}表示在每隔 t 时间段内的泡沫高度。泡沫的稳定性是由泡沫的半衰期决定的，即泡沫产生后达到泡沫初始高度的一半的时间。

4.1.5.2 发泡性能测试

泡沫的膨胀率是评价添加剂性能的一个重要指标。将一定量配置好的泡沫液倒入有机玻璃筒中，由刻度尺记录溶液高度与泡沫高度，最后计算鼓泡后生成泡沫的体积与消耗的泡沫液体积之比，即得到泡沫的膨胀率[83,84]，如式(4-3)所示：

$$y=\frac{V_0}{V_{\mathrm{f}}} \tag{4-3}$$

式中，V_0表示使用的泡沫溶液体积；V_{f}表示初始泡沫体积。

4.1.5.3 泡沫尺寸及液膜厚度测试

在有机玻璃管的一侧横向布置一台显微镜来观察泡沫的微观衰变特征，主要记录泡沫的尺寸分布和液膜厚度。为了清晰地得到气泡分布的图像特征，采用了棱镜光反射的原理，设计了如图 4-7 所示的显微成像系统。该系统主要包括发泡单元、集泡单元、光路转换单元、光学成像单元和图像采集单元。发泡单元主要用于鼓泡法来生成泡沫；集泡装置包括透明玻璃箱，与发泡单元下部进行连接；光路转换单元包括直角三棱镜，通过上下端粘接固定在透明玻璃箱表面；光学成像单元包括补光灯、三角支架、显微镜和托架；图像采集单元包括笔记本电脑，通过连接到显微成像系统对图像采集单元的泡沫图像进行记录和储存。实验开始时将气体泵、气相阀门、气体流量计通过导气管连接在发泡气石盘底部；将配置好的泡沫液从顶部倒入透明玻璃箱内，打开气体泵和阀门，控制气体流量，在透

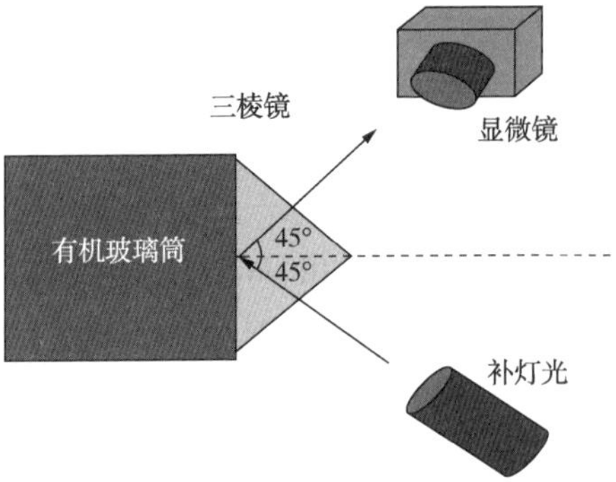

图 4-7　气泡尺寸分布采集装置俯视图

明玻璃箱内生成一定高度的泡沫后，关闭气体泵和阀门；将显微镜镜头对准 45°的出口光线处，将补光灯放置于另一侧 45°处进行打光，设定好拍照倍数，转动旋钮调节目镜与被拍物体之间的距离，直至在电脑中得到清晰的泡沫图像。对于泡沫液膜厚度的记录，直接将显微镜的目镜对准有机玻璃柱，设定好拍摄倍数，调节两者之间的距离，直至得到清晰的气泡图像。

对于拍摄的泡沫图像导入 Image J 商业软件中进行后处理。首先，基于图像中自带的刻度尺，设定好图像的比例尺，以便后续图像在相同的尺度下进行测量；其次，对于气泡直径的测量，先在滤波器中选取 Gauss 算法增强图像整体的对比度，再用 Median 算法提高图像的亮度；最后在边界提取中采用 Sobel 算子进行自动边缘识别，将得到的泡沫面积和周长保存在数据表中。对于液膜厚度的测量，采用距离测量工具在一张图像中随机选取 5 个不同的位置，分别将 5 个测量值进行平均处理，得到泡沫的液膜厚度。拍摄使用的显微镜型号为 Leica S9，主要参数如表 4-3 所示。

表 4-3　显微镜主要参数

主要参数	指标	主要参数	指标
变倍比	9：1	最大分辨率	500lp/mm
视角	35°	图像分辨率	1024×768
放大倍率	6.1×~110×	摄像速率	35fps/s

4.2　实验结果与讨论

4.2.1　纳米颗粒的形貌特征

图 4-8 为三种纳米颗粒的扫描电镜图像，分别采用 5k 和 100k 两种放大倍数来观察，从低倍数下看到纳米颗粒在溶液中呈现出分散团聚的特征，而在高放大倍数下可以看到在图(a)中亲水型 SiO_2 呈现出带分支的片状结构，在图(b)中疏水型 SiO_2 为团簇状的晶体结构，在图(c)中 Al_2O_3 呈现出均匀的片球状晶体结构。

图 4-9 展示了在两种放大倍数下纳米颗粒的透射电镜图像，在左侧 500nm 分辨率中可以看到三种颗粒在溶液中的絮凝形态，颗粒聚集体的团簇结构大小并

不均匀，亲水颗粒聚集体的尺寸较小，而 Al_2O_3 颗粒团聚体的尺寸则较大，疏水型 SiO_2 颗粒介于两者之间。在 50nm 分辨率下，可以在图(a)中看出亲水型 SiO_2 颗粒具有枝杈状的棒状结构，颗粒的初始直径在 15~30nm 之间；图(b)和(c)均呈现出类多边形的纳米薄片特征，疏水型 SiO_2 颗粒直径约为 20nm，Al_2O_3 纳米颗粒的初始直径接近 10nm，与制造商提供的参考值接近。

(a)亲水型SiO_2

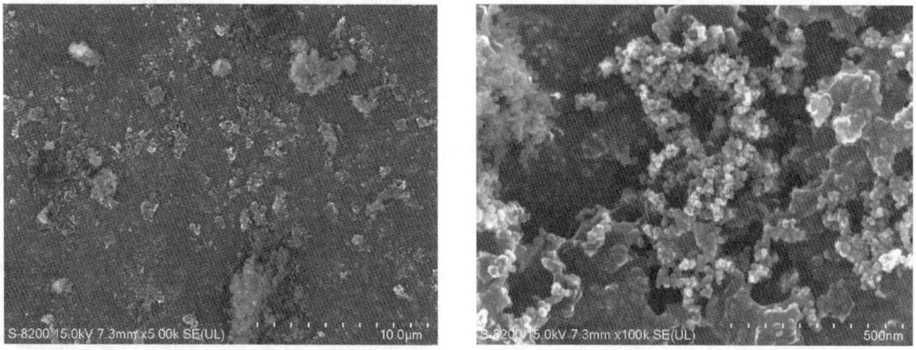

(b)疏水型SiO_2

(c)Al_2O_3

图 4-8　扫描电镜图

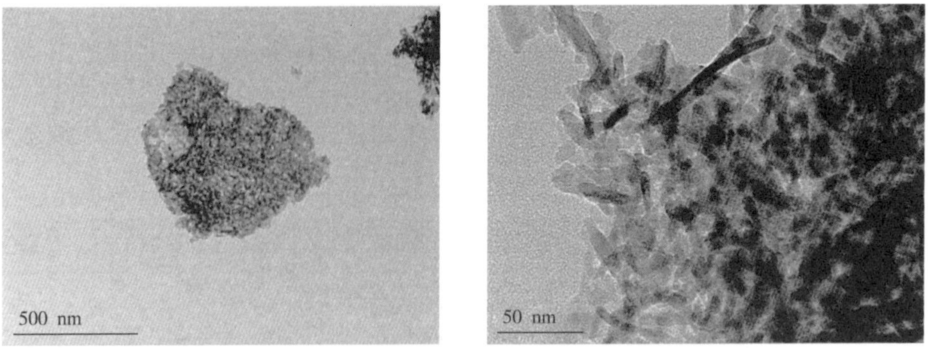

(a)亲水型SiO_2

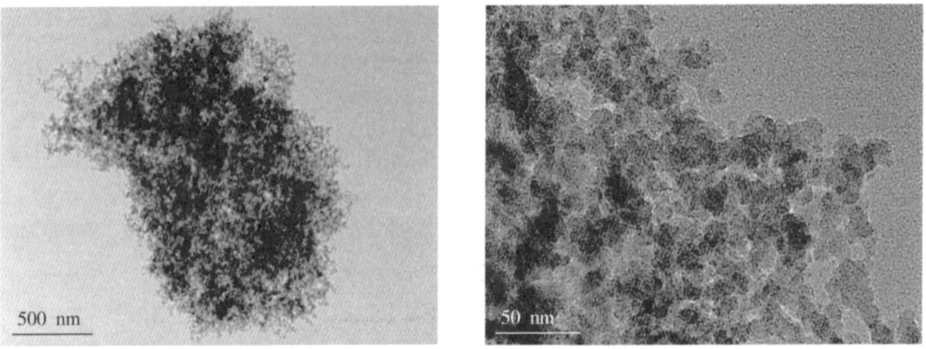

(b)疏水型SiO_2

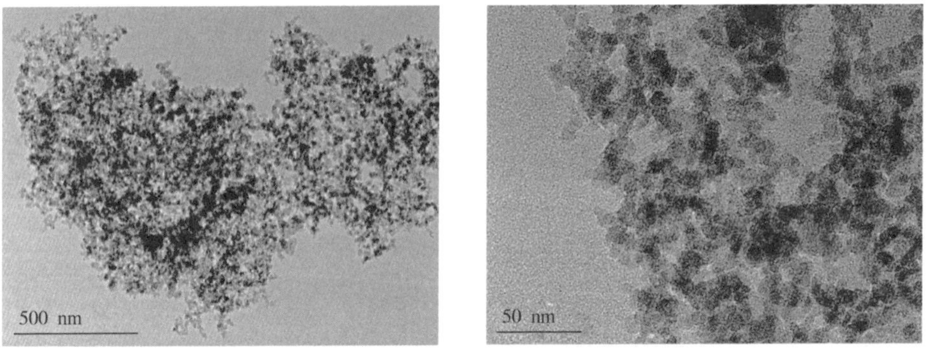

(c)Al_2O_3

图 4-9　透射电镜图

4.2.2　纳米颗粒对泡沫稳定性的影响

由泡沫柱随时间的下降高度来表示泡沫稳定性，泡沫柱高度下降越慢，说明泡沫稳定性越好，泡沫柱高度下降越快，说明泡沫稳定性较差。图 4-10 为 Sony 摄像机记录的不同纳米颗粒混合溶液形成的三相泡沫柱随时间的变化过程，在有机玻璃筒右侧为刻度尺，用来统计泡沫柱的高度。图中的第一幅图为刚生成的

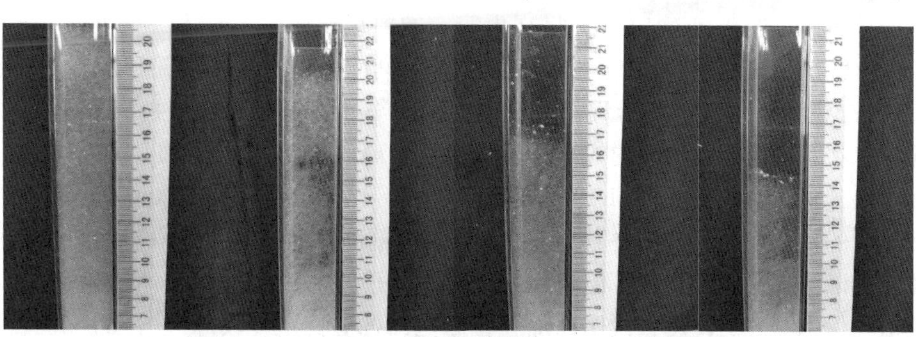

(a)3%泡沫液

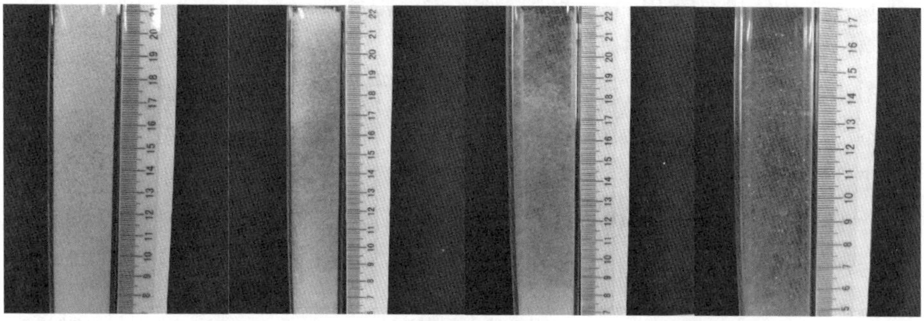

(b)3%泡沫液+0.5%亲水型SiO_2

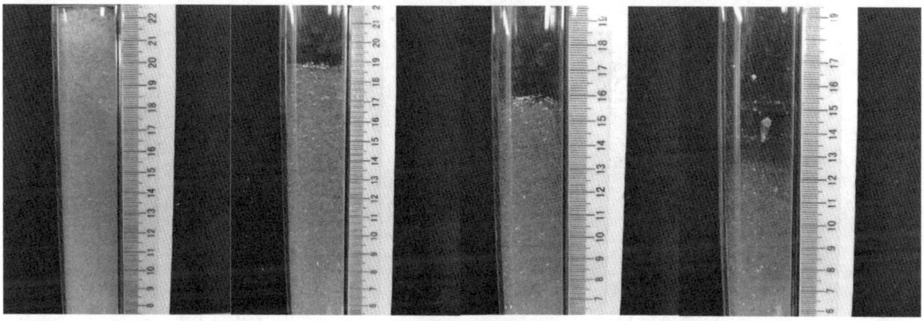

(c)3%泡沫液+0.5%疏水型SiO_2

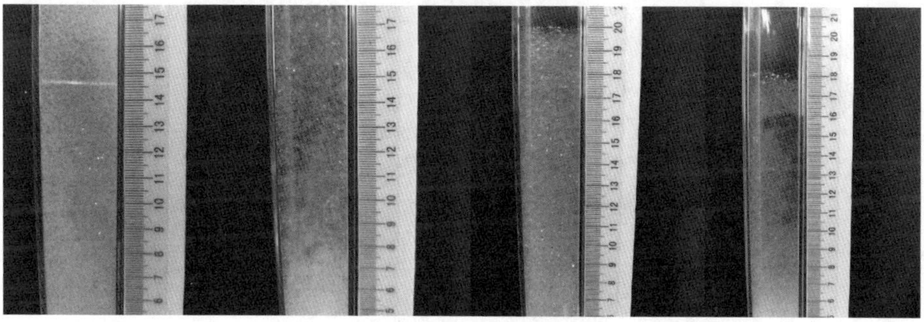

(d)3%泡沫液+0.5% Al_2O_3

图 4-10　泡沫柱高度随时间下降过程

泡沫柱，高度约为(23±1)cm，呈现出密实的白色泡沫柱，随后每隔30min提取一张泡沫图像。从图(a)中看出：在第一个时间间隔内泡沫柱顶部和中心逐渐变得稀疏，随后泡沫高度开始下降，随着时间间隔继续增加，泡沫柱高度下降较为明显，在第三个时间间隔内泡沫柱下降接近半高的位置，说明3%泡沫柱高度下降较快，稳定性较差。图(b)为3%泡沫液+质量分数为0.5%亲水型SiO_2混合溶液形成的三相泡沫，从图中看出：在相同的时间间隔内，泡沫柱由初始的白色密实状逐渐变得透明和稀疏，但泡沫柱高度基本不变，在最后一个时间间隔内泡沫柱依然保持一定的高度，说明添加颗粒后泡沫柱的稳定性较好。图(c)和图(d)两种混合泡沫柱也有着相同的衰变特征，上层泡沫变得稀疏后高度开始下降，两者的稳定性介于图(a)和图(b)之间。

图4-11为泡沫归一化高度随时间的下降过程。图中分别对比了三种颗粒在不同添加浓度下的泡沫衰变过程。从图(a)可以看出：添加亲水型SiO_2颗粒降低了泡沫柱在相同时间内的下降高度，其中颗粒质量分数为0.5%的效果最为显著，在接近170min的测试时间内泡沫柱的归一化高度从0.42提升到0.64，说明泡沫的稳定性有较大提升，随着添加浓度继续增加，泡沫归一化高度已经开始下降。

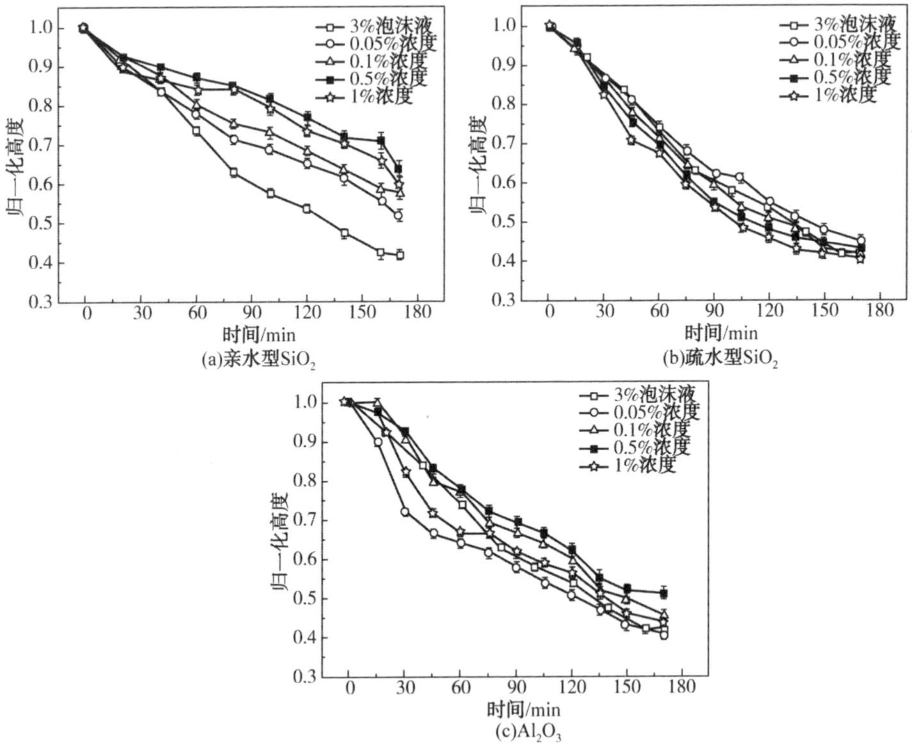

图4-11　泡沫归一化高度随时间下降过程

在图(b)中添加了疏水性 SiO_2 颗粒，可以看出：在低浓度(质量分数)0.05%添加量时，泡沫归一化高度有小幅提升，随着颗粒浓度添加量的增加，泡沫柱稳定性没有明显提升。在图(c)中为添加 Al_2O_3 纳米颗粒，从图中看出：在添加 0.05% 质量分数时，泡沫柱归一化高度与无添加时接近，随着添加浓度增加，泡沫归一化高度开始逐渐增加，而当添加浓度(质量分数)增加到 1%时，泡沫柱归一化高度逐渐下降，结果表明泡沫柱归一化高度随颗粒浓度增加呈先增加后下降的趋势。图中误差棒表示在三次实验中取平均值。

基于上述结果，选取了三种颗粒在不同浓度下得到最稳定的泡沫柱高度，泡沫柱归一化高度表示为 y，下降时间为 x，通过函数拟合得到了在 0.4～1 归一化高度范围内的泡沫衰变特征。从图 4-12 中可以看出：在该范围内泡沫柱呈线性下降规律，3%泡沫液的直线斜率最大，说明在相同时间内泡沫柱高度下降最为明显，而添加纳米颗粒后泡沫柱归一化高度的斜率均有下降，表明添加纳米颗粒后泡沫柱的高度下降速率减缓，泡沫柱的稳定性均有所提升。

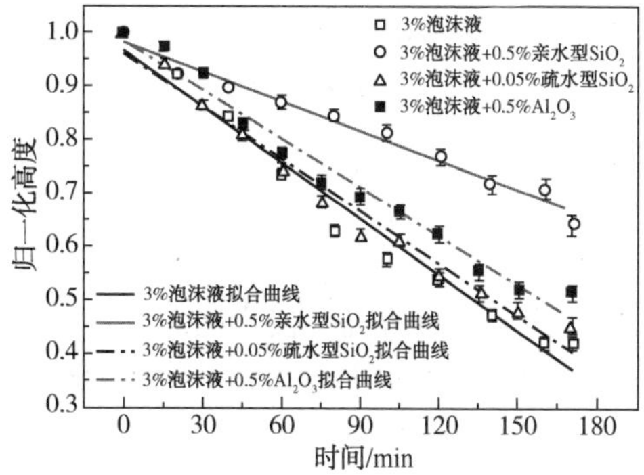

图 4-12 泡沫归一化高度随时间下降拟合曲线

表 4-4 为在不同浓度纳米颗粒添加剂下泡沫柱归一化高度随时间下降的拟合关系式，所有的 R^2 均大于 0.97，说明拟合效果较好。可以看出：在无添加剂时 3%泡沫液形成的泡沫柱拟合斜率为-0.0035，添加 0.5%浓度的亲水型 SiO_2 颗粒具有最小的拟合斜率-0.0019，说明此时泡沫高度下降最慢，泡沫柱也最稳定；而其他两种颗粒在对应的添加浓度下拟合斜率为-0.0031 和-0.0033，介于两者之间，表明相对于3%泡沫液的稳定性也有提升，但提升效果略小于0.5%的浓度添加范围。

表 4-4 泡沫下降高度的拟合关系式

添加浓度	添加剂	$y=a+bx$		R^2	拟合范围
		a	b		
0	—	0.967	-0.0035	0.973	0.4～1
0.5%	亲水型 SiO_2	0.983	-0.0019	0.971	0.6～1
0.05%	疏水性 SiO_2	0.964	-0.0033	0.973	0.45～1
0.5%	Al_2O_3	0.988	-0.0031	0.974	0.5～1

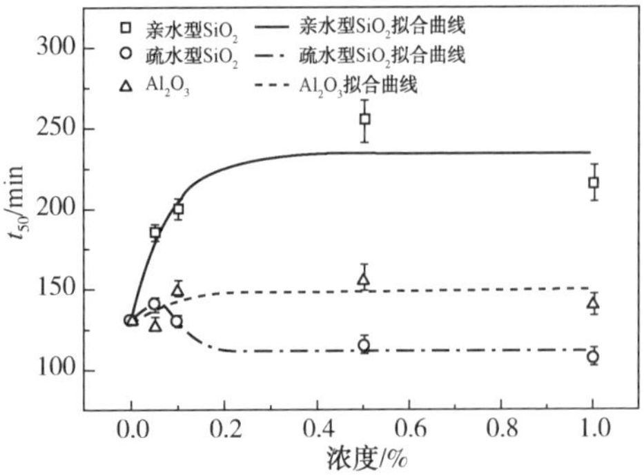

图 4-13　不同颗粒浓度对泡沫半衰期的影响

基于得到的泡沫柱线性下降规律，用半衰期 t_{50}[30] 来评估添加不同浓度纳米颗粒对泡沫柱稳定性的影响规律。图 4-13 为泡沫液在不同添加浓度下半衰期 t_{50}的变化规律。从图中可以看出：添加亲水型 SiO_2和 Al_2O_3纳米颗粒具有相同的变化规律，泡沫的半衰期 t_{50}均呈现先增加后平稳的趋势，在颗粒质量分数为 0.5%时达到最大值后半衰期接近稳定，泡沫的半衰期从无添加时的 130min 增加到 254min 和 157min，分别提高了约 95.4%和 20.8%。分析认为亲水的固体颗粒黏附在气液界面膜上，容易形成致密的外壳，使得膜与膜之间阻碍增强，气体较难逃逸出界面膜，有效防止气泡合并。在气泡之间，固体颗粒可以起到封堵作用，阻止液体流动，减缓了界面膜变薄的速率。随着质量分数增加，颗粒在界面膜上吸附增加，固体壳的致密度越大，泡沫越稳定。而当颗粒质量分数超过 0.5%后，可能达到了界面膜的饱和吸附，泡沫半衰期基本趋于稳定。此外，亲水型 SiO_2颗粒在透射电镜图中可以看到呈明显的长条形棒状结构，相对于 Al_2O_3颗粒的圆饼形结构，可能更有利于提高气液界面膜的机械强度，使泡沫可以承受较长时间的形变而不易破裂。

而添加不同浓度的疏水性 SiO_2颗粒后呈现出先增加后下降直至稳定的变化趋势，在颗粒质量分数为 0.05%时达到最大的泡沫半衰期，相比于无添加泡沫溶液的半衰期提升了约 7.7%，随着颗粒浓度的继续增加泡沫半衰期下降并趋于稳定。这主要因为在颗粒质量分数较低时，颗粒表面可以吸附较多的表面活性剂分子，使颗粒具有部分疏水和亲水性质，更易吸附在气液界面膜上，两者之间的相互作用力较大，使得液膜间排液困难，有效减缓了气泡间的聚结和粗化，从而提高泡沫的稳定性。随着颗粒浓度继续增加，颗粒的疏水性增加，颗粒之间的静电斥力或位阻效应较强，不利于颗粒在气液界面膜上吸附，对泡沫稳定性没有明显提升；也可能是颗粒和表面活性剂分子在气液界面膜上吸附竞争引起的界面膜不稳定所致[92]。

4.2.3　纳米颗粒对发泡性能的影响

泡沫的膨胀率是评价发泡性能的重要指标。图 4-14 为三种纳米颗粒在不同质量分数下对泡沫膨胀率的影响。从图中可以看出：在低浓度时三种颗粒均可以提高泡沫的膨胀率，随着亲水型 SiO_2和 Al_2O_3颗粒质量分数的增加，泡沫膨胀率增加，在质量分数为 0.5%时膨胀率最大，其中亲水型 SiO_2由 140 倍提高到 158

倍，增加了 11.4%，而添加 Al_2O_3 颗粒的膨胀率增加了 7.9%，随后泡沫膨胀率略微下降。而疏水型 SiO_2 颗粒质量分数在 0.05% 时增加了泡沫的膨胀率约 5.7%，随着颗粒质量分数继续增加，泡沫膨胀率则逐渐下降。

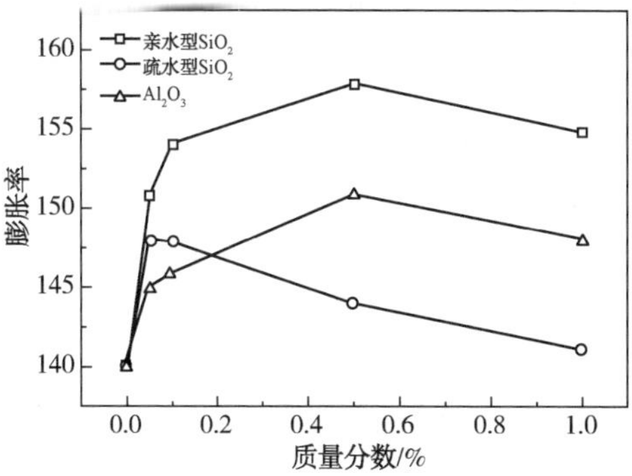

图 4-14 不同颗粒浓度对泡沫膨胀率的影响

基于已有的实验研究和理论分析[31,92]，建立了不同润湿性颗粒在泡沫界面膜 Plateau 边界和节点上的吸附特征如图 4-15 所示。亲水型 SiO_2 和 Al_2O_3 颗粒具有较强的亲水性而存在于边界和节点的液膜双层结构中，如图 4-15(b) 和(e) 所示，可以形成黏性颗粒，增强液膜之间的黏性，有利于阻止液膜间的排液。同时，亲水型颗粒在气泡双层膜之间可以增加界面膜的致密度，防止气泡的合并，有效地减缓气体的渗透，得到泡沫柱的膨胀率较大。而对于疏水型颗粒，由于表面活性剂分子可以通过静电力作用吸附在疏水型颗粒表面，使颗粒表面同时具有部分亲水性和疏水性。因此疏水型颗粒主要吸附于界面膜的双层结构外层，如图 4-15(c) 和(f) 所示形成了壳层结构。此种结构可以增强液膜的强度，但界面膜致密度相比于亲水型颗粒的吸附作用要弱一些，导致较弱地阻止气泡合并和减缓排液作用，使得疏水颗粒下泡沫膨胀率下降。

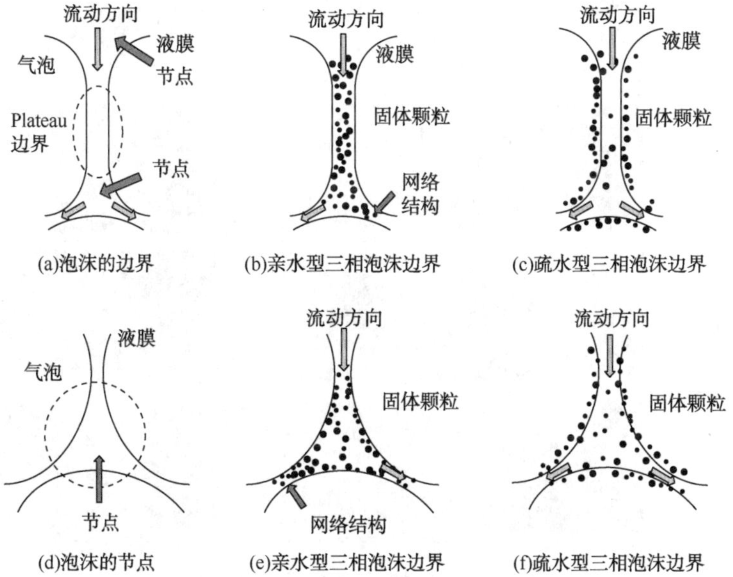

图 4-15 不同润湿性颗粒在界面膜上的吸附状态

当泡沫液的浓度固定时，表面活性剂分子数量是恒定的，而表面活性剂又是降低表面张力和发泡的关键组分，当颗粒质量分数较低时，充足的表面活性剂吸附在颗粒表面，而保留在溶液中的表面活性剂可以降低表面张力，因此在发泡后膨胀率增加。而随着颗粒质量分数继续增加，大部分的表面活性剂会吸附在颗粒表面，减少了溶液中表面活性剂浓度，导致表面张力增加，发泡性能降低。此外，过多的颗粒浓度也会增加表面[31]，降低泡沫的膨胀率。

4.2.4 纳米颗粒对泡沫尺寸的影响

图 4-16 为通过三棱镜显微成像系统拍摄的泡沫排水过程中泡沫直径随时间的变化。图中记录了 3%泡沫溶液和相同质量分数下三种纳米颗粒在 90min 内的泡沫衰变特征，其中拍摄间隔为每 30min 采集一次。从图中可以直观地看出：四种泡沫液刚生成的气泡尺寸较小且密集，尺寸相差不大。随着时间的增加，泡沫通过自身的排水以及聚结和粗化作用下，泡沫尺寸逐渐增大，没有添加纳米颗粒的气泡尺寸增加速度最快，添加质量分数 0.5%疏水型 SiO_2 颗粒的泡沫尺寸增加速率次之，相对于这两种条件下泡沫的半衰期时间也较短，说明泡沫间快速的衰变过程会降低泡沫的稳定性；而添加质量分数 0.5%亲水型 SiO_2 和 Al_2O_3 纳米颗粒的泡沫尺寸变化较缓慢，且两种添加剂下泡沫半衰期时间也较长，表现出良好的泡沫稳定性。

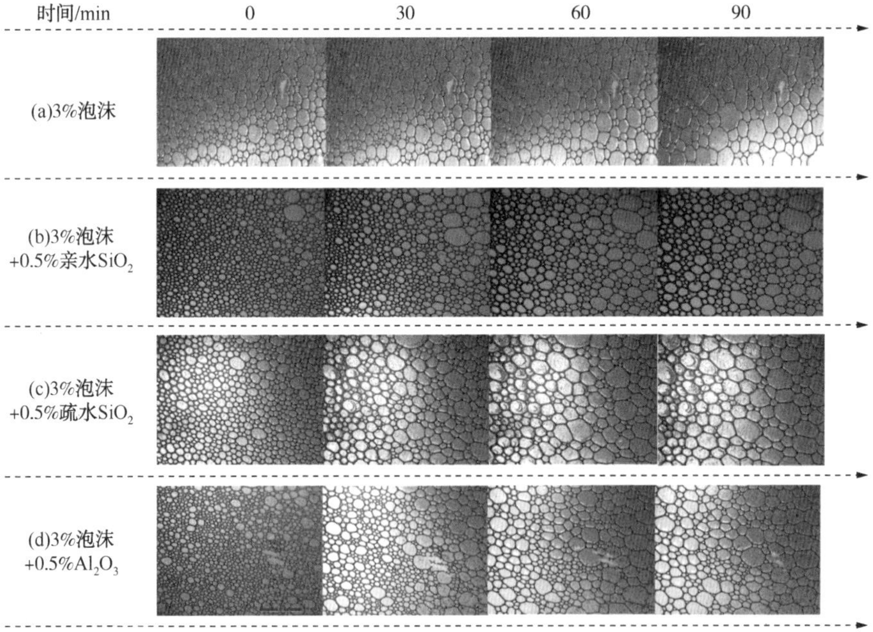

图 4-16　泡沫尺寸随时间衰变特征

图 4-17 为透过有机玻璃管直接拍摄的泡沫柱随时间的衰变过程。从图中可以看出：刚生成的泡沫均为细密均匀的分布状态；随着时间的推移，泡沫在液膜排水、气泡聚结和粗化作用下，较小的气泡消失，气泡尺寸增加，在 3%泡沫液中表现得最为明显；在 120min 后，平均泡沫直径较大，泡沫柱顶端的泡沫液膜破裂，表明气泡聚结率较高，随后大泡沫消失，泡沫柱高度开始下降。而在添加质量分数为 0.5%亲水型 SiO_2颗粒的混合分散液中，由于纳米颗粒在界面膜上的吸附作用，减缓了气泡间的聚结和粗化，导致气泡间尺寸缓慢增加，同时颗粒在边界和节点形成的网络结构也有效减缓了液膜的排液速率，使得气泡间衰变过程减缓，从而延长了泡沫的半衰期，增强了泡沫柱的稳定性。

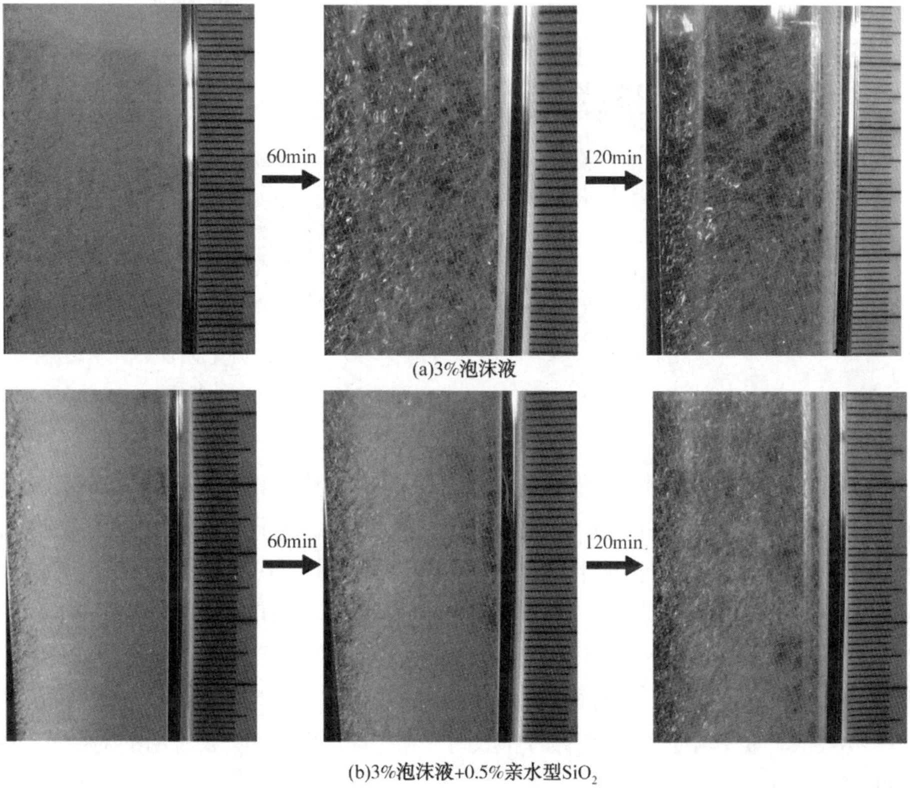

图 4-17　泡沫柱随时间衰变的局部特征

图 4-18 为图像处理软件得到的添加质量分数为 0.5%亲水型 SiO_2纳米颗粒后，泡沫柱表面的气泡数量和直径随时间的变化过程。从图中可以看出：在初始时刻，气泡的直径集中在 200~400μm，此时气泡的数量较多；在 30min 后随着泡沫的衰变，大直径气泡数量逐渐增加；在 90min 后，气泡直径继续增加而数量快速下降，表明随着时间的增加小气泡逐渐消失，在排水、聚结和粗化的作用下，气泡数量减少直径增加，泡沫柱的稳定性下降。

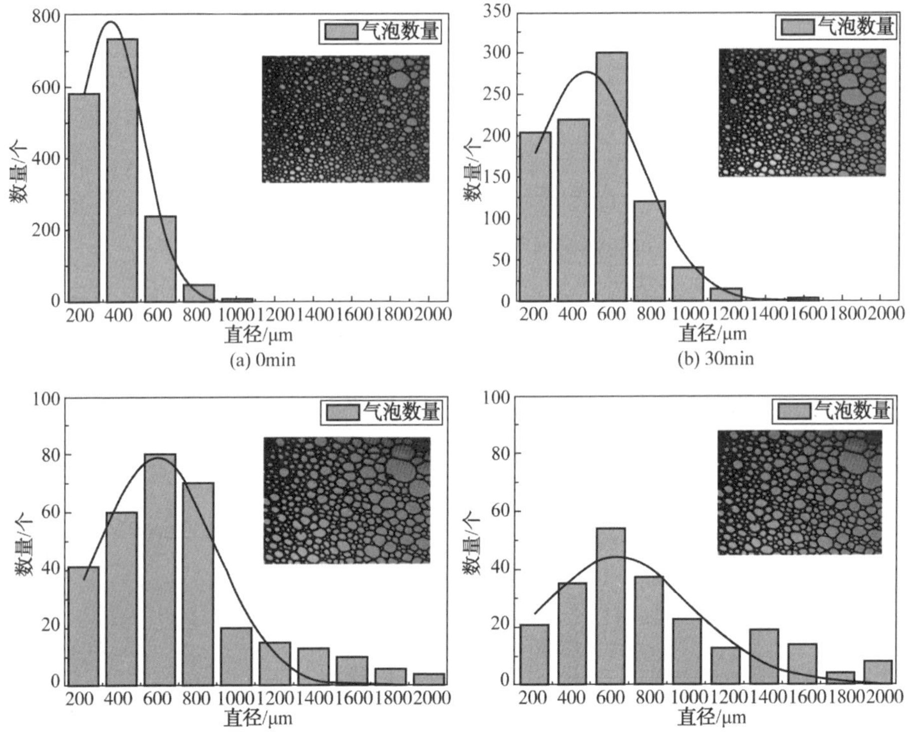

(a) 0min (b) 30min (c) 60min (d) 90min

图 4-18 气泡数量与尺寸分布随时间的变化

通过显微镜在壁面拍照得到气泡分布可能与泡沫群体中的气泡分布有差异，主要因为在统计学上视平面中不包含小气泡；另外，由于气泡分离，在弯曲壁面附近的拓扑结构上倾向于统计小气泡。目前已经提出了代数处理方法来纠正这种统计偏差，文中使用的典型气泡直径分布以连续概率密度函数(pdf)来表示[106]。气泡直径定义为每个气泡面积与周长之比乘以4。这主要是由于气泡图像多为不规则的多边形，并且在气泡排水过程中，气泡形状会逐渐偏离球形。通过概率密度函数来拟合实验中得到的离散气泡尺寸分布，概率密度函数所用的对数正态分布见式(4-4)：

$$P(d)=\frac{1}{\sqrt{2\pi}sd}\exp\left\{\frac{-[\ln(d)-\mu]}{2s^2}\right\} \tag{4-4}$$

式中，μ 和 s 是拟合参数。

使用后处理软件将实验数据拟合为对数正态分布。将实验数据和拟合曲线进行比较，如图 4-19 所示，表明对数正态可以很好地描述了气泡尺寸分布。图中展示了不同时间段内泡沫尺寸分布的变化规律。从图中可以看出：在图(a)中

3%泡沫液平均直径在测试时间段内下降较快，从初始的 431μm 增加到 994μm，在 5400s 内增加了 56.6%；而添加了纳米颗粒的气泡初始直径均有所下降，在质量分数为 0.5%的亲水型 SiO_2、疏水型 SiO_2 和 Al_2O_3 纳米颗粒的平均直径分别为 356μm、383μm 和 367μm，随着时间衰变，气泡直径增加到 634μm、1029μm 和 701μm，分别提升了 43.8%、62.7%和 47.6%。因此也可以看出：添加适当质量分数的纳米颗粒可以有效延缓气泡的聚结和粗化，降低气泡的平均直径，从而提高泡沫的稳定性。

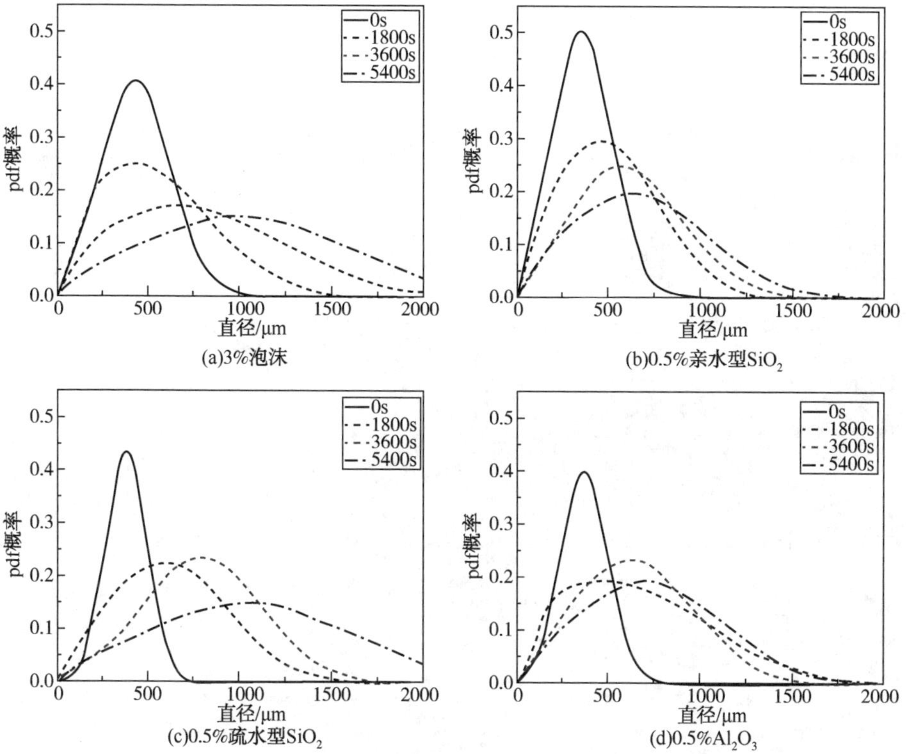

图 4-19 不同纳米颗粒浓度下气泡尺寸分布随时间的变化

4.2.5 纳米颗粒对液膜厚度的影响

泡沫薄膜是反应泡沫稳定性的一个重要参数，研究添加纳米颗粒后液膜厚度的变化，可以进一步明确颗粒提高泡沫稳定性的作用机理。图 4-20 为显微镜拍摄的不同浓度纳米颗粒的泡沫液膜厚度随时间的变化。图中记录了刚生成的泡沫、生成泡沫 60min 及 120min 后液膜厚度的变化。在每张图中选取 5 个不同位置的平均测量值来表示泡沫的液膜厚度。图(a)为 3%泡沫的液膜厚度在刚生成时为(37.4±5.5)μm，在 60min 后泡沫液膜厚度下降为(33.02±13.8)μm，在

120min 后气泡尺寸增大，形状变得不规则，气泡变得透明，此时泡沫破裂得更快，液膜厚度仅为(8.56±2.16)μm，下降了 77.1%。在图(b)中添加质量分数为 0.1%亲水型 SiO_2颗粒的初始泡沫厚度为(39.15±3.65)μm，经过 2h 的衰变下降为(26.01±3.24)μm，降幅为 20.1%。而在图(c)和(d)中质量分数为 0.5%亲水型 SiO_2颗粒和质量分数为 1%亲水型 SiO_2颗粒中，液膜厚度分别从(46.38±4.69)μm 和(47.33±14.5)μm 下降到(33.67±5.4)μm 和(26.37±0.94)μm，下降了 27.4%和 44.7%，但是由于初始的液膜较厚，在 120min 后气泡形态依然保持球形或椭圆形，泡沫膜厚度依然较大。

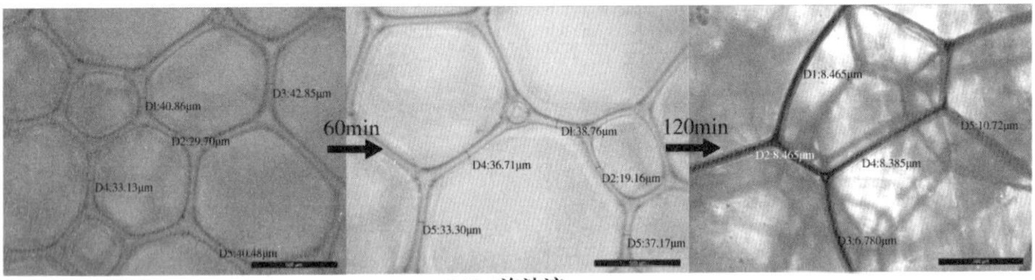

(a)3%泡沫液

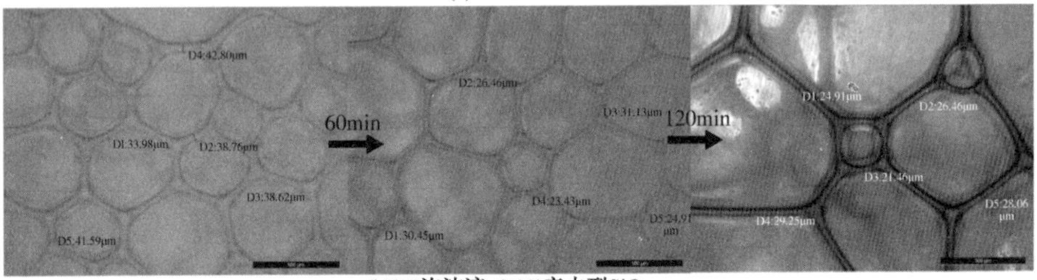

(b)3%泡沫液+0.1%亲水型SiO_2

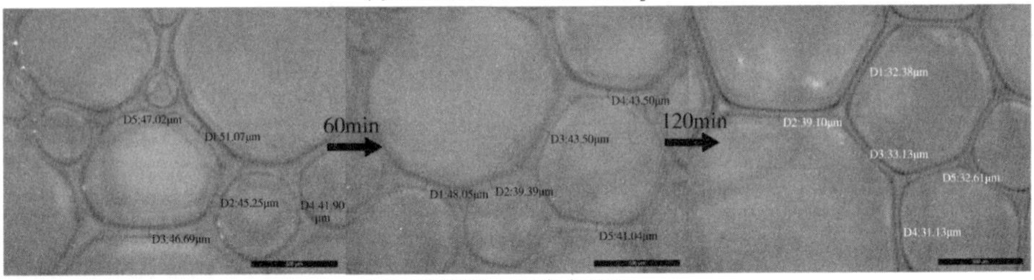

(c)3%泡沫液+0.5%亲水型SiO_2

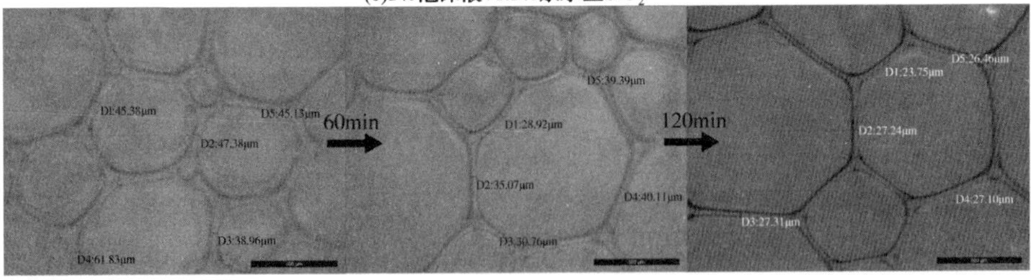

(d)3%泡沫液+1%亲水型SiO_2

图 4-20　泡沫液膜厚度随时间变化

从图中也可以看出：在添加纳米颗粒后液膜初始厚度增加，随着纳米颗粒质量分数的增加，液膜厚度也逐渐增加，这说明纳米颗粒在液膜之间具有良好的吸附和累积作用，可以形成致密的界面膜，通过延迟液体的排水速率，阻止液膜变薄，进一步阻碍了气泡的合并和粗化。泡沫片层处聚集的纳米颗粒必须超过一定的阈值浓度才能提高泡沫稳定性[24]。在这种浓度下，Ostwald 成熟度将显著降低，因为拉普拉斯压力的差异可以通过气泡内的渗透压平衡[90,92]。在到达理想的纳米颗粒浓度时，即在 0.5%纳米颗粒质量分数时，在气泡表面被最佳颗粒浓度覆盖并防止其聚结和粗化。当纳米颗粒质量分数达到 1%时，施加的纳米颗粒重力大于气泡间抗变形能力，此时泡沫的稳定性不再提升[21]。

通过分析可以得出：3%泡沫表面活性剂形成的泡沫半衰期时间最短，泡沫中液体排水速率快，拉长了泡沫液膜，导致液膜越薄。薄膜拉伸也增加了表面张力梯度，吸附在泡沫气液界面的表面活性剂在表面张力梯度的作用下迁移到新表面[21]，这也降低了薄膜的膨胀黏弹性和泡沫的稳定性。而添加纳米颗粒后的泡沫在气泡表面和边界上的吸附和累积改善了泡沫表面的膨胀黏弹性，泡沫表面积聚的纳米颗粒阻止了表面活性剂从本体溶液转移到新的表面[92]。由于 Young 效应增加的压差，使得气泡间气体从小气泡扩散到大气泡的有效表面积减小，防止了 Ostwald 熟化效应，从而使泡沫半衰期时间增加变得更加稳定。

图 4-21 展示了气泡在有机玻璃柱表面衰退并消失的过程。图中可以观察到泡沫柱随时间增加沿表面逐渐衰退：一方面液体从泡沫片层持续排出导致薄膜变薄，分离气泡的液膜过薄会导致薄膜和气泡破裂，最终两个较小的不稳定气泡结合，形成较大的亚稳态气泡，导致了气泡间的聚并[23,75,76]；另一方面，气泡内外压差造成的表面力不平衡，导致气体从较小的气泡扩散到较大的气泡，随着时间的推移，较小的气泡消失，尺寸增加，泡沫沿着表面衰退高度下降[76,78,94]。

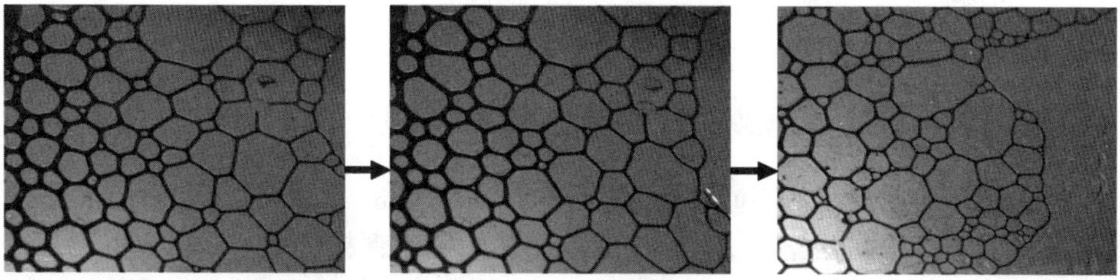

图 4-21　泡沫在有机玻璃柱表面的衰退过程

泡沫的稳定性通常由泡沫气-液界面上表面活性物质或固体颗粒的吸附和聚集来完成[24]。图 4-22 为显微镜拍摄的纳米颗粒存在下泡沫的微观形态特征，图中的比例尺为 200μm。从图中可以看出：纳米颗粒团聚形成的网络结构大多位于气泡间的节点和 Plateau 边界上，形成了更加密实的固体膜，为液膜变薄和气泡间扩散提供了空间上的屏障，纳米颗粒的适度聚集减缓了重力引流，从而增加了最大毛细管压力，使泡沫薄膜不宜破裂。因此，添加纳米颗粒形成的泡沫体结构更加紧凑、体积减小、具有良好的液膜厚度。此外，相对于其他两种颗粒，亲水型 SiO_2颗粒具有最大的比表面积(300m^2/g)，纳米颗粒大的表面积可以增加颗粒表面活性剂的吸附比例，有助于提高泡沫的稳定性。

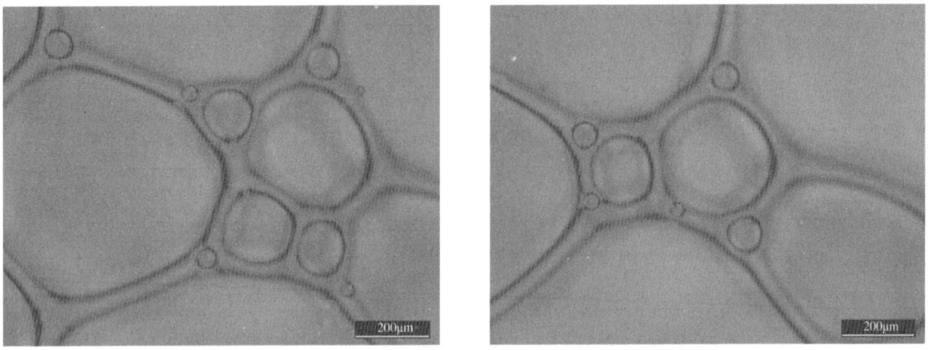

(a)3%泡沫液+0.5%亲水型SiO_2

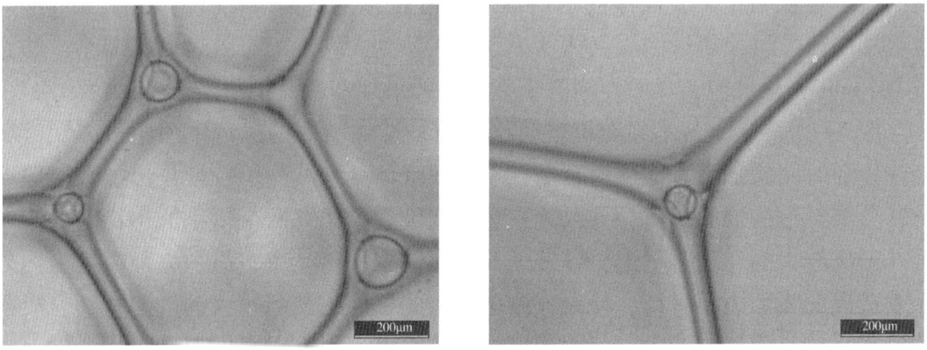

(b)3%泡沫液+1%亲水型SiO_2

图 4-22　不同浓度纳米颗粒泡沫的微观液膜结构

4.2.6　纳米颗粒对溶液润湿性的影响

图 4-23 为制备出的不同质量分数(0.05%、0.1%、0.5%和 1%)的三种纳米颗粒与泡沫溶液的分散液。图(a)为亲水型 SiO_2纳米颗粒分散液，溶液由透明逐渐呈现乳白色；图(b)为 Al_2O_3纳米颗粒分散液，随着颗粒质量分数增加，溶液呈现不透明的乳白色；图(c)为疏水型 SiO_2纳米颗粒的分散液，可见溶液在低浓度时较为清澈，随着颗粒浓度增加溶液逐渐变得浑浊。

图 4-24 为三种纳米颗粒添加剂在不同质量分数(0.05%~1%)的溶液与氟碳板之间的接触角。从图中可以看出：随着颗粒质量分数增加，在亲水型 SiO_2颗粒的混合溶液接触角维持在 51.8°±0.7°；在 Al_2O_3纳米颗粒中随着添加浓度的增

加，接触角从 46.2°增加到 62.4°；而在疏水型 SiO_2 颗粒中随着添加浓度的增加，接触角从 46.5°增加到 71.5°，增加幅度最大。

(a)亲水型 SiO_2　　(b) Al_2O_3　　(c)疏水型 SiO_2

图 4-23　不同浓度的纳米颗粒与泡沫混合溶液

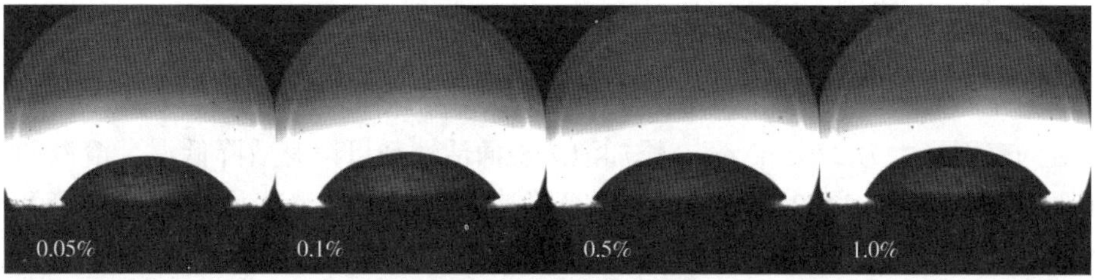

(a)3%泡沫液+亲水型 SiO_2

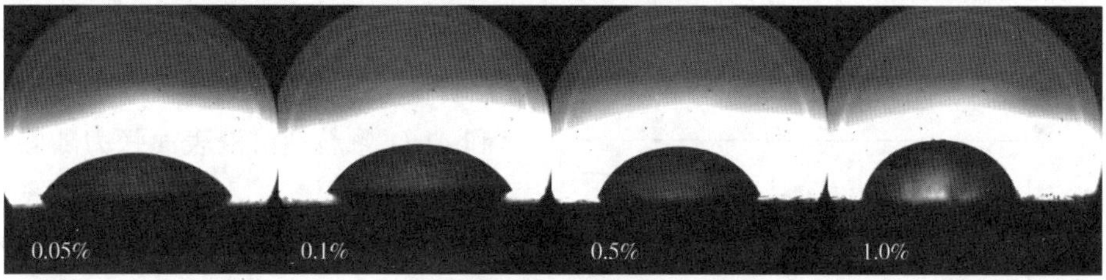

(b)3%泡沫液+疏水型 SiO_2

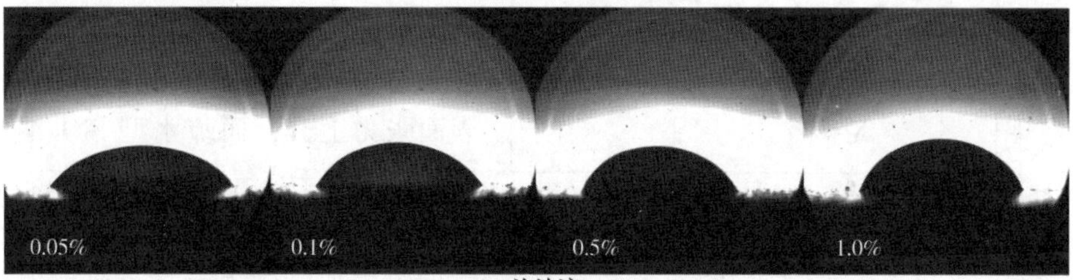

(c)3%泡沫液+ Al_2O_3

图 4-24　不同混合溶液的接触角[9]

添加纳米颗粒后在气液界面的吸附能力加强，从界面中消除纳米颗粒所需要的能量增加，因此不同类型的纳米颗粒附着能 E 的计算[23]见式(4-5)：

$$E=\pi r^2\gamma_{aw}(1\pm\cos\theta)^2 \tag{4-5}$$

式中，r 为颗粒的半径，m；γ_{aw} 为界面的表面张力，N/m；θ 为颗粒在界面接触角，(°)。

由式(4-5)可知，在良好的界面接触角和颗粒直径作用下，附着能非常大。在亲水型纳米 SiO_2颗粒随着浓度增加，颗粒的附着能保持在 $670K_BT$，其中 K_B为玻尔兹曼常数，取值 1.3807×10^{-23}J/K；T 为测试的环境温度，K；在疏水型纳米 SiO_2颗粒中附着能从 $177K_BT$ 增加到 $1114K_BT$；而在 Al_2O_3纳米颗粒中由于初始颗粒直径相对较小，在最大浓度下的脱附能为 $156K_BT$。从中可以看出虽然疏水型颗粒随着颗粒浓度增加表现出更好的疏水性，附着能增加，但是对于泡沫稳定性的测试表明，在疏水型颗粒下泡沫的半衰期并没有表现出最好的效果。因此可以看出：对于提高泡沫稳定性的机理还需要深入了解混合溶液的表面特性和电性能等因素。

4.2.7 纳米颗粒对溶液表面张力的影响

图 4-25 为不同颗粒浓度下溶液的表面张力测试值。从图中可以看出：3%泡沫液的表面张力为 27.3mN/m，添加泡沫表面活性剂可以有效降低混合溶液的表面张力(相比于纯水 72.7mN/m)，保证形成的泡沫体系整体界面能处于较低水平，实现泡沫的稳定。在颗粒添加浓度较低时，泡沫液分散纳米颗粒能够进一步降低混合溶液的表面张力，疏水型纳米 SiO_2 颗粒的存在使溶液表面张力从 27.3mN/m 降至 23.8mN/m，降幅最大(3.5mN/m)达到约 12.8%，亲水型纳米 SiO_2颗粒的表面张力下降最少。然而，当颗粒质量分数大于 0.1%，疏水型 SiO_2 和 Al_2O_3颗粒使溶液表面张力随颗粒浓度增加而增加，这可能由于表面活性剂分子与带正电荷的 Al_2O_3纳米颗粒之间的静电相互作用增加了在溶液界面表面活性物质的量，导致在水溶液中的平衡浓度显著下降，表面张力上升，而疏水型 SiO_2 纳米颗粒更倾向于在气-液界面聚集。亲水型 SiO_2颗粒溶液的表面张力随质量分数增加略微上升后下降，但整体变化幅度不大，在±5.8%以内。

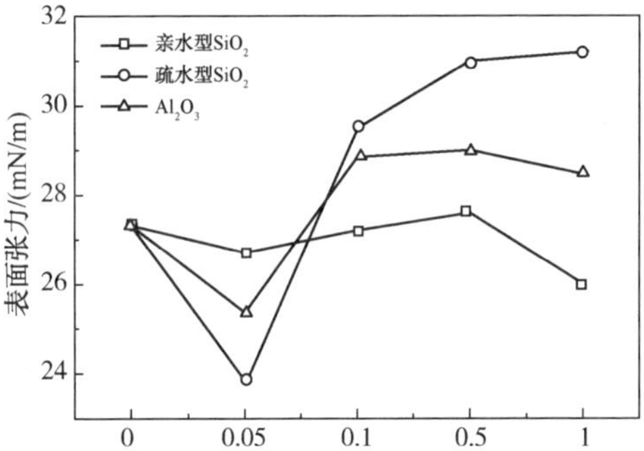

图 4-25　不同颗粒浓度下泡沫溶液的表面张力

通常纳米-表面活性剂混合物的界面性质将取决于从本体溶液迁移到界面的表面活性物种的数量以及迁移发生的速率。显然，稀浓度的颗粒添加剂促进了表面活性剂溶液的吸附。同样，表面活性剂和纳米颗粒在泡沫的气-水界面上的吸附和聚集也会促进泡沫的稳定性[30]。而在较高的浓度下，纳米颗粒吸收更多的表面活性剂分子，通过减少大量溶液相中的游离表面活性剂来增加泡沫溶液的表面张力，这一点在疏水型 SiO_2 颗粒中表现得比较明显。但随着纳米颗粒质量分数的增加，纳米颗粒在溶液表面的吸附和聚集也会增加，直到达到理想的纳米颗粒浓度，在 0.5% 的亲水型 SiO_2 和 Al_2O_3 颗粒中表现出最好的泡沫稳定性。当纳米颗粒浓度超过最佳浓度时，表面活性剂在纳米颗粒表面大量吸附以及静电相互作用，使得表面张力增加。通过泡沫稳定性测试结果可知：在添加 0.5% 亲水型纳米 SiO_2 颗粒时，混合溶液形成的三相泡沫体系最稳定，半衰期时间最长，而此时溶液的表面张力约为 27.6mN/m，与无添加颗粒时泡沫水溶液的表面张力并没有明显变化。因此，可以看出添加纳米颗粒并不能通过降低表面张力来增加泡沫的稳定性。

4.2.8 纳米颗粒对溶液 Zeta 电位的影响

图 4-26 为不同颗粒浓度下溶液的 Zeta 电位测试值。从图中可以看出：初始 3% 泡沫表面活性剂的 Zeta 电位值较大为 -1.11mV，说明添加泡沫表面活性剂后整个溶液呈负电性。当添加 0.05% 的纳米颗粒后，混合分散液的 Zeta 电位值迅速下降，其中亲水型 SiO_2、疏水型 SiO_2 和 Al_2O_3 颗粒在表面活性剂溶液中分别为 -29mV、-31.5mV 和 -28.2mV。随着纳米颗粒浓度的增加，在亲水型 SiO_2 体系中 Zeta 电位值略微下降后升高，整体变化幅度不大；添加 Al_2O_3 颗粒分散液的 Zeta 电位值绝对值在逐渐下降，颗粒浓度(质量分数)从 0.05% 增加 1% 时，分散液的 Zeta 电位值从 -28.2mV 增加到 -15.5mV，增幅约为 45%；而添加疏水型 SiO_2 颗粒分散液的 Zeta 电位值随颗粒浓度增加而增大随后保持稳定。较高的 Zeta 电位值意味着在表面活性剂和纳米颗粒存在下，静电作用力提高，暗示着大量纳米颗粒和表面活性剂附着在水溶液中。表面活性剂在纳米颗粒表面的吸附导致了聚集体的总表面负电荷和 Zeta 电位值增加。结果表明：表面活性剂的负电荷被传递到分散在水溶液中的纳米颗粒，泡沫表面活性剂是纳米颗粒的分散剂。从以往研究来看，实验中使用的 SiO_2 纳米颗粒一般是带负电荷的，它们和表面活性剂分子之间会产生静电斥力，导致胶体纳米颗粒分散体在泡沫表面活性剂溶液中的稳定性比在水中强[96]。而 Al_2O_3 颗粒上的正电荷和表面活性剂分子上的负电荷相互吸引，使其表面的正电荷被中和，随着颗粒质量分数增加电位值增加，在静电引力作用下

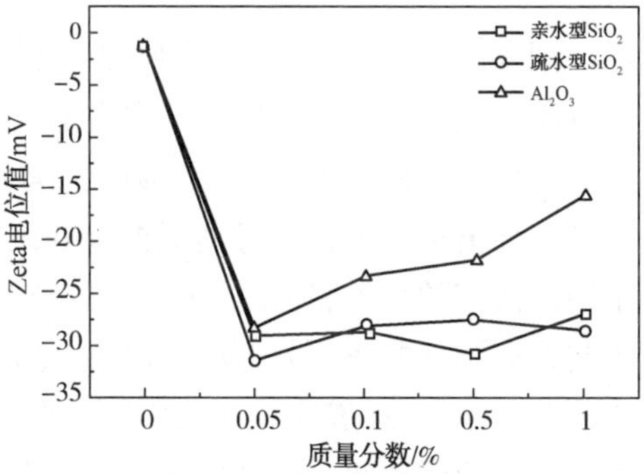

图 4-26 不同颗粒浓度下泡沫溶液的 Zeta 电位

表面活性剂吸附的颗粒在泡沫节点和 Plateau 边界上紧密堆积。因此，Al_2O_3纳米颗粒对泡沫的稳定性大于疏水型 SiO_2颗粒。

表面活性剂在表面的吸附影响纳米颗粒和表面活性剂分子之间的静电和空间相互作用[26]。从静电方面考虑，Zeta 电位小于-15mV 或大于 15mV 的纳米颗粒分散体是相对稳定的，如果 Zeta 电位值在-15mV 和 15mV 之间，如果两者具有稳定的空间，纳米颗粒也能得到稳定。在添加质量分数为 0.5%亲水型 SiO_2颗粒的分散液中 Zeta 电位值小于-15mV(-30.6mV)，较低的 Zeta 电位值，导致颗粒与颗粒之间较强的静电斥力作用，从显微图像也可以看出：添加纳米颗粒后液膜之间的尺寸增加，有利于在界面膜边界形成网络结构，减缓液膜的排液，防止了泡沫之间的聚结和粗化，从而提高了泡沫的稳定性；但是相对于疏水型 SiO_2颗粒虽然也有较低的 Zeta 电位值，有利于在界面膜之间保持较大的斥力作用，但是分析认为颗粒的疏水基团使得颗粒更倾向于存在于气泡中，并不利于延缓气泡边界和节点之间的排液，导致泡沫稳定性没有显著提高；而相对于带正电的 Al_2O_3颗粒，分散在带负电的表面活性剂溶液中，通过静电引力作用吸附在颗粒表面形成单分子层，从而赋予了颗粒一定程度的表面活性，可以吸附在气-水界面，以此来增加泡沫的稳定性[96]。

在纳米颗粒的 TEM 图像中可以看出：亲水型 SiO_2颗粒和疏水型 SiO_2颗粒在水溶液中具有相对较小的团聚尺寸(平均尺寸在 500~800nm)，而 Al_2O_3颗粒团聚体尺寸平均尺寸大于 800nm。因此，在 Al_2O_3颗粒分散液中 Zeta 电位的绝对值相对较低，从泡沫柱的稳定性来看，随着质量分数大于 0.5%后，相应的 Zeta 电位值继续增加，此时泡沫的稳定性略微下降，表明在气液界面会形成更大的纳米聚集体，导致泡沫的稳定性不再增加。

4.2.9 纳米颗粒对溶液电导率的影响

图 4-27 为测量的不同体积浓度下泡沫表面活性剂溶液的电导率。从图中可以看出：随着体积浓度增加，在表面活性剂体积浓度小于 3%时，溶液电导率上升速度较快，而在浓度大于 3%后，溶液电导率增加幅度下降。通过对两个浓度范围电导值进行拟合，得到了拟合曲线的交点在体积浓度为 2.8%处。因此，对于泡沫溶液的临界胶束浓度(Critical Micelle Concentration，CMC)为 2.8%，接近于制造商推荐的 3%最佳使用配比。泡沫的生成行为由于表面活性剂在 CMC 值形成了分子聚集体(胶束)，当泡沫液的使用配比高于或不足溶液的临界胶束浓度值时，表面活性剂分子可能不足以生成稳定的泡沫[23]。

图 4-28 为不同浓度纳米颗粒下泡沫溶液的电导率。从图中可以看出：3%泡沫液的电导率最大为 2.61mS/cm，添加质量分数为 0.05%的纳米颗粒后，在疏水

型 SiO_2 溶液中电导率下降最大，Al_2O_3 纳米颗粒溶液的电导值次之，亲水型 SiO_2 纳米颗粒的电导值最大；随着纳米颗粒浓度继续增加，在疏水型 SiO_2 和 Al_2O_3 纳米颗粒中溶液电导率变化幅度不大，维持在±4.5%和±5.1%，在亲水型 SiO_2 纳米颗粒中电导值呈上升趋势。

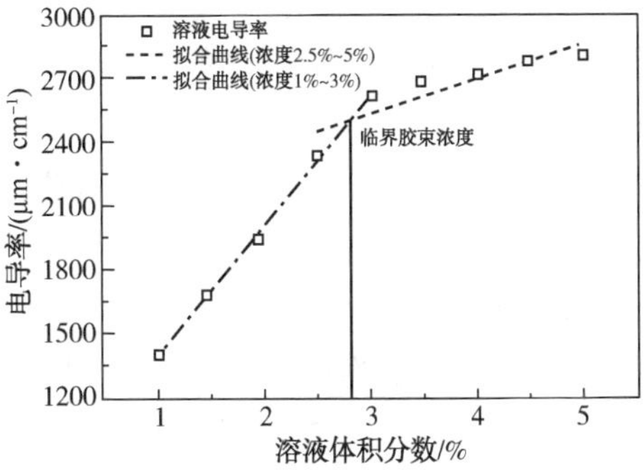

图 4-27　不同体积浓度下表面活性剂的电导率

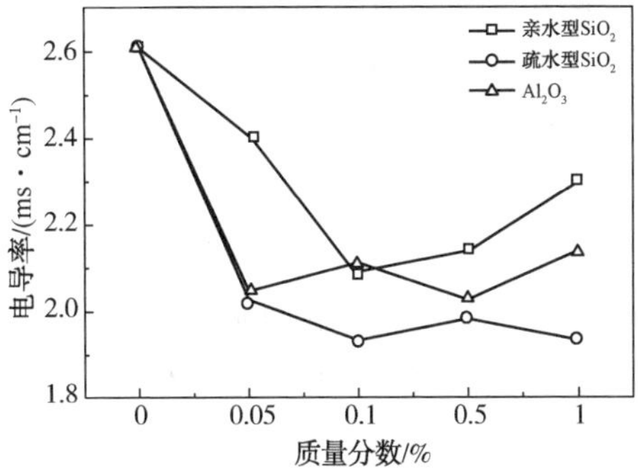

图 4-28　不同浓度纳米颗粒下溶液的电导率

溶液对不同浓度纳米颗粒的吸附性由泡沫液、颗粒和混合溶液的导电性来表征，吸附指数 AI 的计算[23,24]见式(4-6)：

$$AI=\sigma_{NP}+\sigma_{F}-\sigma_{NPF} \tag{4-6}$$

式中，σ 为电导率，mS/cm；下标分别表示纳米颗粒溶液、泡沫溶液、泡沫溶液和纳米颗粒混合溶液。

图 4-29 中显示了不同浓度(质量分数)纳米颗粒在表面活性剂上的吸附指数。从图中可以看出疏水型 SiO_2 相对吸附指数较高，在 0.1%颗粒浓度(质量分数)时达到最大值 990 后，随着浓度继续增加基本保持稳定。而亲水型 SiO_2 和 Al_2O_3 纳米颗粒浓度(质量分数)增加到 0.5%时达到最大值，分别为 948 和 958，超过此浓度后，吸附指数随纳米颗粒质量分数的增加呈下降趋势。这可能归因于表面活性剂分子与纳米颗粒之间频繁的碰撞[24]。通过电导率测试可以看出：吸附指数主要反映了纳米颗粒在溶液中的吸附程度，证明了颗粒与表面活性剂溶液有较好的相容性，从泡沫半衰期测试结果可以看出，对于提高泡沫的稳定性是不同因素共同作用的结果。

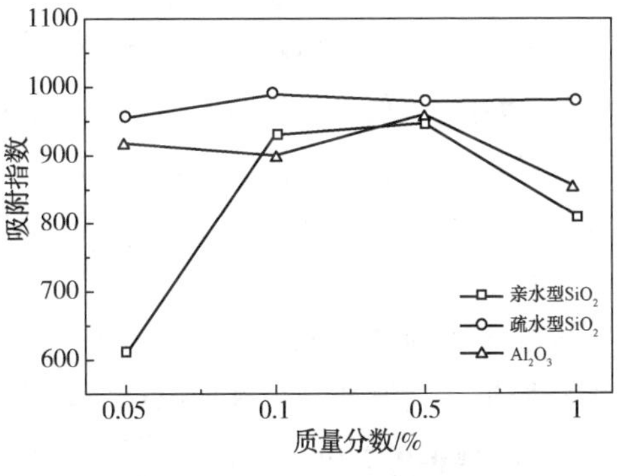

图 4-29　不同浓度纳米颗粒的表面活性剂吸附指数

4.3 本章小结

本章通过搭建小尺度泡沫实验装置，研究了三种不同性质纳米颗粒对泡沫稳定性和发泡能力的影响，测试了不同纳米颗粒浓度对气泡尺寸和液膜厚度的影响，以及纳米颗粒浓度对溶液润湿性、表面张力、Zeta 电位和电导率的影响，得到主要结论如下：

（1）通过 SEM 和 TEM 观察了三种颗粒的微观特征，亲水型 SiO_2 纳米颗粒具有不规则的棒状结构，颗粒直径在 15~30nm，而疏水型 SiO_2 和 Al_2O_3 颗粒呈规则的圆形片状结构，颗粒平均直径分别在 20nm 和 10nm；

（2）通过对比在不同颗粒浓度下泡沫柱的归一化高度随时间均呈线性下降关系，在亲水型 SiO_2 和 Al_2O_3 纳米颗粒中泡沫半衰期随着颗粒浓度的增加而增加直至稳定，而在疏水型 SiO_2 纳米颗粒中泡沫半衰期随着颗粒浓度的增加先增加后下降直至稳定，在质量分数为 0.5%亲水型 SiO_2 纳米颗粒的泡沫液具有最好的稳定性，泡沫半衰期由 130min 增加到 254min，提升了 95.8%；

（3）随着纳米颗粒浓度的增加，三种纳米颗粒添加剂溶液的发泡能力均呈现先增加后下降的趋势，在质量分数为 0.5%亲水型 SiO_2 纳米颗粒中最大增加了 11.4%，在质量分数为 0.05%疏水型 SiO_2 和 0.5% Al_2O_3 纳米颗粒中分别增加了约 5.7%和 7.9%；

（4）通过显微镜观察了泡沫尺寸随时间的变化，泡沫的初始尺寸均较小且呈现正态分布特征，随着时间的增加在 90min 后，3%泡沫直径由初始的 431μm 增加到 994μm，而添加质量分数为 0.5% SiO_2 和 Al_2O_3 纳米颗粒的泡沫直径由 356μm 和 367μm，分别增加到 634μm 和 701μm，表明纳米颗粒可以延缓泡沫间的聚结和粗化，从而减小气泡尺寸随时间的增加；

（5）由显微镜观察到 3%泡沫初始液膜厚度为(37.4±5.5)μm，在 120min 后液膜厚度仅为(8.56±2.16)μm，而添加纳米颗粒后液膜厚度随着颗粒浓度增加液膜厚度也逐渐增加，在添加质量分数为 0.5%亲水型 SiO_2 颗粒后液膜厚度从初始的(46.38±4.69)μm 在 120min 下降到(33.67±5.4)μm，膜厚度依然较大，固体颗粒团聚形成网络结构可以吸附在气泡间的节点和 Plateau 边界上，形成了密实的固体膜阻止了液膜的排水、聚结和粗化，从而提高了泡沫的稳定性；

（6）随着颗粒质量分数增加，在亲水型 SiO_2 颗粒的混合溶液接触角维持在(51.8±0.7)°；在 Al_2O_3 纳米颗粒中随着添加浓度的增加，接触角从 46.2°增加到 62.4°；而在疏水型 SiO_2 颗粒中随着添加浓度的增加，接触角从 46.5°增加到 71.5°，增加幅度最大。通过计算颗粒在界面的附着能表明，纳米颗粒在泡沫表面均有良好的吸附性，最大附着能为 $1114K_BT$；

（7）在3%泡沫液中表面张力为27.3mN/m，添加纳米颗粒后溶液的表面张力下降，随着纳米颗粒浓度的增加，在添加疏水型 SiO_2 和 Al_2O_3 颗粒溶液的表面张力先上升随后趋于稳定，而在亲水型 SiO_2 纳米颗粒中溶液表面张力的变化幅度不大，在±5.8%以内；

（8）随着纳米颗粒浓度的增加，在亲水型 SiO_2 体系中Zeta电位值略微下降后升高，而添加疏水型 SiO_2 颗粒分散液的Zeta电位值先增加随后保持稳定；添加 Al_2O_3 颗粒分散液的Zeta电位值从-28.2mV增加到-15.5mV；

（9）通过电导率测试得到高倍泡沫溶液的临界胶束浓度为2.8%，添加质量分数为0.05%的纳米颗粒后，在疏水型 SiO_2 溶液中电导率下降最大，随着纳米颗粒浓度继续增加，在疏水型 SiO_2 和 Al_2O_3 纳米颗粒中溶液电导率变化幅度不大，维持在±4.5%和±5.1%，在亲水型 SiO_2 纳米颗粒中电导值呈上升趋势。

5 高倍纳米泡沫抑制 LNG 实验方法

通过小尺度实验从微观角度探究了纳米颗粒提高泡沫稳定性的作用机理，得到了亲水型 SiO_2 纳米颗粒在质量分数为 0.5%添加量时具有最好的泡沫稳定性效果，但是对于纳米添加剂在工业应用过程中，实际环境工况更加复杂，不同的风速和热辐射对于泡沫的稳定性均有不同程度的影响，而对于泡沫在添加纳米颗粒后提高泡沫稳定性及对蒸气云火焰的作用效果，以及在添加液氮后抑制低温液体泄漏扩散和抑制火焰燃烧的作用效果及机理，均需要开展实验进行深入探究。

因此本章基于室内的风洞装置和泡沫发生装置，开展了在不同工况下高倍泡沫抑制 LNG 泄漏扩散和蒸气云火焰燃烧的实验研究，量化了不同风速和热辐射对泡沫排水速率的影响，对比了三种因素(风速、热辐射和液氮质量)对液氮蒸发速率的影响，比较了有无纳米颗粒的高倍泡沫对泡沫排水速率和稳定性的影响，验证了泡沫的排水速率模型，得到了不同风速和热辐射下的泡沫半衰期和破裂率，通过比较不同工况下的液氮蒸发速率，验证了纳米颗粒添加剂的作用效果，通过测量体系内的温度分布和二维温度场，进一步证明纳米颗粒稳定泡沫的作用机理，量化了高倍泡沫降低火焰温度和热辐射的控制时间，评估了不同纳米颗粒对蒸气云火焰的抑制效果和机理。在工程意义上，本章证明了纳米颗粒添加剂形成的三相泡沫对于提高泡沫稳定性及火灾现场应用的可行性和实用性。

5.1 实验材料及测试方法

5.1.1 高倍泡沫抑制实验平台搭建

5.1.1.1 高倍泡沫抑制实验平台

为了研究有利于控制 LNG 蒸气危害的泡沫类型，进一步明确泡沫与 LNG 之间的作用机理，设计并搭建了用于高倍泡沫抑制 LNG 泄漏扩散及池火灾的实验平台，如图 5-1 所示。该平台包括通用实验风洞系统、重气加注与回收系统、控制技术测试实验系统、数据采集与处理系统四大部分[156]。通用实验风洞系统为主体部分，主要包括室内风洞实验装置，内设有温度传感器、湿度计、辐射板、风速调节器，可以实现温度、湿度、热辐射、风速等的调节与控制。主体截面采用矩形结构，便于各种装置的安装。整个风洞分为三部分，每部分均可从主体上拆卸下来，有利于内部改造，从而提高改造的可操作性。此外，风洞实验段侧面采用透明玻璃制造，利于内部实验现象的观察。控制技术测试实验系统又分为水幕、泡沫、障碍物三种抑制手段的测试。为了便于各种抑制手段的自由组合，利用模块化设计思想，各个测试系统分块设计，通过风洞主体预留相应孔洞，即引泡筒预留孔洞、水幕水管预留孔洞来实现。实验时通过孔洞插入相关部件，实验结束封堵孔洞即可。

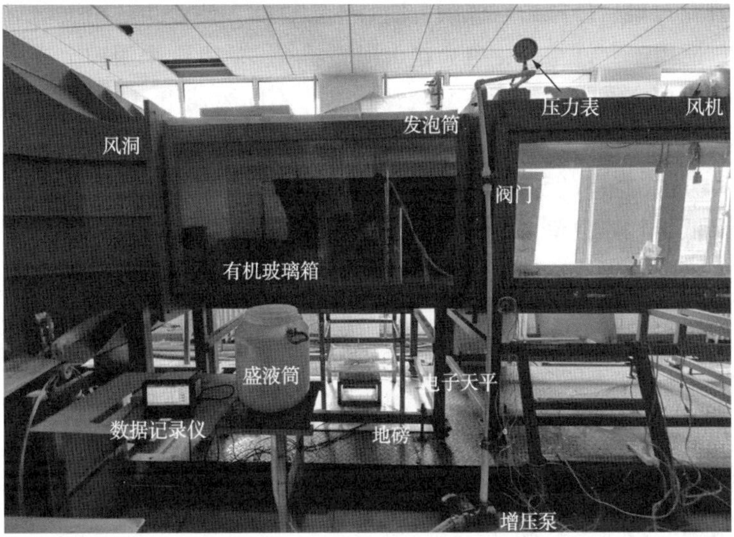

图 5-1 泡沫抑制实验平台

实验测量参数有直接测量参数和间接测量参数。直接测量参数包括：风速、湿度、温度、蒸气浓度、各层高度；间接测量参数包括图像数据、质量。温度又可以进一步分为风洞内模拟环境温度、泡沫各层温度与液化液体温度。图像数据包括普通摄像机与高速摄像机采集的两部分数据。泡沫大小与分布、起泡大小与分布、泡沫层高度的变化通过普通摄像机记录，后期通过图像处理软件提取并分析数据；泡沫层破裂、冰层的形成、LNG 与泡沫接触现象由高速摄像捕捉；根据质量变化可以间接反映蒸气外逸率。

泄漏点处传感器布置在液池正上方，而扩散段的数据布置采用固定点阵式或者移动式两种。要保证平台所得数据的准确性，风洞内部数据的堵塞率需要小于5%。鉴于此，放置在风洞内的设备尺寸受限。而要提高数据的准确性，便要尽可能地减小风洞内非研究装置的体积。鉴于风洞这一独特结构，提出一种新的传感器安装方式[157]。传感器采用分体式结构，将探头安装在内部。传感器安装装置包括固定构件、移动控制构件和密封构件。通过线状固定部件将传感器探头固定在线状支撑部件上，通过移动部件上旋紧结构即可将支撑部件拉紧，保证探头位置固定。利用控制构件让移动部件按一定速度、一定轨迹移动实现以点测面，大大减小传感器的数量。为了保证内部气流稳定，通过密封部件保证气体不外漏。如果研究的为易燃易爆蒸气，该密封构件尤为重要。该装置也可以将移动部件去除，改变导轨样式，让固定支撑部件与导轨连接，成为固定测量样式。移动支撑部件，也就改变了传感器的布置位置，该装置具有以下优点：

（1）适用范围广泛，可用来进行多种情况或环境下的研究，具体包括：①适用于任意研究对象、任意形状风洞，而且安装拆卸方便；②适用手动与电动两种控制方式，适用于允许与禁止电火花出现的场所，后者则采用固定式结构，避免用电设备的出现；③三种速度往复规律运动，不同风速下，气体扩散速度不同，要想采用移动式结构减小传感器数量，传感器移动速度也要做出相应的变化，才能保证该种方法测量浓度的准确性。

（2）降低传感器数量。传统设计方法将传感器固定于一点，测量一个平面上不同点或者不同平面上浓度，需要在空间点阵布置各个传感器，大大增加了传感器的数量。而本装置利用移动方式扩大了传感器的探测范围，利用一个传感器实现一个纵向线的浓度测量。降低了传感器数量，既节约了成本，又缩减了所占空间，减小了对气流的影响，提高了数据的准确性。

（3）操作简易度大大提高。固定传感器部件与固定支撑部件采用线状结构、旋紧方式，大大降低了操作难度、装置成本。整套装置轻巧，采用螺纹连接，拆卸灵活、方便使用，省时省力。

重气加注与回收系统主要包括 LNG 储罐，型号为 LP450-195，容量为 195L，满罐质量 152kg，回收系统主要包括：低温液体回收罐（用于储存剩余的低温液体），排气装置（可燃蒸气则通过排气装置扩散到外界环境中）。

该平台可以实现以下功能：

（1）模拟不同自然环境下重气的泄漏扩散。室外实验难以保证环境温度、湿度、热辐射量、风速的稳定可控，而室内实验有些条件可以满足，但下风向扩散研究难以进行，此外对于易燃易爆重气实验在室内相对封闭的环境下进行是十分危险的。而风洞则可轻松实现测量、调节与控制各物理量，达到实验目的，并将有害气体安全输送到室外。

（2）可进行高倍泡沫、水幕、障碍物三种人工控害方法机理研究。通过预留孔洞，即可将高倍泡沫、水幕施加到风洞系统内，按照相似准则将一定尺寸障碍物放置其中，利用一套系统完成三种控害方法机理与控害效果的研究。

5.1.1.2 泡沫发生装置

基于美国消防协会(National Fire Protection Association, NFPA)的消防设备标准，课题组已经设计了一种高倍数泡沫发生器装置[156,158]，适用于室外和室内高倍泡沫的快速生成。本装置的发泡原理是：利用泵抽吸泡沫桶中泡沫液，通过喷嘴喷洒到发泡网上，风机鼓风形成泡沫。利用风门改变进风量，利用引泡筒将泡沫送到指定位置。泡沫发生装置主要包括风机、发泡筒、盛液筒、喷嘴、筛网、阀门、压力表、导流板和增压水泵等。在实验室中通过阀门开度调节液体流速；风机中挡板可以调节进风量、控制泡沫生成的速度；筛网大小可以控制气泡的尺寸；导流网将泡沫引导至有机玻璃箱内。有机玻璃箱的尺寸为 50cm×50cm×80cm(长×宽×高)，壁厚 3mm，玻璃箱侧壁装有刻度尺，用于记录泡沫高度，整个装置布置在风洞的中间，距离进风口 1.5m 处，此时风速已达到稳定状态。有机玻璃箱放置在不锈钢支架上，下方布置有电子天平和地磅，用于记录泡沫的排水质量和体系内的质量变化。该装置可以实现泡沫的快速生成，操作简单，稳定性好，可重复性高，泡沫发生装置如图 5-2 所示。

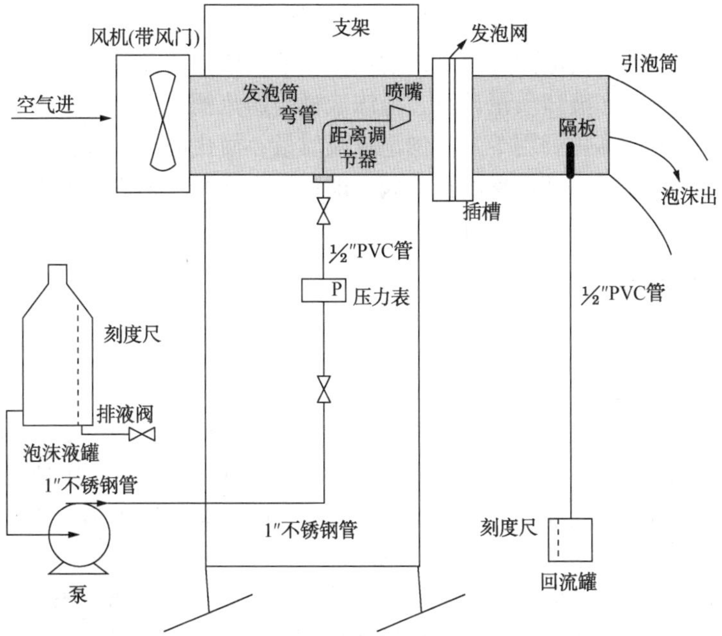

图 5-2 泡沫发生器示意图

自制高倍泡沫发生器特点如下：

(1) 灵活精确调节发泡网与喷嘴间距离。通过弯管与喷嘴间设置的螺纹卡套和内缩微调部件的配合使用，实现发泡网与喷嘴之间距离的任意调节，既可通过螺纹卡套的拼拆实现一次 100mm 大距离粗调，也可通过调节内缩构件的内缩距离实现 1mm 小距离微调。微调时，旋松旋紧构件，推拉内缩构件到指定位置，再将旋紧构件旋紧即可。

(2) 简化发泡网安装与拆卸。发泡筒上设置有发泡网安装装置，该装置利用插槽与内设的固定环将发泡网固定在发泡筒上，相比于螺栓螺母固定装置，大大简化了发泡网的安装与拆卸；减少未发泡液体外喷，该装置设有回流装置和挡板，将未发泡的液体回收，减小浪费，提高发泡倍数计算精度，减小外喷液体作用于 LNG 上对液体蒸发的加速作用。

(3) 喷嘴工作情况透明化。发泡筒采用透明材质制造，易于观察液体喷出情况，根据需要调节喷嘴位置，保证泡沫液均布整个发泡网；灵活调节泡沫液外喷压力。喷嘴与泵之间设有两个阀门，一个阀门用于调节压力，一个阀门用于控制泡沫液是否外喷。根据压力表读数调节阀门开度即可轻松保证所需溶液的外喷压力。

(4) 可任意调节发泡筒位置。装置上带有柔性高度调节管，能够配合发泡筒的位置自由伸弯。此外通过滑轮机构、配重块，使得发泡筒高度的调节省时省力，灵活安放装置。整套装置架于易于拆卸的支架上，移动装置时，只需旋转螺母，即可轻松实现支架的拆装，增加装置安放的灵活性。

(5) 单独调节操作参数。本装置可实现泡沫液种类、发泡网种类、泡沫液压力、进风量、喷嘴与发泡网之间距离的灵活调节，单独研究各个参数对泡沫性能的影响；简化已发泡液体质量计算，泡沫液桶与回流桶上标记刻度，简单加减这两个数据，即可计算得到用于发泡的泡沫液质量；简化泡沫液外排操作。更换一种泡沫液时，打开桶下部设置的排液阀，即可排净泡沫液桶内的原有泡沫液，减少原有泡沫液对下次实验的干扰。

5.1.2 泡沫性能测试

5.1.2.1 泡沫膨胀率测试

发泡过程将配置好的溶液倒入盛液筒中，溶液温度保持在(28±1)℃，启动风机随后打开增压泵，至压力表显示压力维持在 0.3MPa 左右，由地磅记录生成泡沫的质量，当泡沫充满至有机玻璃箱指定高度时，关闭风机和增压水泵。室内温度保持在(23±1)℃，湿度为(45±3)%。

由 NFPA 定义的高倍泡沫膨胀率[80,81]为：最终生成的泡沫体积与初始泡沫溶液体积之比。因此，通过测量有机玻璃箱内泡沫柱高度来计算生成泡沫的体积，最终计算得到泡沫的膨胀率。

5.1.2.2 泡沫稳定性测试

泡沫的稳定性主要由泡沫的半衰期和泡沫破裂率来表示。高倍泡沫的半衰期[23,24]定义为泡沫下降到一半高度所用的时间，主要用来评估泡沫的衰变特征。泡沫的破裂率通过拟合泡沫高度随时间变化的半衰期曲线，计算曲线的斜率得到泡沫的破裂率。确定泡沫的破裂率有助于评估并补充现有的泡沫层高度，以确保溢出的低温蒸气密度低于空气，从而实现蒸气的快速扩散。

稳定性的测试方法采用图像法，将一台 Sony 相机布置在玻璃视窗的正前方，当生成稳定的泡沫柱后，打开相机记录泡沫柱随时间的衰变过程，拍摄速度为 30fps/s。使用 Image J 图像处理软件对图像进行后处理，首先设定好图像的比例尺，其次选取不同时间间隔内的泡沫图像，读取图中泡沫下降高度，以此来计算半衰期和破裂率。

5.1.2.3 泡沫排水率测试

为了测量泡沫液体的排水速率，采用网格法开展在对流和热辐射工况下的泡沫液排水实验测试。首先在泡沫箱下方布置一张不锈钢孔网，孔眼尺寸为直径 0.5mm 的圆孔，通过孔网设置使得液体可以自由出流，而将泡沫阻挡在孔网上方。其次在孔网正下方布置一个乘液托盘，托盘尺寸为 47cm(长)×47cm(宽)×5cm(高)，用于收集排出的液体。托盘下方为一台高精度电子天平，型号为 ADAM ZBL 6202 i，量程范围为 0~6.2kg，测量精度为 0.01g，实验数据通过采集软件记录在笔记本电脑中，以此记录液体质量随时间的变化过程。泡沫排水率由液体质量除以单位时间来进行计算。整个装置放在电子地磅上，型号为 WPT/4300 C7，最大量程为 200kg，误差范围±0.1kg。电子地磅由四个支脚组成，水平固定在装置的底部，通过信号输出器将数据传递到记录仪中进行保存，用于记录整个装置的质量变化。称重装置如图 5-3 所示。

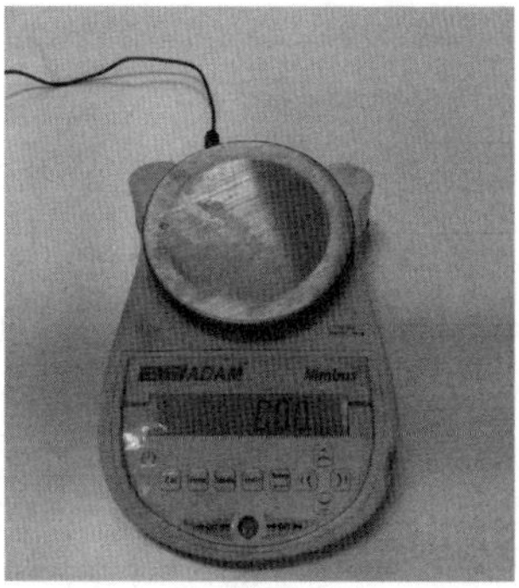

(a)电子天平

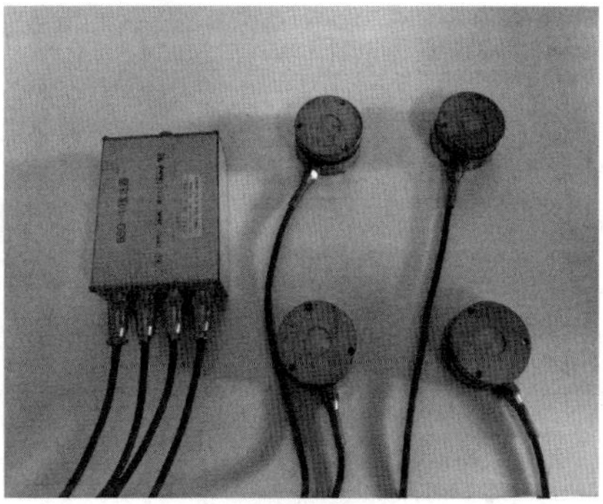

(b)地磅

图 5-3 称重装置示意图

5.1.2.4 风速工况测试

风洞装置参数详见第 2 章。实验选取了 4 个典型的风速(0.5m/s、1.5m/s、

2.5m/s 和 3.5m/s)进行对比测试，风速的平均波动小于 12%。

5.1.2.5 热辐射工况测试

热辐射由一台热辐射面板提供，热辐射面板由八个加热灯管和不锈钢框架组成，如图 5-4 所示。将每只灯管分别连接电源，通过控制接入电源灯管的数量，得到实验需要的不同热辐射强度。通过热辐射传感器 TS-10C 来测量热辐射强度，量程 0~200kW/m^2，精度为±3%。

将热辐射面板放置在支架上，布置在有机玻璃箱上方 10cm 处，将一只热辐射传感器接入数据记录仪，布置在有机玻璃箱底部，通过控制灯管数量，得到了四种测量的热辐射强度平均值分别为 85W/m^2、175W/m^2、220W/m^2 和 350W/m^2，平均热辐射偏差小于 10%。

图 5-4 热辐射加热灯

5.1.3 添加液氮测试

液氮(氮气>99.998%)作为液化天然气的安全替代品，因为它不易燃，与液化天然气具有类似的低温特性，已经广泛用于实验室规模的测试。采用不锈钢液池盛装液氮，液池尺寸为 45cm(长)×45cm(宽)×10cm(高)，壁厚为 1mm，为了减少液池与外界环境的换热，在液池外壁包裹一层保温石棉泡沫，用于隔绝与外界的热量传递，防止结冰。两种材料的密度和导热系数如表 5-1 所示。

表 5-1 两种材料的性质

材料	密度/(g/cm^3)	导热系数/[W/(m·K)]
不锈钢	7.79	16(20℃)
保温石棉	0.22	0.018(25℃)

在每次实验前先接通电源给仪表装置供电，打开液氮罐的供液阀，通过导液

管分别向液池内加注一定质量(1.5kg、2.5kg 和 5.0kg)的液氮，加注完液氮后开始施加泡沫，直至泡沫液充满容器至指定高度，随后调整风速或热辐射装置至指定大小，开始测量体系内质量和温度变化。

温度测试采用两种方式：(1)直接法，将温度传感器布置在有机玻璃箱内直接测试体系内温度的变化，此种方法测量的温度值准确性高，但是测试数量相对较少，增加传感器数量可能会影响体系内气流的上升，增加实验误差，提高实验成本；(2)间接法，由热成像仪进行非接触式测量，这种测量方式简便，便于观察二维温度场的变化，热成像仪布置在有机玻璃箱外进行拍摄，不会破坏泡沫内部结构，但是基于红外相机的拍摄原理，此种方法得到的温度较实际值往往有一定偏差。因此，实验中采用两种测温方法，既可以得到实际温度值，又可以观察泡沫内的温度场分布。

装置内温度采用 11 支热电偶进行测试，量程范围 -200 ~ 650℃，精度为 ±0.5%，热电偶垂直布置在支架上，前 6 只热电偶布置总高度为 5cm，用于测量底层液体温度，温度热电偶 T_7 ~ T_{11} 用于测量体系内泡沫温度，间隔距离均为 10cm 向上依次排列。采用一台数据记录仪对温度每秒进行采集，用于后期分析和处理。将热成像仪水平布置在泡沫箱下方侧距离 3m 处，用三脚架固定好热像仪位置并调整好焦距，在每次拍摄前设定好温度范围和拍照距离，随后对泡沫温度场进行采集，将采集好的视频导入 Flir 软件中进行后处理。泡沫系统的温度采集方式如图 5-5 所示。

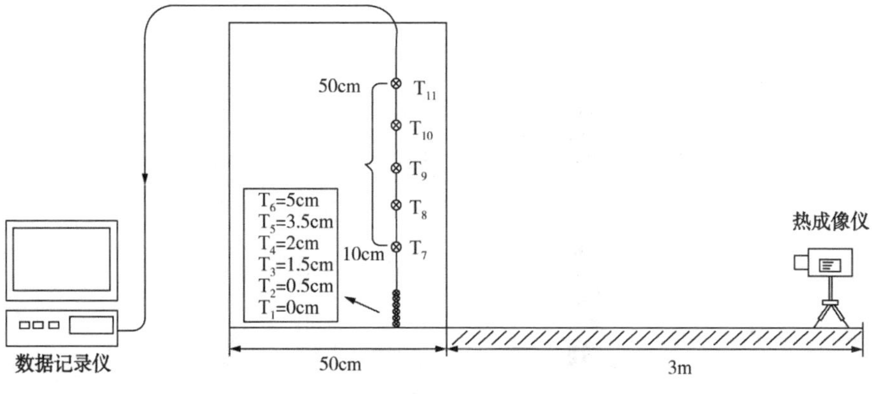

图 5-5　泡沫系统的温度采集方式

5.1.4　泡沫抑制燃烧测试

通过连接储罐提供气源，在水下形成连续释放，此时在水面将释放的气体点燃，当水面形成稳定燃烧的火焰后，启动风机和水泵，将泡沫生成至火焰表面，当泡沫层达到指定高度后，关闭风机和水泵，分别对火焰进行图像和数据采集。将一台 Sony 相机布置在风洞视窗正前方对火焰图像进行采集。

(1) 火焰的温度测试

火焰的温度测试采用两种方法：①接触式由 K 型热电偶直接测量，热电偶的参数如第 3 章所示，分别布置了 6 只热电偶，从水面往上依次为 $T_1 \sim T_6$，每个 5cm 进行布置，T_1 距离水面位置约 15cm；②由红外热像仪进行非接触式测量，热成像仪的基本参数如第 3 章所示，热像仪水平布置在风洞中，与水箱距离约 4m。

(2) 火焰的热辐射测试

火焰的热辐射由 TS-10C 辐射热流传感器进行测量，热辐射传感器的参数如第 3 章所示，选取两只传感器分别布置在距离水箱中心 1.5 和 2.5m 处，设置与水箱高度齐平。数据均由数据记录仪进行实时采集。

5.2 不同工况对泡沫排水速率的影响

5.2.1 不同工况对泡沫排水过程的影响

通过发泡装置将生成好的泡沫填充进有机玻璃箱，首先测量了泡沫的膨胀率。图 5-6 为五次实验中测量的泡沫膨胀率，实验值在 344～389 范围内波动，计算得到在室内中尺度条件下的泡沫平均膨胀率为 369±26。

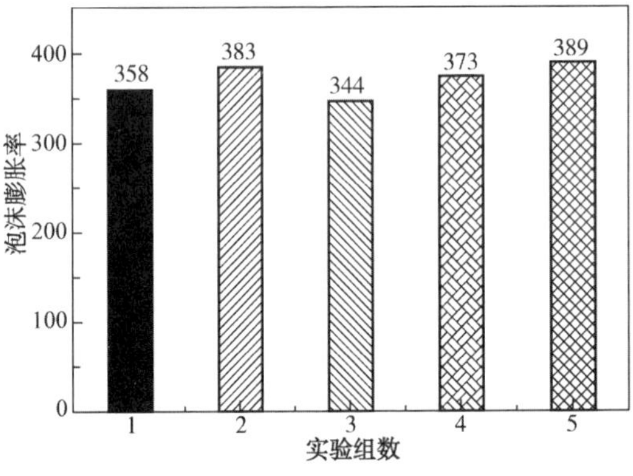

图 5-6 五组实验的泡沫膨胀率

泡沫中液体的排水会影响 LNG 的蒸发速率，如果施加的泡沫高度过高导致排液量增加，可能会由于添加额外的热量导致蒸气量增加。因此，研究不同工况下对排水速率的影响，对评估泡沫覆盖下 LNG 的蒸发效应有重要意义。图 5-7 为两种工况下泡沫液排水质量随时间的变化。将天平中记录的液体质量按特定时间间隔进行提取，从图中可以看出泡沫排水量随着时间增加而逐渐下降，说明在施加泡沫初期体系内排水速率较快，排液量增加可能导致泡沫较差的稳定性；在经过一段时间后达到准稳态过程，泡沫体系内排水质量开始减少，排水速率降低；在施加泡沫后期，排水量几乎不变，这主要因为每次生成泡沫时使用的泡沫液质量基本相同。对图中曲线进行非线性拟合量化泡沫的排水过程，泡沫排水量随时间的增加呈渐进式的指数关系，在静态条件下排水质量增加较为缓慢，随着风速和热辐射的增加，相同排水量下所用的时间迅速下降，最终排水量趋于定值。因此，可以看出外界环境的变化加速了泡沫的排液过程，不利于泡沫在长时间内保持稳定。

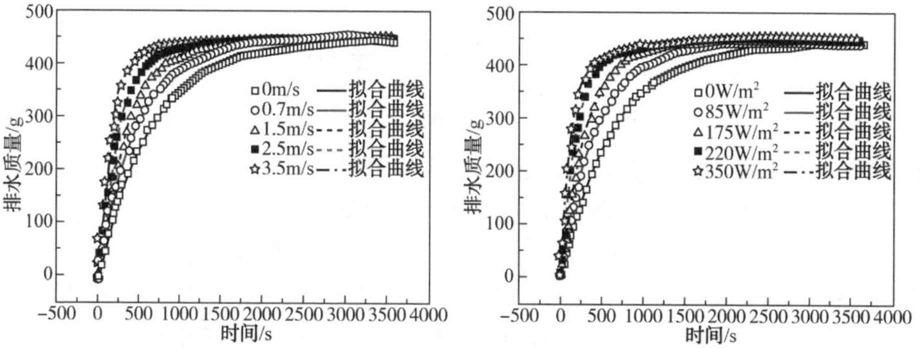

(a)风速影响　　(b)热辐射影响

图 5-7　不同工况下泡沫的排水质量

为了进一步比较泡沫在不同工况下的排水速率，计算了泡沫排水速率随时间的变化，通过非线性拟合得到泡沫排水速率呈渐进式下降指数函数形式。从图 5-8 中可以看出泡沫排水速率呈逐渐下降的趋势。在静态条件下，泡沫初始排水速率为 0.62g/s，在持续近 1200s，排水速率降到 0.1g/s 以下，此后维持在较低的排水率下，直至排水停止测试结束。在 0.7m/s 风速下，初始最大的排水速率为 0.84g/s，在 1100s 左右泡沫排水速率就下降到 0.1g/s 以下。随着风速的增加，泡沫的初始排水速率继续增大，在 3.5m/s 时最大可达 2.15g/s，而排水时间在 550s 左右就下降到 0.1g/s 以下，说明风速提高了气泡表面的空气对流，增加了泡沫的初始排水速率，导致在施加初期较快的排液，不利于泡沫的稳定。图 5-8(b) 为热辐射对排水速率的影响，可以看出施加热辐射也显著提升了泡沫的排水速率。在 $85W/m^2$ 热辐射下泡沫初始排水速率为 0.95g/s，在 1000s 左右排水速率下降到 0.1g/s 以下，当热辐射增加到 $350W/m^2$ 时，泡沫初始排水速率为 2.18g/s，在 500s 左右排水速率就降到 0.1g/s 以下，热辐射可以提高气泡表面的蒸发速率，导致泡沫排水速率的增加，从而降低了泡沫的稳定性。

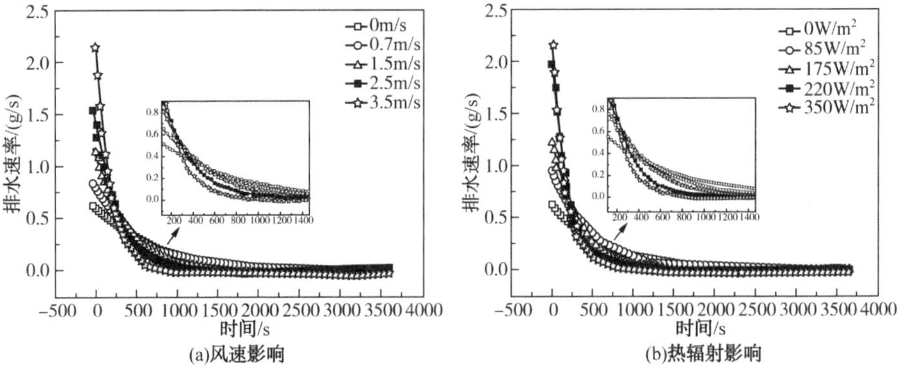

图 5-8　不同工况下泡沫的排水速率

5.2.2　添加纳米颗粒对泡沫排水速率的影响

基于在上一章中测试结果可知，添加质量分数为 0.5%亲水性 SiO_2 对提高泡沫稳定性的效果最好，因此，选择该浓度下的 SiO_2 作为固体添加剂进行测试。图 5-9 为添加质量分数为 0.5% SiO_2 纳米颗粒后两种工况下泡沫的排水质量变化特征。从图中可以看出：泡沫排水质量随时间依然呈渐进式指数增加形式，这种关系与未添加纳米颗粒时类似。在施加泡沫初期，泡沫的排水较快，导致液体质量增加迅速；随着泡沫体系内达到稳定状态，排水质量逐渐下降。在风速和热辐射作用下，在相同时间内泡沫的排水量增加，说明外界环境会加速泡沫的排液过程。与未添加纳米颗粒进行对比可以看出：泡沫的排液总质量依然接近，主要依赖于泡沫液的添加量，而泡沫的排液速度略有下降，泡沫排液总时间增加，达到最大排液量的时间相对延长。因此，添加纳米颗粒可以降低泡沫的排液速率，对提高泡沫的稳定性将有一定的促进作用。

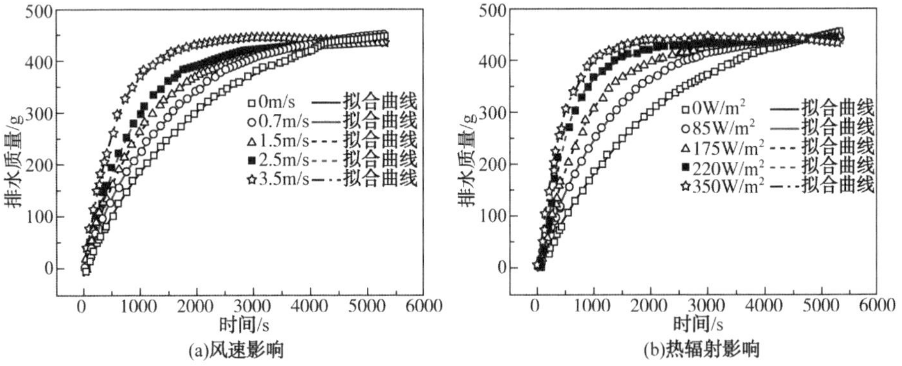

图 5-9　不同工况下添加纳米颗粒泡沫的排水质量

图 5-10 中也将添加纳米颗粒后两种工况下的泡沫排水速率进行了非线性拟合，可以看出泡沫排水速率依然呈渐进式下降指数函数形式。这说明随着时

间增加泡沫排液速率逐渐降低，在经过前期的快速排水后，泡沫体系逐渐趋于稳定。而随着风速和热辐射的增加，泡沫的排水速率在初始阶段增加量较大，导致较多的液体流失，随后排水速率下降至稳定。在静态条件下，添加纳米颗粒后泡沫初始排水速率为0.23g/s，在接近1770s时排水速率降到0.1g/s以下，相比于未添加颗粒时延长了约570s，说明在相同时间内添加纳米颗粒的泡沫排液速率相对较低。在0.7m/s风速下，初始最大的排水速率为0.325g/s，在1700s左右泡沫排水速率下降到0.1g/s以下，相对于无风时排水时间略微下降，相对于未添加颗粒的时间则延长了约600s。随着风速的增加，泡沫的初始排水速率继续增大，在3.5m/s时最大值为0.766g/s，而排水时间在1100s左右下降到0.1g/s以下，说明增加风速提高了泡沫的初始排水速率，导致在施加初期较快的排液，相比于无添加颗粒的排水时间增加了约550s。图5-10(b)为热辐射对排水速率的影响，可以看出施加热辐射也显著提升了泡沫的排水速率。在85W/m^{2}热辐射下，泡沫初始排水速率为0.375g/s，在1500s左右排水速率下降到0.1g/s以下，当热辐射增加到350W/m^{2}时，泡沫的初始排水速率为1.01g/s，在900s左右排水速率下降到0.1g/s以下，相比于无添加颗粒延长了约400s。这种结果一方面说明增加热辐射也会显著提高泡沫的排水速率，从而降低了泡沫的稳定性；另一方面也可以看出，添加纳米颗粒可以延长泡沫的排水时间，在相同时间内降低了泡沫的排水速率，这有助于提高泡沫的稳定性。

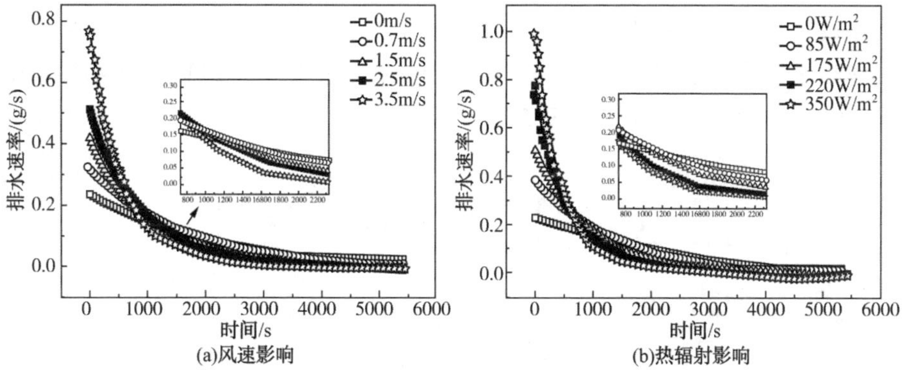

图5-10 不同工况下添加纳米颗粒泡沫的排水速率

5.2.3 泡沫排水速率模型分析

Conroy 等[159]建立了高倍泡沫中液体自由排水模型，将泡沫当作单向分散的网格进行建模，模型中给出了诱导时间 t_{ind} 和泡沫柱填充时间两个时间尺度，诱导时间标志着排水开始时间，这可以处理两个移动边界，即顶部添加泡沫的空气/泡沫界面和泡沫层与下方聚集排液形成的泡沫/液体界面。因此，泡沫层的高

度由泡沫注入速度 v_{inj} 和液体排水速率 v_s 共同控制。而对于容器填充后的排水，仅在泡沫/液体界面有一个单一的移动边界。在图 5-11(a)中展示了泡沫液体体积分数为 α_f，以恒定速度 v_{inj} 注入高度为 H 的容器中，泡沫层高度为 h_f，排液层高度为 h_w。在图 5-11(b)中描绘了十二面体形状的气泡和周围液体的结构：薄膜、通道和节点。泡沫以表观速度 v_s 从泡沫中流出，对于界面流动性较低的泡沫，孔道的随机取向对渗透率的影响很大。采用了两个参数，其中参数 A 表征在没有毛细作用情况下，由重力和黏滞力竞争的液体特征终端速度；B 是在没有重力情况下，表面张力和黏滞力竞争的毛细作用下的特征速度；渗透系数 ζ 包括通道几何形状、气泡形状、相对于重力的随机方向以及通道壁流动性对液体流动的影响。

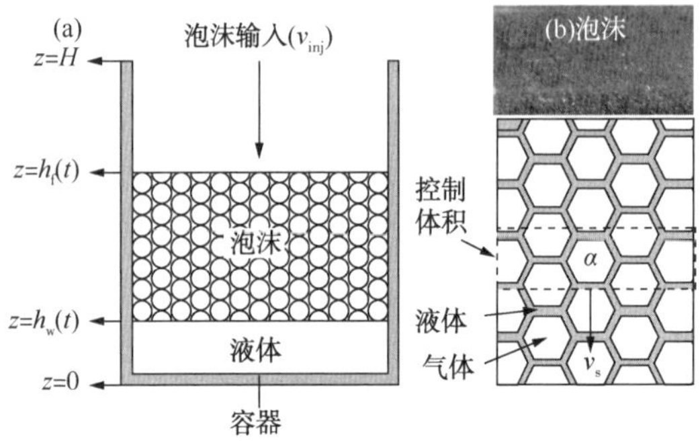

图 5-11　泡沫排水过程示意图[159]

通过建立在时间和空间内泡沫局部液体分数和速度分布，求解得到随时间变化的体积平均排水过程，Conroy 等[159]给出了在静止环境中预测泡沫液体排水高度 h_w 的计算，见式(5-1)~式(5-5)：

$$h_w=\alpha_f H-\frac{H}{\frac{1}{\alpha(\infty)}+\left[\frac{1}{\alpha_f}-\frac{1}{\alpha(\infty)}\right]\times\exp\left[\frac{(-B\alpha_w^{0.5}[t-t_{\text{ind}}])}{H^2}\right]} \tag{5-1}$$

$$\alpha(\infty)=\frac{B\alpha_w^{0.5}}{AH} \tag{5-2}$$

$$A=\frac{\xi L^2\rho g}{\mu} \tag{5-3}$$

$$B=0.458\frac{\xi L\gamma}{\mu} \tag{5-4}$$

$$t_{\text{ind}}=\frac{B[0.26^{0.5}-\alpha_f^{0.5}]^2}{0.26^{0.5}A^2\alpha_f^2} \tag{5-5}$$

式中，α_f 为泡沫的液体体积分数；H 为泡沫柱高度，m；α_w 为泡沫/液体界面处的液体体积分数，假设临界液体体积分数为 0.26；ζ 为渗透系数，取 0.0051；

$\alpha(\infty)$为在排水过程完成时，泡沫最终的液体分数；t_{ind}为诱导时间，s；L为通道长度，L=0.41D_b；D_b为气泡直径，m；A和B为相关系数；g是重力引起的加速度，m^2/s；ρ为液体密度，kg/m^3；μ是液体的黏度，Pa/s；γ是液体的表面张力，N/m。

图5-12为理论值和实验值在静态条件下比较。从图可以看出：在未添加颗粒时的泡沫自由排水略大于理论计算值，这可能由于对于泡沫尺寸的不均匀分散，对液体体积分数缺少可靠的评估，以及使用的表面活性剂的差异。添加纳米颗粒后，在相同时间内泡沫自由排水速率有所下降，可以看出理论计算值可以对泡沫排水高度进行预测。从模型中也可以看出，影响泡沫排水的主要参数有泡沫的注入速度、气泡直径、泡沫中初始液体分数、泡沫高度以及界面的流动性。

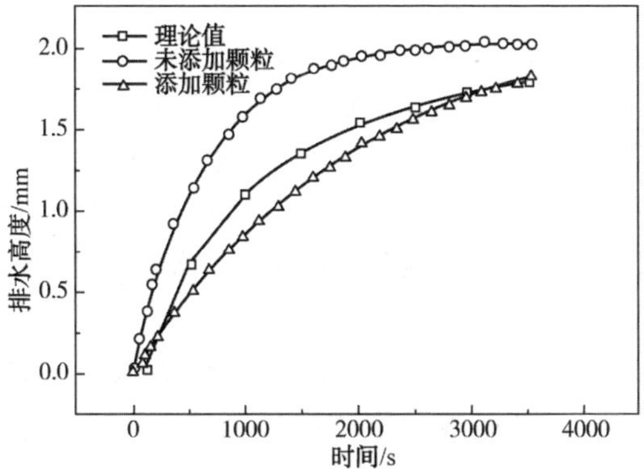

图5-12　理论值和实验值在静态条件下比较

（1）当泡沫的注入速度增加，填充时间缩短，液体的排液将减少，泡沫中剩余的液体量增加；在实际情况中当火势较小可以尽快扑灭时，增加泡沫注入速度，有利于减少泡沫中液体的损失；相对于如果火势较大，不能在短时间完全扑灭，此时应该降低泡沫的注入速度，此时排液速度降低，保证在较长的时间内有更好的覆盖效果。

（2）气泡直径越大，导致通道内较大的横截面积，排水速率增加，因此适当减小气泡尺寸可以使泡沫中保持较高的含水量。

（3）初始液体体积分数主要影响泡沫排水的诱导时间，当泡沫初始液体体积分数较小时，泡沫中液体含量较低，排水速率下降，液体体积分数下降较慢。

（4）在填充过程中泡沫柱高度越高填充时间增加，排水速率与施加高度无关；在填充完成后，泡沫柱高度越高，毛细作用减弱，在达到平衡状态不再继续排水时，总排液量增加。

（5）通道壁面运移能力影响，当壁面运移能力增强时，意味着气液界面的流动性增强，边界流动阻力减小，排水量相对增加。通过分析认为，对于参数的选取在实际应用中需要根据实际情况进行选择，对于实际应用具有较好的指导作用。

5.3 不同工况对液氮蒸发速率的影响

5.3.1 三种因素对液氮蒸发速率的影响

5.3.1.1 充装质量对液氮蒸发速率的影响

测试完泡沫的稳定性和排水速率，加入液氮测试泡沫对蒸发速率的影响。首先对三种液氮充装质量进行测试。图 5-13 为两种工况下三种充装质量对液氮蒸发速率影响。从图中可以看出，在 1.5m/s 的风速下，在施加液氮的初始时刻，液氮添加量较少时($m=1.5$kg)蒸发速率较快，随后液氮蒸发速率逐渐下降，在 2000s 左右达到最小值小于 1kg/h，蒸发接近完成；在 $m=2.5$kg 添加量时，液氮初始蒸发速率较快可达 3.5kg/h，随着体系内泡沫接触表面形成一层稳定的结冰层，蒸发速率逐渐保持稳定，当液氮量持续消耗蒸发速率下降；在 $m=5$kg 时，在初始时刻蒸发速率相对较低，随着体系内达到稳定状态，蒸发速率维持在 2.75kg/h，在 4000s 后体系内液氮质量减少，蒸发速率快速下降。在 175W/m^{2}的热辐射影响中、初始时刻较大的蒸发速率维持时间较长，可能由于在泡沫表面的热辐射强度相对较高，导致较快的泡沫破裂和排水，随后体系蒸发速率趋于稳定，保持在 2.5~3kg/h 之间。

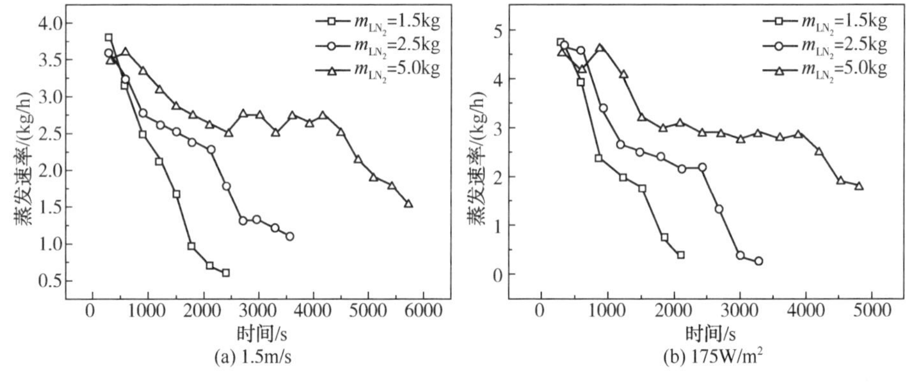

图 5-13 不同充装质量对液氮蒸发速率的影响

图 5-14 中展示了加入液氮蒸发完成及泡沫消失后不锈钢液池内部特征。图(a)为液氮蒸发完成后表面附着有泡沫层，在局部区域泡沫层下方形成了一定厚度的冰层；图(b)为在蒸发过程中形成的表面结冰层，可以看出在施加泡沫后，泡沫与低温液体在接触面将形成一层不规则的结冰层，该结冰层可以作为物理屏障阻挡液氮的蒸发；图(c)为冰层表面结构，可以看到表面存在一些气孔，表明

在蒸发过程中气体上升的通道。

(a) (b) (c)

图 5-14 蒸发完成后不锈钢液池内部特征

5.3.1.2 横风和热辐射对液氮蒸发速率的影响

通过对记录的质量数据进行提取，选取间隔 300s 的液氮质量，计算相同时间间隔的蒸发速率并进行比较，图 5-15 为不同工况下添加泡沫后液氮的质量变化和蒸发速率。从图中可以看出：液氮在初始时刻蒸发速率较大，随后进入一段

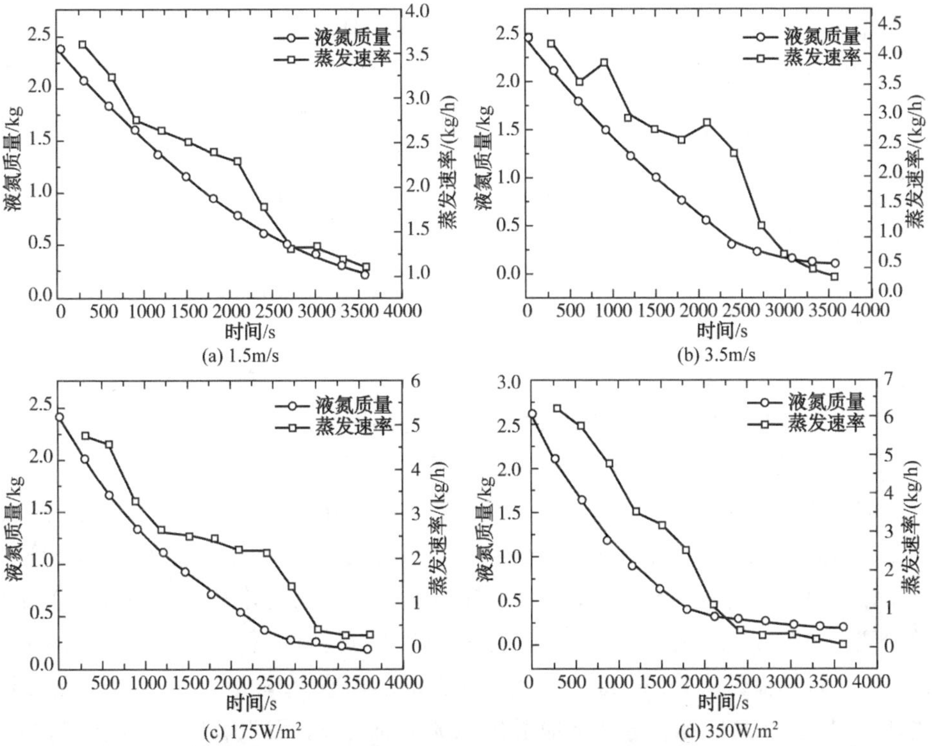

图 5-15 不同工况下液氮质量和蒸发速率随时间变化

相对稳定的蒸发过程，当体系内液氮逐渐减少，蒸发速率继续下降。在图 5-15(a)中 1.5m/s 风速下，初始的液氮蒸发速率大于 3kg/h，当泡沫施加完毕体系内传热过程达到相对平衡时，蒸发速率下降到 2.5kg/h 附近维持稳定，随着体系内液氮质量减少，蒸发速率继续降低。当风速增加到 3.5m/s 时，初始时刻蒸发速率大于 3.5kg/h，随后蒸发速率稳定在 3kg/h 左右。在图 5-15(c)中热辐射值为 175W/m^{2}时，初始时刻液氮的蒸发速率更快可达 5kg/h，这主要是因为泡沫表面层在热辐射下较快的破裂速率和排水率，导致液氮蒸发速率较快，当底部的结冰层形成良好的阻隔后，蒸发速率由稳定开始逐渐下降。在 350W/m^{2}热辐射时，蒸发速率由最初的 6kg/h 逐渐稳定在 3kg/h 左右。通过对体系内的热平衡分析可知：在未施加泡沫时，液氮的蒸发速率主要由液池壁面的导热，以及外界环境带来的对流和热辐射影响；而施加泡沫后，液氮的蒸发速率主要由液池壁面的导热、施加泡沫带来的热量和液体排水来控制。因此，在初始阶段由于泡沫较大的排水速率和自身带来的热量，导致蒸发速率较大，随着表面冰层的形成，蒸发速率下降并趋于稳定。

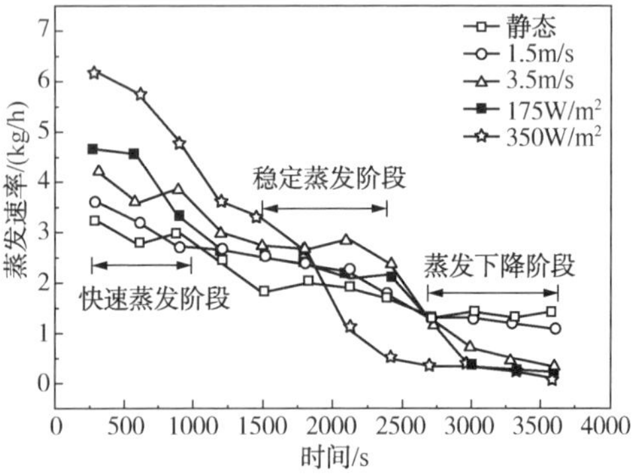

图 5-16　不同工况下的液氮蒸发速率

图 5-16 对比了不同工况下液氮的蒸发速率随时间的变化。从图中可以看出施加泡沫后的液氮蒸发速率可以大致分为三个阶段：(1)快速蒸发阶段，在此阶段由于施加泡沫的原因，在液氮表面增加了额外热量，导致在施加泡沫初始体系内蒸发速率较快；(2)稳定蒸发阶段，此时在液氮与泡沫接触表面形成的结冰层相当于一层物理屏障，阻止了热量在表面之间的传递，蒸发过程变得稳定；(3)蒸发下降阶段，随着体系内液氮质量的减少，蒸发过程接近停止蒸发速率降低。在静态环境中，泡沫的初始蒸发速率接近 3kg/h，而在稳定状态(1500~2400s)下的蒸发速率接近(1.86±0.18)kg/h，对比未施加泡沫的 2.5kg 液氮自然蒸发，液氮的质量下降呈线性趋势，蒸发速率稳定在 2.5kg/h，因此可以看出施加泡沫后在稳定蒸发阶段的平均蒸发速率下降了 25.6%。随着风速从 1.5m/s 增加到 3.5m/s，平均蒸发速率从(2.25±0.45)kg/h 增加到(2.67±0.27)kg/h，相对于静态环境的平均蒸发速率分别增加了 20.9%和 43.5%；而热辐射从 175W/m^{2}增加到 350W/m^2，蒸发速率从(2.31±0.21)kg/h 增加到(3.16±0.52)kg/h，分别增加了 24.2%和 69.9%，可以看出风速和热辐射均会提高液氮的蒸发速率。

5.3.2 添加纳米颗粒对液氮蒸发速率的影响

图 5-17 为添加纳米颗粒后不同工况下液氮质量和蒸发速率随时间的变化规律。从图中可以看出：液氮的蒸发速率与未添加颗粒时有相同的变化特征。在静态条件下液氮在稳定阶段的蒸发速率为(2.22±0.06)kg/h。在图(a)中 1.5m/s 的风速下，液氮的初始蒸发速率也在 3kg/h 左右，随后蒸发速率逐渐下降到(2.34±0.3)kg/h，3600s 左右蒸发完成；随着风速增加到 3.5m/s，此时稳定阶段的液氮蒸发速率可达(2.52±0.24)kg/h，相比于静止状态增加了 13.5%。在图(c)中 175W/m^{2}热辐射条件下，初始阶段的液氮蒸发速率大于 4kg/h，在体系达到稳定状态后蒸发速率维持(2.34±0.42)kg/h；而当热辐射增加到 350W/m^2，稳定阶段的蒸发速率为(2.8±0.92)kg/h，相比于静态条件增加了 26.1%。因此，可以看出随着外界对流和热辐射的增加，液氮的蒸发速率也逐渐增加。

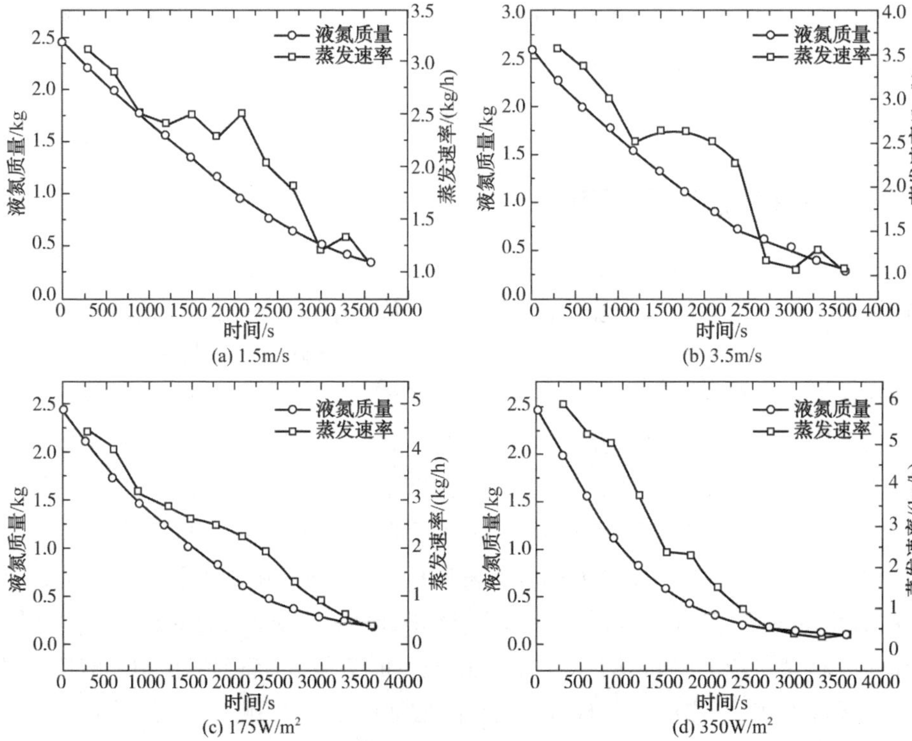

(a) 1.5m/s (b) 3.5m/s (c) 175W/m^2 (d) 350W/m^2

图 5-17 添加颗粒时液氮体系质量和蒸发速率

图 5-18 对比了两种工况下有无纳米颗粒时的液氮蒸发速率。从图可以看出：在初始阶段未添加颗粒的液氮蒸发速率相对较快，可能因为未添加纳米颗粒时泡

沫初始排液速度快，更多的液体与液氮混合增加了蒸发速率，在随后的稳定阶段，两者的蒸发速率较为接近。在 1.5m/s 风速下，添加纳米颗粒的蒸发速率为(2.34±0.3)kg/h，而未添加纳米颗粒的液氮平均蒸发速率为(2.25±0.45)kg/h；在 175W/m^2的热辐射下，添加纳米颗粒的蒸发速率为(2.34±0.42)kg/h，而未添加纳米颗粒的蒸发速率为(2.31±0.21)kg/h。因此，添加纳米颗粒对稳定阶段的液氮蒸发速率影响不大。

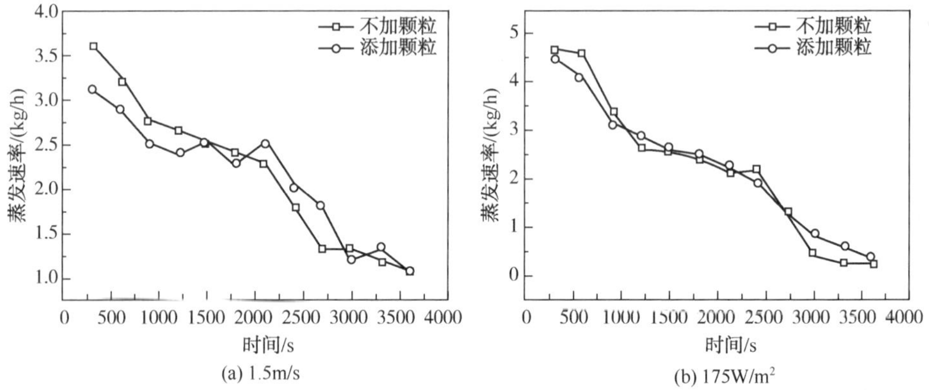

图 5-18 添加纳米颗粒对液氮蒸发速率的影响

5.3.3 泡沫体系的温度变化

基于布置的低温热电偶测试了系统内的温度变化。图 5-19 为不同工况下未添加纳米颗粒时泡沫体系内温度随时间变化。从图中可以看出温度的变化也可以分为三个阶段：(1)温度上升及冷却阶段，此时由于施加泡沫带来了额外热量，导致液氮上方的温度升高，在泡沫施加完成后，体系逐渐冷却进入稳定状态；(2)在稳定蒸发阶段体系内的温度变化较为平稳，当体系内的液氮接近蒸发完成后，进入最后的温度上升阶段；(3)温度上升阶段，由于体系内液氮基本蒸发完毕，体系内的温度逐渐上升至接近环境温度。在图 5-19(a)中静态条件下，蒸发速率相对较慢，T_1 和 T_2 在接近-190℃的时间约 3000s，随后温度迅速上升；当风速为 2.5m/s 时，稳定阶段的温度保持在 2000s 左右，当风速继续增加到 3.5m/s，稳定阶段的时间减小到 1800s 左右；而 175W/m^2热辐射作用下的稳定时间最短接近 1500s，之后各点的温度随时间增加而逐渐上升。通过蒸发时间也可以大致判断蒸发速率，稳定时间越长则蒸发速率较慢，稳定时间越短则蒸发速率快。因此，随着外界风速和热辐射的增加，稳定阶段的时间减少，液氮的蒸发速率逐渐增加。

图 5-20 为添加纳米颗粒的泡沫在不同工况下的温度变化情况。从图中可以

看出：温度变化规律与未加纳米颗粒时类似，泡沫温度呈现由下降到稳定最后上升的规律。在图 5-20(a)中静态条件下，稳定阶段持续了约 3500s，稳定时间略大于未添加纳米颗粒时的情况，在图 5-20(b)～(d)中，随着环境风速和热辐射的增加，稳定阶段的时间下降，液氮蒸发速率加快。

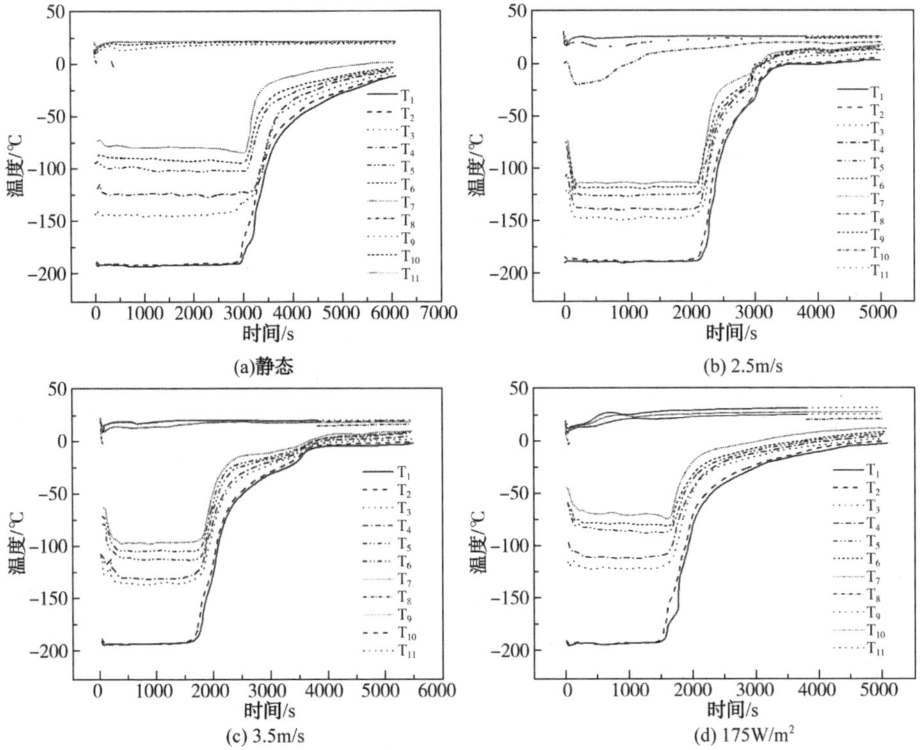

图 5-19　不同工况下未添加纳米颗粒的泡沫体系温度变化

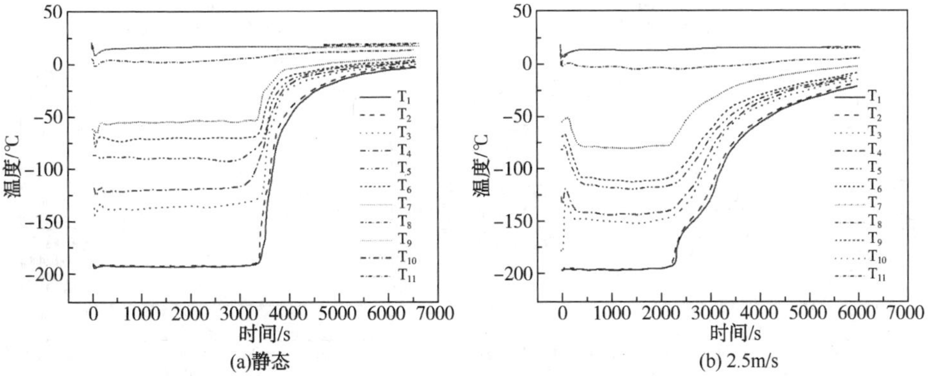

图 5-20　不同工况下添加纳米颗粒的泡沫体系的温度变化

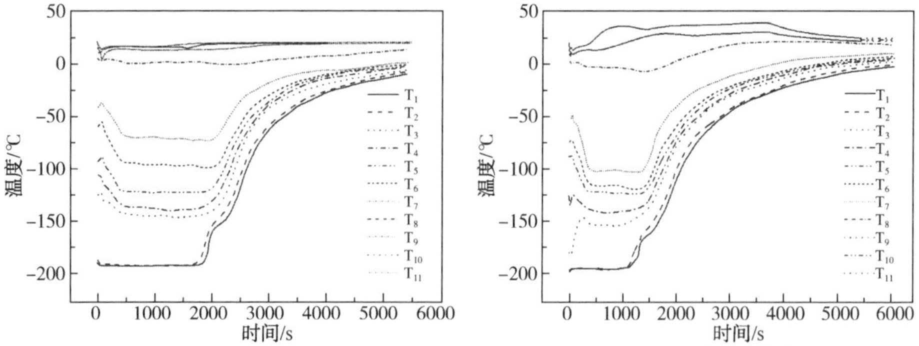

(c) 3.5m/s　　(d) 350W/m²

图 5-20　不同工况下添加纳米颗粒的泡沫体系的温度变化(续)

为了进一步比较添加纳米颗粒后体系内的温度变化，选取初始阶段内温度随时间的变化进行比较。图 5-21(a)和(b)为有无添加纳米颗粒时在静态环境的温度分布，T_1 和 T_2 传感器浸入液氮中，温度均保持在-190℃左右，T_3 为液氮和泡沫的接触面温度，未添加颗粒时 T_3 的温度为-143℃，略低于添加颗粒时的-134℃，在 T_4~T_7 之间温度均略低，随着测试距离增加，温度逐渐上升，在 T_8

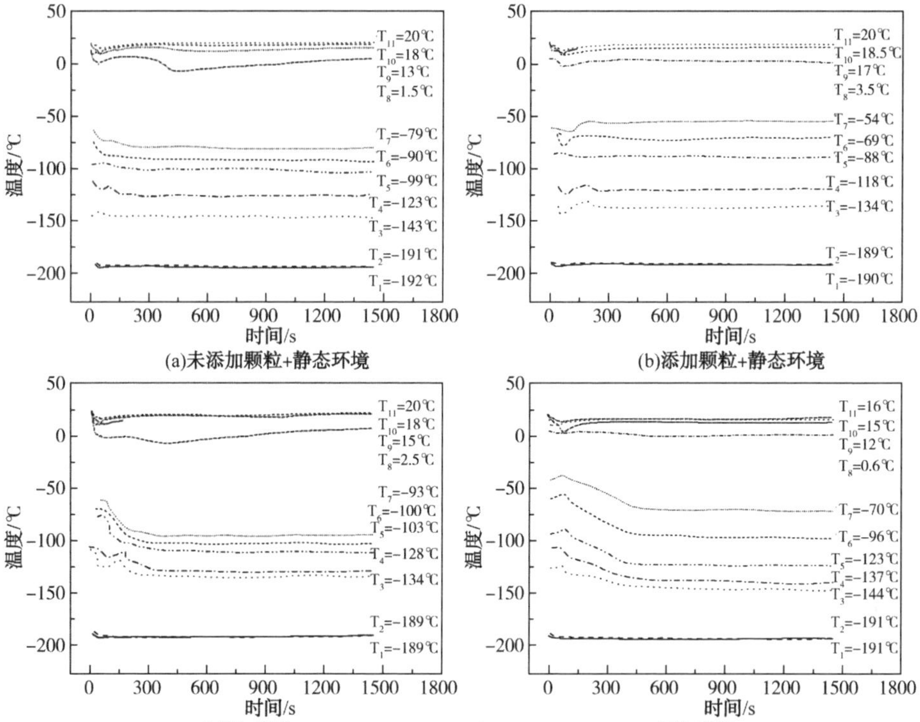

图 5-21　泡沫体系内局部温度变化

到 T_{11}之间温度值接近；在图 5-21(c)和(d)中风速为 3.5m/s，添加颗粒时 T_3 的温度为-144℃，略低于未添加颗粒时的-134℃，在 T_5 到 T_7 之间则略高于未添加颗粒时的温度，在 T_8~T_{11}两者温度接近。因此，从温度结果可以看出，添加纳米颗粒对体系的温度分布影响不大。

图 5-22 为热成像拍摄的泡沫体系温度场变化。在图(a)中静态环境下未添加纳米颗粒，在初始时刻可以看到有机玻璃箱底部由于液氮蒸发平均温度较低，最低温度可达-35.1℃，温度场随着泡沫高度上升而上升，在表面基本接近环境温度，随后间隔 20min 选取一张图片，从中可以看出温度场变化不大，但是最低温度已经上升至 0.3℃，随着时间继续增加底部温度继续上升，最大可达 17.8℃，此时液氮已经完全蒸发。图(b)为添加纳米颗粒后的温度场，从图中可以看出温度场分布特征与未添加纳米颗粒时类似，底部最低温度可达-37.9℃，

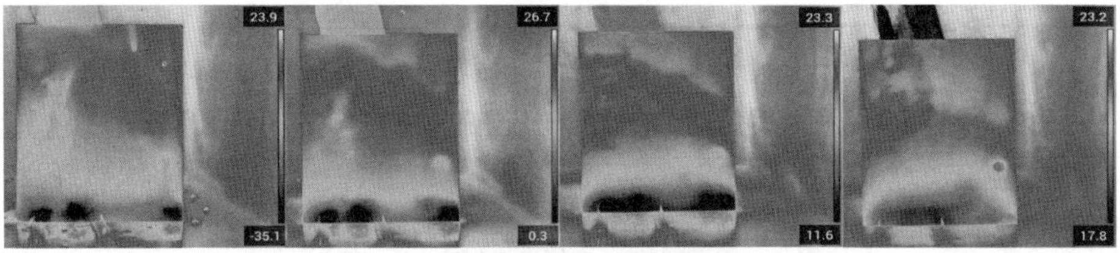

(a)未添加纳米颗粒+静态环境

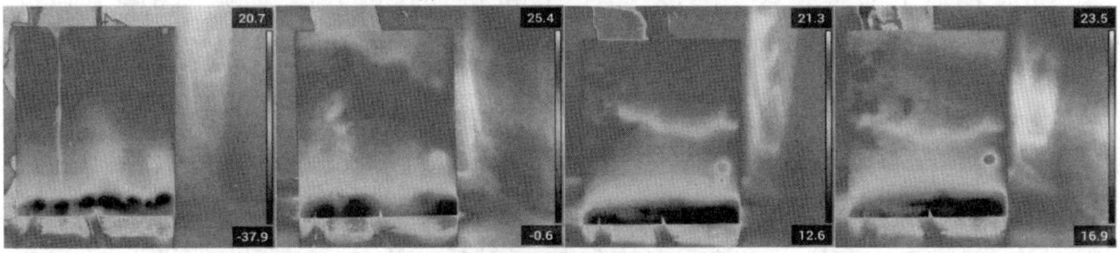

(b)添加纳米颗粒+静态环境

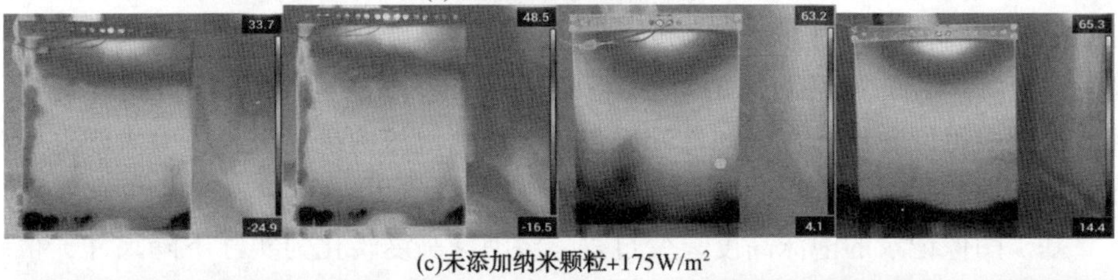

(c)未添加纳米颗粒+175W/m²

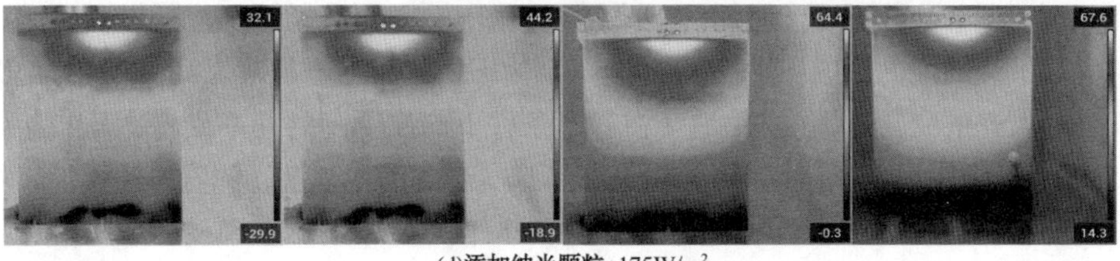

(d)添加纳米颗粒+175W/m²

图 5-22 不同工况下泡沫的红外热像图

在上方温度接近环境温度，随着时间增加最低温度上升，相同时间内温度场有着类似的变化特征。图(c)和(d)为在 175W/m^{2}热辐射作用下，没有纳米颗粒及添加纳米颗粒后的泡沫温度场，从图可以看出在初始时刻底部施加液氮温度较低，顶部受热辐射影响温度相对偏高，在 15min 后随着液氮质量下降底部温度上升，而在顶部受热辐射持续加热影响温度也继续上升，当体系内液氮质量继续减少后，温度呈现均匀分布的特征，温度场整体继续上升。对比不同工况下有无纳米颗粒的温度场也可以发现：在相同时间内温度场具有相似的分布特征和温度值。因此，添加纳米颗粒后并不能明显改善体系内的传热特征。

5.4 不同工况对泡沫稳定性的影响

5.4.1 不同工况对泡沫衰变高度的影响

图 5-23 为 Sony 相机记录的在不同工况下泡沫高度随时间的变化过程。图(a)为在静态环境下泡沫的衰变过程，可以看出在相同时间间隔内泡沫破裂后高度逐渐下降，在接近 90min 后，下降高度达到初始状态的一半左右。在图(b)中为 1.5m/s 横风下泡沫的衰变图像，在 20min 内泡沫就开始衰变，高度下降较迅速。随着时间增加，泡沫下降速率放缓，在 60min 后接近半衰高度。图(c)为 3.5m/s 风速下泡沫的衰变图像，可以看出随着风速增加，泡沫衰变过程迅速增加，在 20min 左右即达到半衰高度。在施加横风后，表层泡沫在气流作用下快速破裂，加速了泡沫的衰变过程。图(d)和(e)分别为施加 175W/m^{2}和 350W/m^{2}热辐射时泡沫的衰变过程，可以看出施加热辐射后，泡沫高度迅速下降，在 45min 和 20min 内两种热辐射下泡沫高度已经下降到一半以下。顶部泡沫受到热辐射后蒸发速度加快，加速了泡沫的排水速率，导致泡沫柱稳定性降低，高度迅速下降。从图中可以看出：在施加外部因素后会加速泡沫的衰变过程，大大降低了泡沫的半衰期时间。

基于图像记录的泡沫高度衰变过程，将泡沫高度转化为实际下降尺寸，得到在不同工况下泡沫高度随时间的下降过程。图 5-24 为有无添加液氮时两种工况对泡沫下降高度的影响。图(a)和(b)分别为不加液氮和添加液氮(2.5kg)时泡沫高度随风速的变化。图(a)中泡沫在静态条件下高度下降的速率最慢，从初始的 75cm 下降到接近 30cm 耗时约 120min，形成了较大的半衰期；随着风速增加，可以看到泡沫高度下降速率增加，导致在相同时间内较低的泡沫高度和较差的稳定性。在最大 3.5m/s 的风速下，泡沫高度在不到 30min 内下降到约 25cm。图(b)中添加液氮后，在相同风速下泡沫高度下降速率略微增加，静态条件下泡沫高度

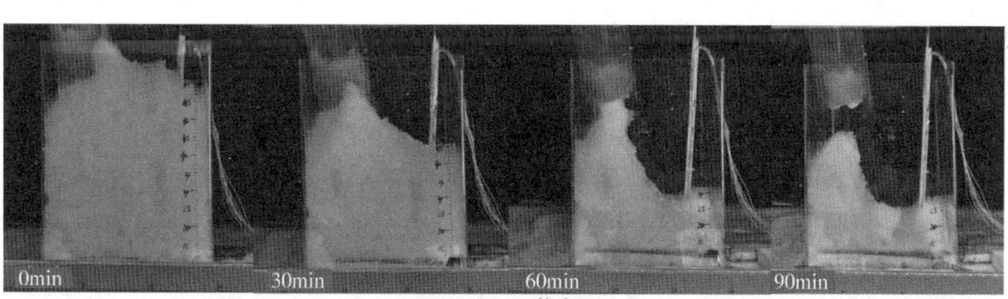

(a)静态

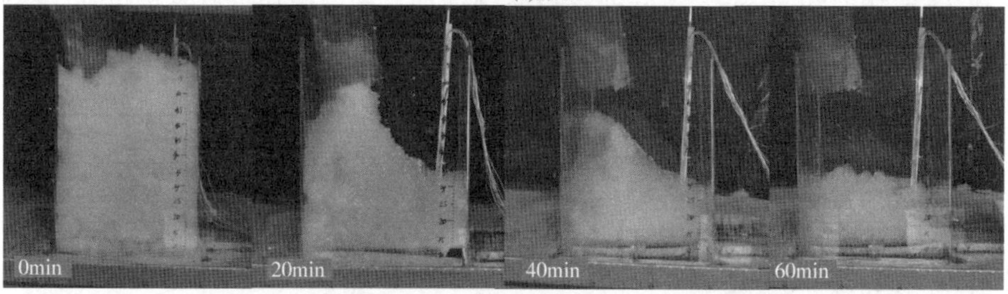

(b)1.5m/s

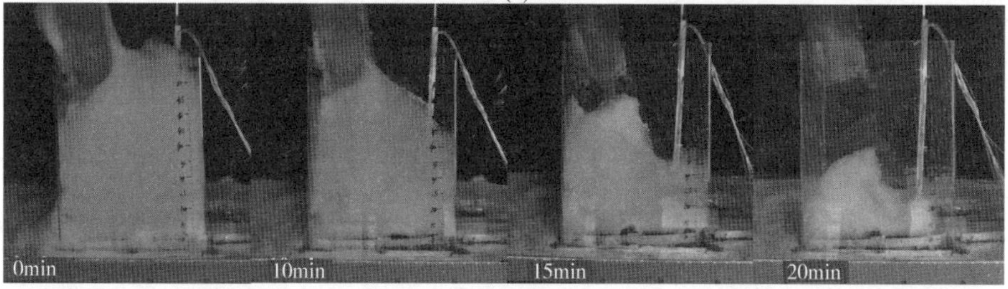

(c)3.5m/s

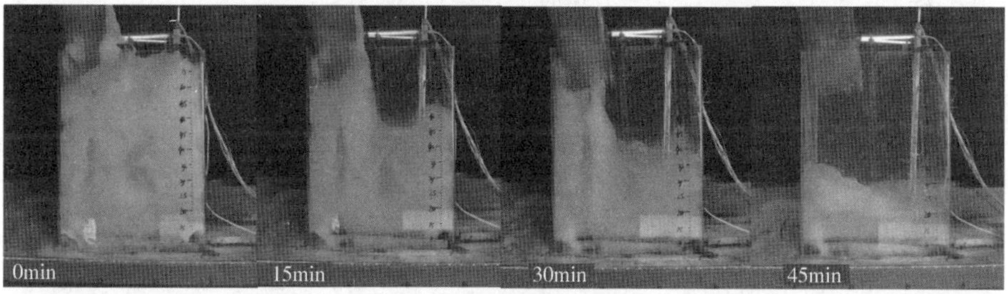

(d)175W/m^2

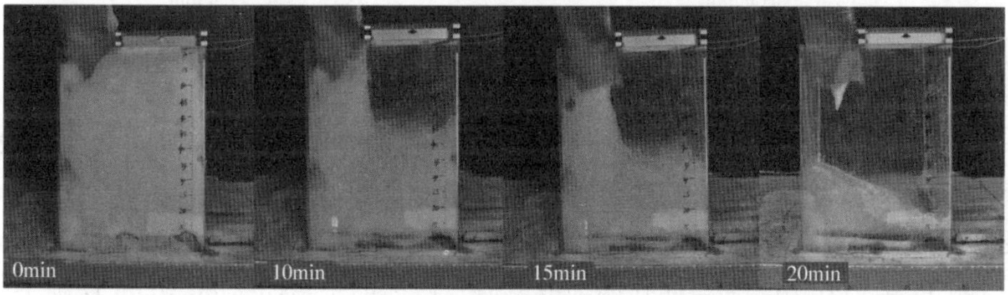

(e)350W/m^2

图 5-23 泡沫高度随时间的变化

从 75cm 下降到接近 30cm 时耗时约 110min，在 3.5m/s 风速时泡沫高度从 70cm 下降到 25cm 耗时大约 20min，均比不加液氮时用时较短。主要可能因为添加液氮后底层泡沫在低温作用下快速破裂，导致了较短的泡沫高度下降时间。图(c)和(d)对比了热辐射作用下有无液氮时泡沫的高度变化。从图中看出随着热辐射增加，泡沫高度下降速率也迅速增加。在不加液氮时，350W/m² 热辐射下泡沫高度从 70cm 下降到 25cm 耗时不到 30min，而在添加液氮时，泡沫高度从 70cm 下降到 25cm 用时约 20min，下降速率也略微增加。从图中均可以看出风速、热辐射和添加液氮均会影响泡沫的稳定性。

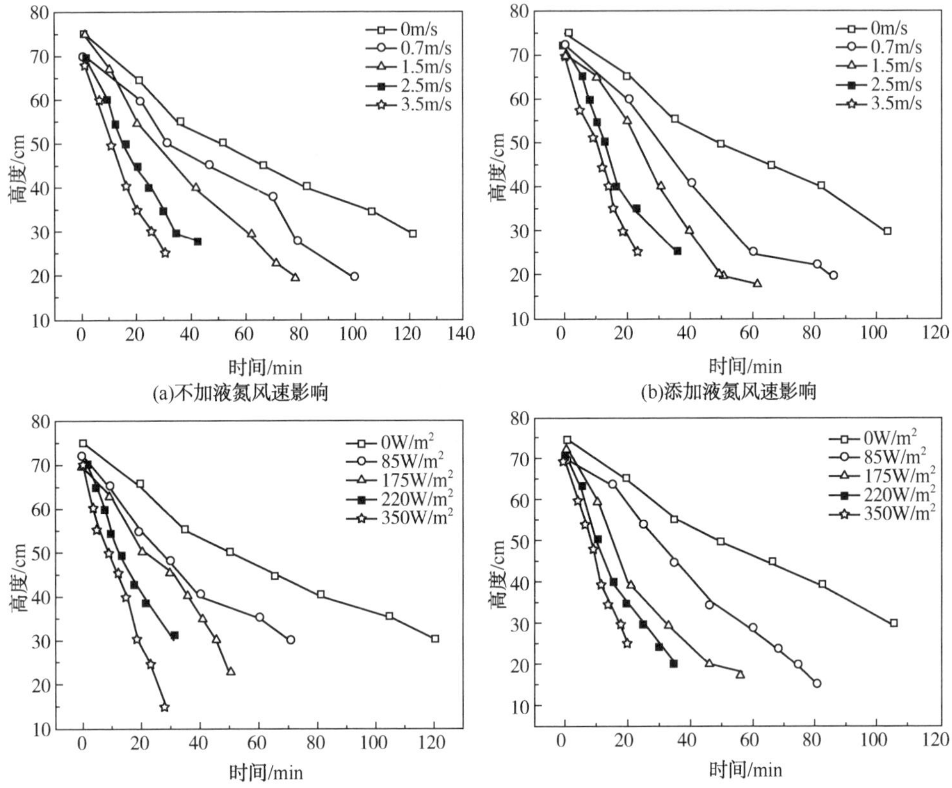

(a)不加液氮风速影响 (b)添加液氮风速影响
(c)不加液氮热辐射影响 (d)添加液氮热辐射影响

图 5-24　不同工况下泡沫高度随时间变化

通过记录泡沫高度随时间的变化得到不同工况下泡沫的半衰期如图 5-25 所示。从图(a)中看出，在未添加液氮时静态条件下泡沫的半衰期为 93min，随着风速增加，泡沫的半衰期逐渐下降到 71min、52.5min、29min 和 20min，最大下降率达到 78.5%。而在添加液氮后，泡沫的半衰期从 86.5min 逐渐下降到 51min、35min、23min 和 16min，半衰期随风速增加最大下降了 81.5%。泡沫的破裂率是基于在实验范围内泡沫下降高度随时间的关系进行线性拟合得到，在实验的半衰期范围内，泡沫高度下降随时间呈线性关系，拟合得到的 R^2 值均大于0.95，说明拟合效果较好。在未添加液氮时随着风速增加，直线的斜率即泡沫的破裂率分别为0.361cm/min、0.499cm/min、0.709cm/min、1.066cm/min和1.457cm/min，最大增加了303.6%；而在添加液氮时，泡沫的破裂率分别为0.423cm/min、0.633cm/min、0.955cm/min、1.412cm/min和2.001cm/min，最大增加了373%。图(b)为热辐射工况下有无液氮的泡沫半衰期和破裂率。在未添加液氮时，泡沫的半衰期从静态到350W/m^{2}由93min下降到17min，最大下降了81.7%，泡沫的破裂率从0.361cm/min增加到1.885cm/min，最大增加了422.1%；而在添加液氮时，泡沫的半衰期由86.5min下降到14min，增加了83.8%，而泡沫的破裂率则由0.423cm/min增加到2.273cm/min，增加了437.3%。这说明风速和热辐射会加速泡沫的破裂，降低泡沫的半衰期，导致了较差的稳定性。

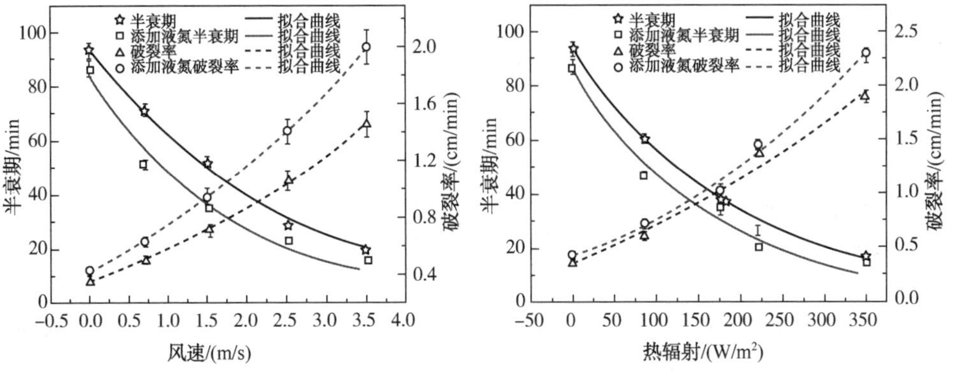

(a)风速影响　　(b)热辐射影响

图5-25　不同工况对泡沫半衰期和破裂率的影响

为了得到风速和热辐射对泡沫半衰期和破裂率的影响程度，对图中的曲线进行了非线性拟合，曲线拟合关系如表5-2所示。从表中可以看出：风速和热辐射对泡沫半衰期的影响呈幂指数函数关系，拟合 R^2 均大于0.95，说明拟合效果较好。在风速拟合中，添加液氮的指数值为-0.555，小于不加液氮时指数值-0.432；在热辐射拟合中，添加液氮的指数值为-0.006，小于不加液氮时指数值-0.005，负指数说明随着风速和热辐射的增加，泡沫的半衰期下降较迅速。风速和热辐射对泡沫破裂率的影响呈二次函数关系，从二次项系数可以看出添加液氮时值为0.051大于不加液氮时拟合值0.037，一方面说明添加液氮后会降低泡沫的稳定性，另一方面也说明随着外界环境风和热辐射的增加，泡沫的稳定性也明显降低。

表 5-2 不同工况下泡沫半衰期和破裂率的拟合关系

风速影响		拟合关系式	拟合值			R^2
			a	b	c	
半衰期	不加液氮	幂指数函数	94.4	−0.432		0.991
	添加液氮	$y=a\cdot e^{bx}$	83.3	−0.555		0.973
破裂率	不加液氮	二次函数	0.356	0.184	0.037	0.999
	添加液氮	$y=a+bx+cx^2$	0.422	0.271	0.051	0.999
热辐射影响		拟合关系式	拟合值			R^2
			a	b	c	
半衰期	不加液氮	幂指数函数	93.1	−0.005		0.991
	添加液氮	$y=a\cdot e^{bx}$	84.7	−0.006		0.976
破裂率	不加液氮	二次函数	0.332	0.0032	0.000004	0.955
	添加液氮	$y=a+bx+cx^2$	0.423	0.0022	0.000009	0.987

5.4.2 添加纳米颗粒对泡沫稳定性的影响

通过对排水速率的测试表明添加纳米颗粒后可以降低了泡沫的排液速率，图 5-26 展示了添加纳米颗粒在不同工况下对泡沫高度的影响，为了便于比较，将泡沫的实际高度按比例转化为归一化高度进行对比。图(a)和(b)为横风作用下对有无液氮时泡沫归一化高度的影响。从图中可以看出：在不施加液氮的静态条件下，泡沫归一化高度从 1 下降到 0.5 经过了约 240min，在 0.7m/s 风速下达到 0.5 归一化高度的时间约 200min，随着风速继续增加到 3.5m/s 时，0.5 高度处的时间下降到约 78min，可以看出随着风速增加，泡沫高度下降迅速。对比于添加液氮的泡沫高度，泡沫在达到 0.5 归一化高度的时间略有下降，归因于低温液体与泡沫之间的相互作用。在图(c)和(d)中是施加热辐射对泡沫稳定性的影响，在未添加液氮的 85W/m^{2}辐射强度下，0.5 高度经过了约 180min，随着辐射强度增加到 350W/m^2，0.5 归一化高度迅速下降到 65min 左右，说明了热辐射对泡沫稳定性较强的破坏作用。在泡沫抑制液氮蒸发的过程中，泡沫高度也表现出更快的衰变过程。四幅图中在 0.5 归一化高度内，泡沫高度下降均呈现线性衰变特征，说明风速和热辐射对泡沫的稳定性有较强的破坏作用。

泡沫的半衰期为高度降到 0.5 归一化高度处的时间，而泡沫破裂率由泡沫高度随时间下降的拟合关系得出。图 5-27(a)为添加纳米颗粒后横风对有无液氮时泡沫半衰期和破裂率的影响。从图看出：在未添加液氮时静态条件下泡沫的半衰期为 240min，随着风速增加 3.5m/s，泡沫的半衰期逐渐下降到 200min、160min、110min 和 78min，最大下降率达到 78.5%。而在添加液氮后，泡沫的半衰期从

196min 逐渐下降到 145min、110min、88min 和 47min，半衰期随风速增加最大下降了 81.5%。在实验的半衰期范围内，拟合得到泡沫高度随时间下降的线性关系，拟合的 R^2 值均大于 0.95，说明拟合效果较好。在未添加液氮时随着风速增加，直线的斜率即泡沫的破裂率从 0.162cm/min 增加到 0.483m/min，最大增加了 303.6%；而在添加液氮时，泡沫的破裂率从 0.179cm/min 增加到 0.665cm/min，最大增加了 373%。图 5-26(b) 为添加纳米颗粒后施加热辐射对有无液氮时泡沫半衰期和破裂率的影响。在未添加液氮时，泡沫的半衰期从静态到 350W/m² 由 240min 下降到 65min，下降了 81.7%，泡沫的破裂率从 0.162cm/min 增加到 0.58cm/min，增加了 422.1%；而在添加液氮时，泡沫的半衰期由 196min 下降到 43min，下降了 83.8%，而泡沫的破裂率则由 0.179cm/min 增加到 0.864cm/min，增加了 437.3%。上述结果均表明风速和热辐射会加速泡沫的破裂，降低泡沫的半衰期，而添加液氮后会进一步降低泡沫的稳定性。

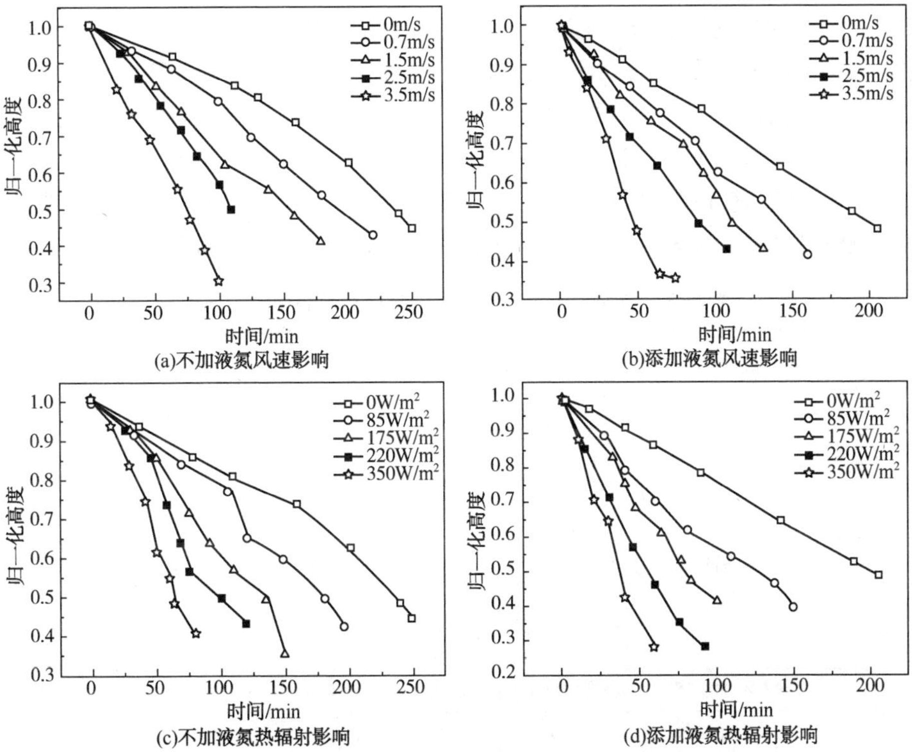

图 5-26　不同工况下泡沫归一化高度随时间变化

表 5-3 中列出了添加纳米颗粒后风速和热辐射对泡沫半衰期和破裂率的拟合曲线。从表中可以看出：风速和热辐射对泡沫半衰期的影响依然呈幂指数函数关系，拟合的 R^2 均大于 0.95，说明拟合效果较好。在风速拟合中，添加液氮的指

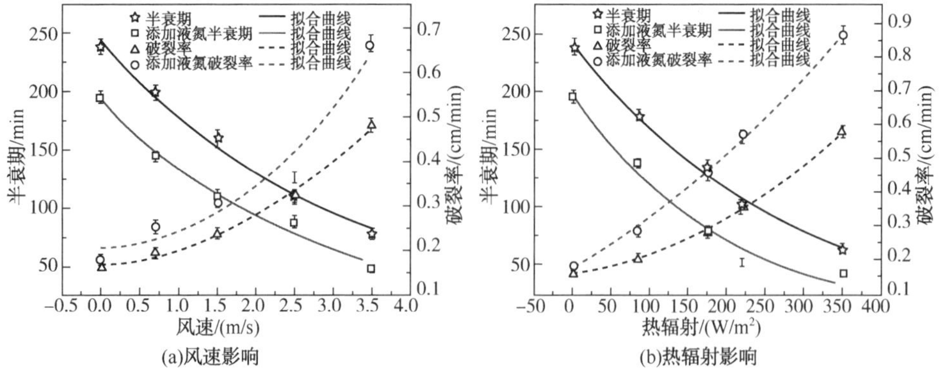

图 5-27 添加纳米颗粒对泡沫半衰期与破裂率的影响

数值为-0.366，小于不加液氮时指数值-0.310；在热辐射拟合中，添加液氮的指数值为-0.005，小于不加液氮时指数值-0.003。这说明随着风速和热辐射的增加，泡沫的半衰期下降较迅速，且添加液氮后会泡沫的稳定性进一步下降，相比于未添加颗粒时系数值有所增加。风速和热辐射对泡沫破裂率的影响呈二次函数关系，从二次项系数可以看出添加液氮时值为 0.036，大于不加液氮时拟合值 0.022，相比于未添加颗粒时系数值均有所下降。以上结果一方面说明添加液氮后在外界环境风和热辐射的作用下，泡沫的稳定性会大大降低；另一方面也说明添加纳米颗粒可以提高泡沫的半衰期，降低泡沫的破裂率，从而增加了泡沫的稳定性。

表 5-3 添加纳米颗粒时泡沫半衰期和破裂率拟合曲线

风速影响		拟合关系式	拟合值			R^2
			a	b	c	
半衰期	不加液氮	幂指数函数	244.2	-0.310		0.992
	添加液氮	$y=a\cdot e^{bx}$	193.6	-0.366		0.980
破裂率	不加液氮	二次函数	0.168	0.008	0.022	0.988
	添加液氮	$y=a+bx+cx^2$	0.205	-0.003	0.036	0.898
热辐射影响		拟合关系式	拟合值			R^2
			a	b	c	
半衰期	不加液氮	幂指数函数	242.3	-0.003		0.990
	添加液氮	$y=a\cdot e^{bx}$	198.5	-0.005		0.971
破裂率	不加液氮	二次函数	0.161	0.0003	0.000003	0.992
	添加液氮	$y=a+bx+cx^2$	0.172	0.0013	0.000002	0.997

图 5-28 对比了在添加液氮后风速和热辐射下对有无添加纳米颗粒泡沫半衰期和破裂率的影响。从图中可以看出：在静态环境下，添加纳米颗粒可以将半衰

期提高126%，而将泡沫破裂率下降57.6%，随着风速增加到0.7m/s，泡沫半衰期提高了184%，而破裂率下降了59.8%；在3.5m/s风速下，泡沫半衰期提高了193%，而破裂率下降了66.7%。以上结果说明添加纳米颗粒可以有效降低泡沫的破裂率，同时提高泡沫的半衰期。在85W/m^{2}热辐射作用下，纳米颗粒可以将泡沫半衰期时间提高2倍，泡沫破裂率则下降了59.9%；随着热辐射增加到350W/m^2，泡沫半衰期增加了207%，而破裂率下降了61.9%。

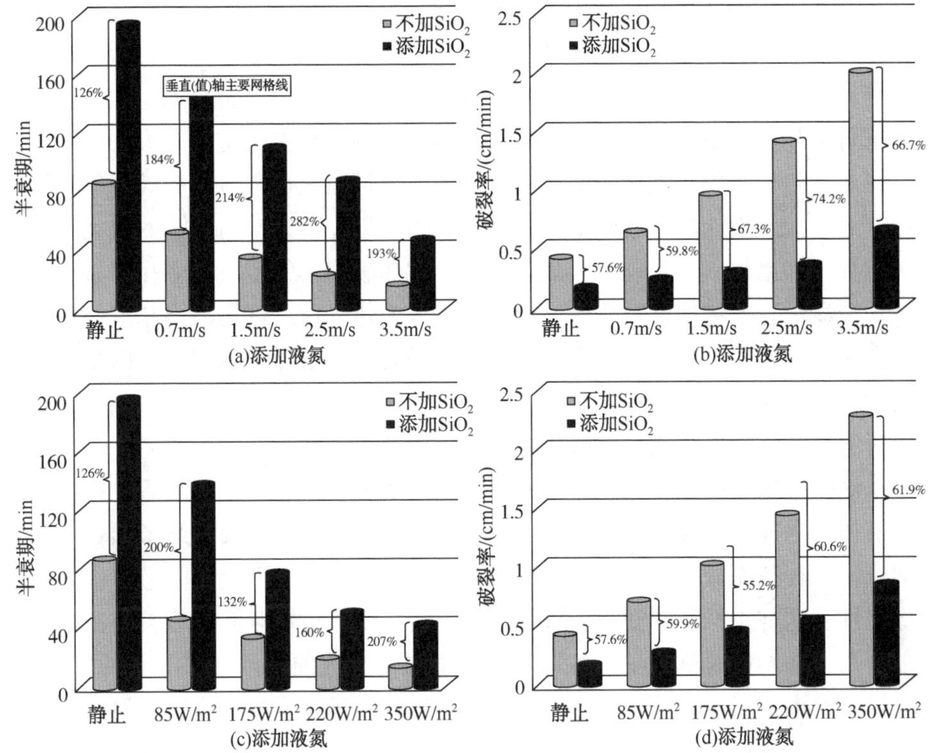

图5-28 添加纳米颗粒对泡沫半衰期和破裂率的影响

5.4.3 纳米颗粒提供稳定性机理分析

从实验结果可以看出：外界对流和热辐射会降低泡沫的半衰期，提高泡沫的破裂率，并且泡沫具有较高的界面能，可以认为泡沫是亚稳态系统[79,101,159]。因此，确定泡沫破裂和液体排水因素的背后机制，对了解外界环境对泡沫破裂的影响以及添加剂对提高泡沫稳定性的机制有较大的帮助。影响泡沫不稳定的机制主要包括随着时间推移泡沫液体在重力作用下的自由排水、气体扩散导致的泡沫粗化、由泡沫膜破裂导致的合并和聚结、液体从泡沫中蒸发，主要受环境温度和湿度的影响以及外部干扰，包括强制对流和热辐射，这些机制均可能导致泡沫的不稳定性。

通过小尺度的微观实验已经证明了添加纳米颗粒可以提高泡沫的稳定性，通过进行更大尺度的实验和使用实验室尺度的泡沫发生装置，证实了在小尺度实验得到的结果，而且在不同工况下纳米颗粒在大尺度实验中的提升效果更加明显，表明添加亲水型纳米颗粒可以有效提高泡沫的半衰期，无论添加或者不添加液氮，泡沫破裂率均较低，稳定性明显提高。

在施加横风的实验中，气流加速了表面气泡的破裂，泡沫的半衰期快速下降，导致泡沫破裂率随风速增加呈二次函数式增长，在添加纳米颗粒后，泡沫半衰期整体提高，泡沫破裂率的指数略微减小，在添加液氮的实验中，拟合指数增加，这可能是低温液体与泡沫之间的相互作用，导致在施加初期更大的泡沫破裂率。在热辐射实验中，泡沫的半衰期随热辐射增加而减小，泡沫的破裂率则迅速增加，通过拟合泡沫的半衰期呈非线性的幂指数下降形式，而泡沫的破裂率则呈二次函数增加趋势，在未添加液氮条件下，泡沫破裂率的增长速率相对较小，而在添加液氮后，泡沫的破裂率增加较快，一方面热辐射可以提高泡沫液的蒸发速率，在实验评估的半衰期范围内，热辐射会随着高度下降呈现非均匀的变化，另一方面，当泡沫施加到低温液体时，形成蒸气通道，允许蒸气喷出，这可能使得热辐射通过蒸气通道从最上层泡沫层传输到底层，导致蒸发速率增加。

从液体排水率可以看出，在未添加液氮的实验中添加纳米颗粒后，在相同时间内液体排水速率下降，达到最低排水速率的时间延长，均表明纳米颗粒可以降低泡沫排水，从而减缓气泡间的聚结和粗化，在一定程度上提高了泡沫的半衰期和稳定性，这与小尺度的实验结果相同。但是从液体排水对液氮蒸发速率的影响可以看出，在初始时刻蒸发速率均较大，主要由于施加泡沫带来了额外的热量，此时排水速率的影响并不明显，进入稳定蒸发阶段后，泡沫与液氮之间形成了冰层，传热主要通过表面及壁面的热传导，排水对于蒸发速率的影响更小。

通过对泡沫层温度的测试表明：添加纳米颗粒的泡沫层依然可以为上升的蒸气提供必要的热量，气体受热密度减小变得更轻，使得蒸气更容易扩散，而体系的温度分布特征没有表现出明显的差异。通过热成像图也可以看出：有无添加剂时泡沫层在相同时间内温度场具有相同的特征。因此，添加纳米颗粒不会改变体系的蒸发速率，进而影响泡沫的稳定性。

图 5-29 展示了添加纳米颗粒提高泡沫稳定性的作用机理。从图中可以看出：添加亲水型 SiO_2 纳米颗粒更易于黏附在气液界面膜上，可以在液膜的边界形成致密的外壳和固体屏障，使得膜与膜之间阻碍增强，气体较难逃逸出界面膜，有效防止气泡合并。在气泡之间，固体颗粒可以起到封堵作用，阻碍泡沫的排水和粗化过程，减缓了界面膜变薄的速率。而质量分数为 0.5%的添加量表现出较好的

稳定性效果以及发泡能力。因此，在工程应用中添加质量分数为 0.5%的亲水型 SiO_2 纳米颗粒有助于在复杂工况下提高泡沫的半衰期，降低泡沫的破裂率并减少泡沫的二次添加，使得泡沫在较长的时间内保持稳定。

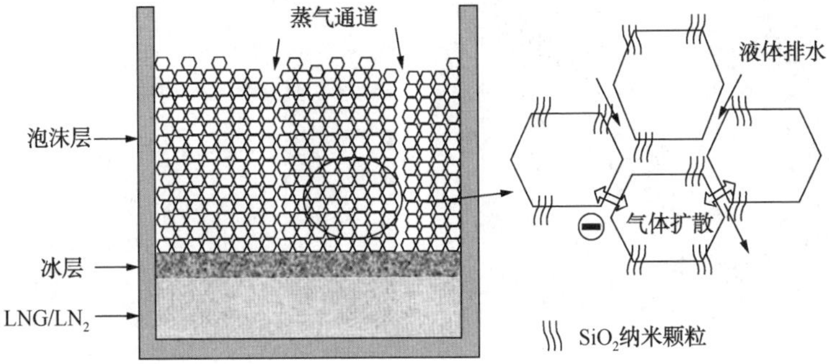

图 5-29 添加纳米颗粒提高泡沫稳定性的作用机理

5.5 高倍泡沫对蒸气云火焰抑制研究

5.5.1 高倍泡沫对蒸气云火焰的抑制作用

图 5-30 中展示了 3%高倍泡沫对蒸气云火焰的抑制图像。从图中看出泡沫对火焰的抑制过程主要四个阶段：图(a)为 1mm 孔径下形成稳定燃烧的蒸气云火焰，此时为火焰的稳定燃烧阶段；在图(b)中开始施加泡沫，在 8s 左右泡沫生成至指定高度(H=25cm)后停止发泡；图(c)为泡沫层抑制燃烧阶段，可以看到此时泡沫完全覆盖在火焰上，此时蒸气云火焰的高度和燃烧范围均明显减小，表明泡沫层对火焰燃烧有明显的抑制作用，致密的覆盖层可以有效降低燃料与氧气的接触面积，达到抑制燃烧的作用；图(d)为泡沫层破裂阶段，在火焰的持续加热作用下，泡沫层在高温环境下产生液相蒸发和析液导致层内液相不断减少，气泡破碎使得内部气体溢出，泡沫层厚度迅速降低导致对燃烧表面的隔离作用逐渐衰减，在约 30s 后泡沫层消失，火焰燃烧程度恢复至初始状态，将泡沫生成至指定高度到完全破裂的时间定义为抑制时间。

图 5-31 为 3%泡沫抑制蒸气云火焰燃烧过程中温度测试图像。从图中可以看出：在燃烧过程中温度变化主要分为三个阶段：(1)稳定燃烧阶段，在水面点火后，火焰温度逐渐上升直至稳定燃烧，此时火焰平均温度集中在 300~350℃；(2)温度下降阶段，在蒸气云稳定燃烧后，开始施加高倍泡沫，大约在 6~8s 时间内，泡沫层稳定覆盖在火焰表面，此时火焰轴线温度均呈现明显下降趋势，在近水面处传感器 T_1 到 T_3 温度下降到 100℃以下；(3)温度上升阶段，在火焰的持

续加热作用下，泡沫层开始破裂高度降低，对火焰的抑制作用减弱，可以看到火焰温度开始逐渐上升。

(a)稳定燃烧阶段　(b)施加泡沫阶段

(c)泡沫层抑制燃烧阶段　(d)泡沫层破裂阶段

图 5-30　高倍泡沫抑制燃烧实验图像

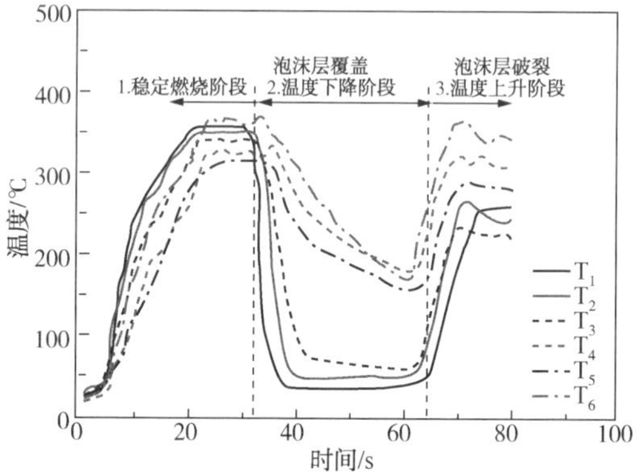

图 5-31　施加高倍泡沫后火焰温度分布

图 5-32 展示了泡沫抑制火焰燃烧的红外热成像图。从图(a)可以看出：在水面的蒸气云火焰温度相对较高，表明此时气体供应充足，燃料与氧气充分混合形成了较高的温度范围，最高温度接近 478℃，随着燃料的消耗在外焰处平均温

度降低。从图(b)可以看到：常温泡沫开始施加在火焰上，在外力作用下导致燃烧的热气流向四周扩散。从图(c)可以看到：一定高度的泡沫层覆盖在火焰表面，火焰的燃烧范围降低。从图(d)可以看到，在火焰的持续加热作用下，泡沫层维持了一段时间后全部消失，此时火焰燃烧的温度场范围明显增加，表明在气流的充分供应下火焰重新进入稳定燃烧阶段。

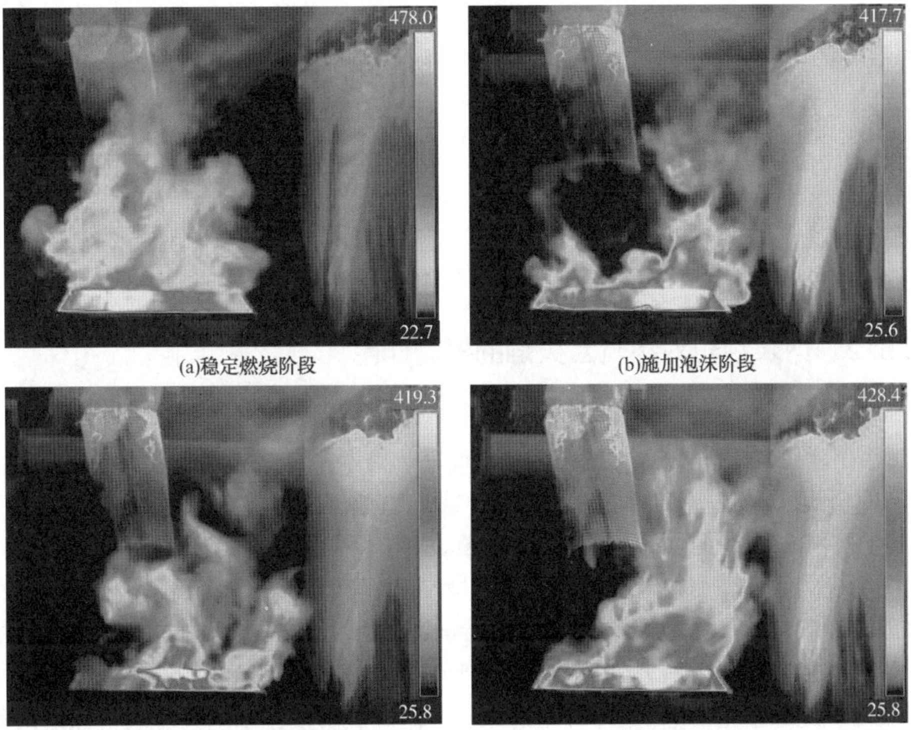

(a)稳定燃烧阶段　(b)施加泡沫阶段

(c)泡沫层抑制燃烧阶段　(d)泡沫层破裂阶段

图 5-32　高倍泡沫抑制燃烧的热成像图

图 5-33 为泡沫抑制蒸气云火焰燃烧过程中热辐射的变化过程。从图中可以看出：在火焰开始燃烧后热辐射值迅速上升，在稳定燃烧阶段距离 1.5m 处的平均热辐射值较高为 129.4W/m^2，在 2.5m 距离处热辐射值平均值为 46.1W/m^2，当开始施加泡沫后，热辐射值迅速下降，平均热辐射值分别下降了 68.4%和 65.5%，表明泡沫层对火焰的覆盖作用明显抑制了热辐射的传播。当泡沫层厚度在火焰辐射下开始降低，在约 50s 后辐射值逐渐上升至初始值，泡沫抑制过程结束。

图 5-34 比较了添加泡沫层对火焰热辐射的衰减程度。从图中可以看出：在抑制燃烧阶段，添加泡沫层导致热辐射值在 1.5m 和 2.5m 距离处分别下降了 68.4%和 65.5%，表明泡沫层可以有效阻隔燃料和氧气的接触面积，同时降低了

可燃气流的供应速度，降低了火焰的燃烧程度，导致向外界的热辐射值下降。

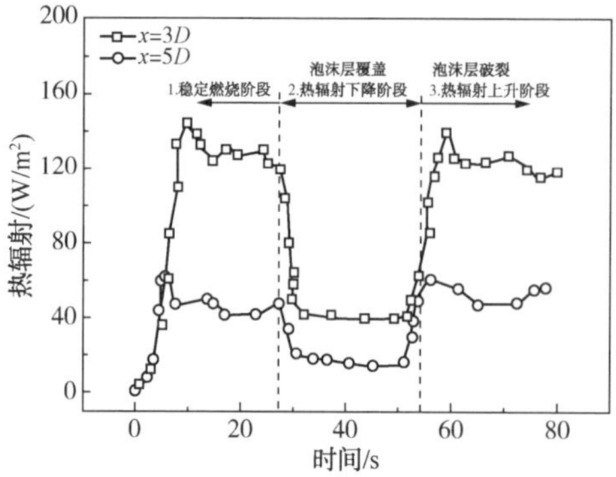

图 5-33　施加高倍泡沫后火焰热辐射分布

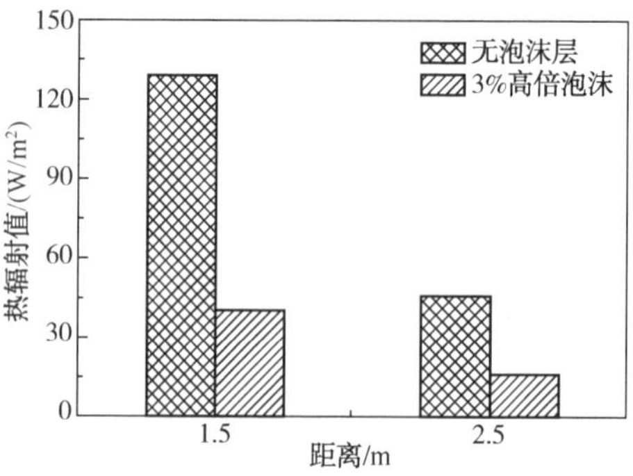

图 5-34　添加高倍泡沫对热辐射的衰减作用

5.5.2　纳米颗粒对蒸气云火焰的抑制作用

为了更好地了解高倍纳米泡沫对 LNG 蒸气云火焰的抑制效果，开展了不同浓度纳米颗粒对蒸气云火焰的抑制效果研究。纳米颗粒分别选取了亲水型和疏水型 SiO_2 质量分数为 0.05%、0.1%、0.5%和 1.0%。

图 5-35 展示了质量分数为 0.5%亲水型纳米颗粒对蒸气云火焰的抑制过程。从图中可以看出添加纳米颗粒对火焰的抑制过程也呈现出四个阶段：图(a)为在水面形成稳定的蒸气云火焰，火焰的燃烧面积相对较大；图(b)中开始施加泡沫，当泡沫施加在火焰表面时火焰体积明显减小，在 6~8s 左右泡沫层覆盖满水箱表面，此时停止发泡；图(c)为泡沫层抑制燃烧阶段，添加颗粒后泡沫层的稳定抑制时间在 55~60s 左右，相比较于无添加的高倍数泡沫抑制时间增加了约 30s，说明添加颗粒提高了泡沫的抵抗燃烧性能；在图(d)中，泡沫层完全破裂并消失，火焰燃烧程度重新恢复至初始状态。

图 5-36 为添加纳米颗粒泡沫抑制蒸气云火焰燃烧过程中温度随时间变化过程。从图中可以看出：在燃烧过程中温度的变化依然分为三个阶段，即稳定燃烧阶段、温度下降阶段和上升阶段。图(a)为添加质量分数为 0.5%的亲水型 SiO_2 颗粒的泡沫，火焰在稳定燃烧阶段最大温度接近 400℃，开始施加泡沫后，在近液面处温度最先开始下降，随着泡沫覆盖高度增加，轴线温度均呈现下降趋势，在泡沫层覆盖作用下火焰燃烧程度减弱，温度持续下降，可以看到在温度下降阶段的稳定抑制时间约为 60s，相对于无添加高倍泡沫层抑制时间明显增加。图(b)为添加质量分数为 0.05%疏水型 SiO_2 颗粒的泡沫，火焰燃烧温度的变化趋势相同，在 6~8s 左右泡沫完全覆盖在火焰表面，温度呈现明显下降趋势，稳定阶段

的抑制时间约45s，表明添加纳米颗粒在一定程度均可以增加对火焰的抑制效果。

(a)稳定燃烧阶段

(b)施加泡沫阶段

(c)泡沫层抑制燃烧阶段

(d)泡沫层破裂阶段

图5-35 添加亲水颗粒高倍泡沫抑制燃烧实验过程(质量分数 $C_p=0.5\%$)

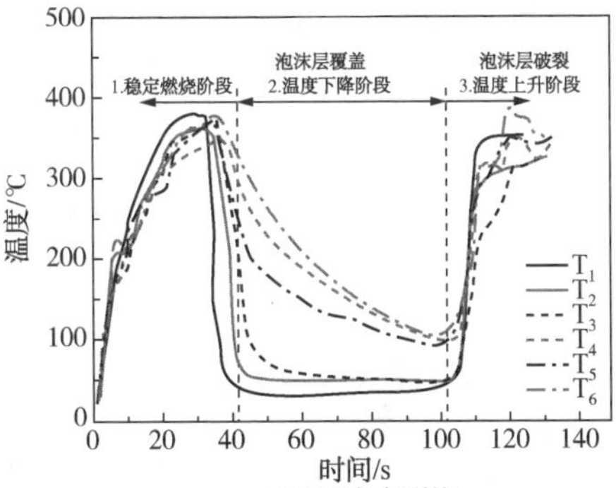

(a)0.5%亲水颗粒

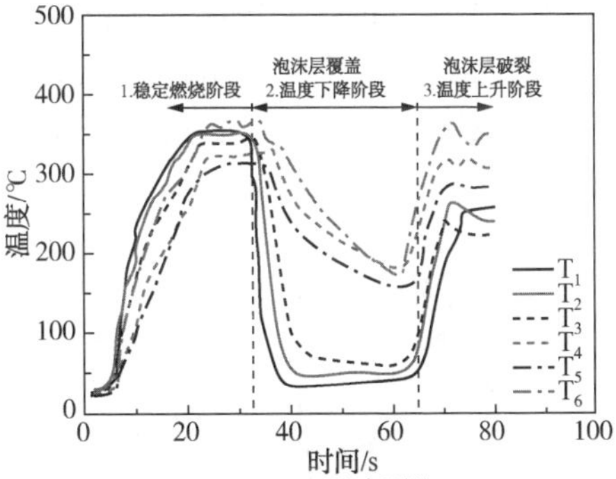

(b)0.05%疏水颗粒

图5-36 添加不同纳米颗粒高倍泡沫后火焰温度分布

图5-37为添加纳米颗粒泡沫抑制蒸气云火焰燃烧过程中热辐射随时间的变化过程。图(a)为添加质量分数为0.5%亲水型 SiO_2 颗粒泡沫，在火焰开始燃烧后热辐射值迅速上升，在稳定燃烧阶段距离1.5m处的平均热辐射值为132.4W/m^2，在2.5m距离处的热辐射值平均值为57.2W/m^2，当开始施加泡沫后，热辐射值

迅速下降，不同距离的热辐射值分别下降到 42.4W/m^{2}和 13.8W/m^2。图(b)为添加质量分数 0.05%疏水型 SiO_2颗粒的泡沫，当覆盖泡沫层后，在相同位置的火焰热辐射值从 125.9W/m^{2}下降到 47.3W/m^2、53.3W/m^{2}下降到 15.8W/m^2，分别降低了 62.4%和 70.4%。

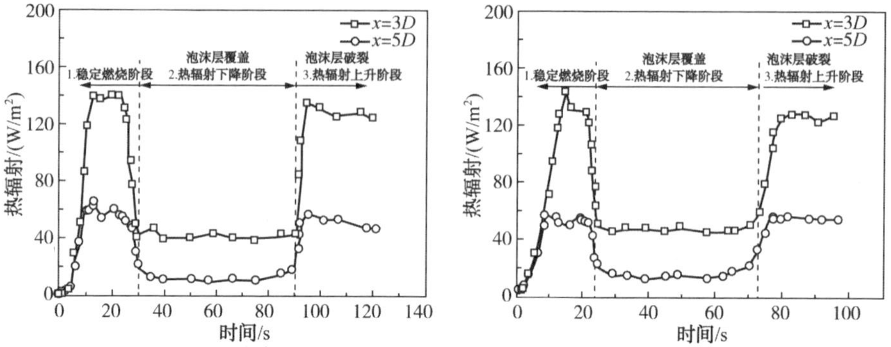

(a)0.5%亲水颗粒　　(b)0.05%疏水颗粒

图 5-37　添加不同纳米颗粒高倍泡沫后火焰热辐射分布

图 5-38 中比较了亲水颗粒在不同浓度下火焰温度测点 T_5 随时间的变化。从图中可以看出增加颗粒浓度在一定程度内可以提高泡沫对火焰的抑制时间。分析认为附着在泡沫液膜中较薄区域或者泡沫表层的颗粒，能够增加对热辐射的吸收和散射作用，从而提高泡沫层的隔热性；另外，随着泡沫表层液相逐渐蒸发破裂，泡沫层顶部将形成薄颗粒层，该颗粒层可以增加泡沫层对热辐射的吸收和散射，起到额外热阻的作用。但是在小尺度实验中表明：一方面，较高的颗粒浓度会抑制泡沫的膨胀率，不利于泡沫的快速生成；另一方面提高颗粒浓度会增加使用的成本。

图 5-39 比较了亲水和疏水 SiO_2颗粒在不同浓度下火焰温度测点 T_5 随时间的变化。从图中可以看出：在较低浓度时疏水颗粒温度上升曲线滞后，表明对火焰

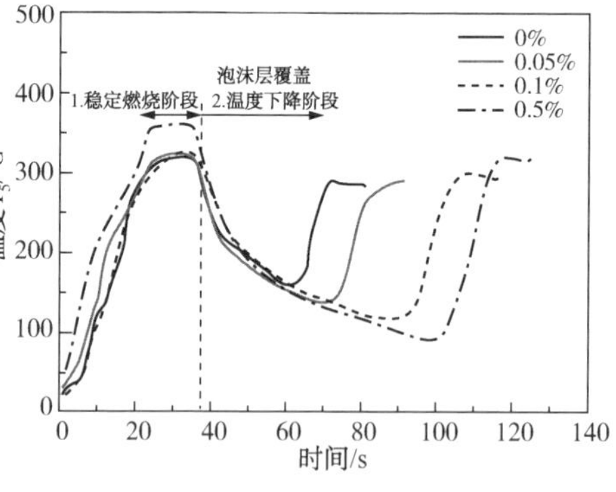

图 5-38　添加不同颗粒浓度高倍泡沫在 T_5 的温度分布

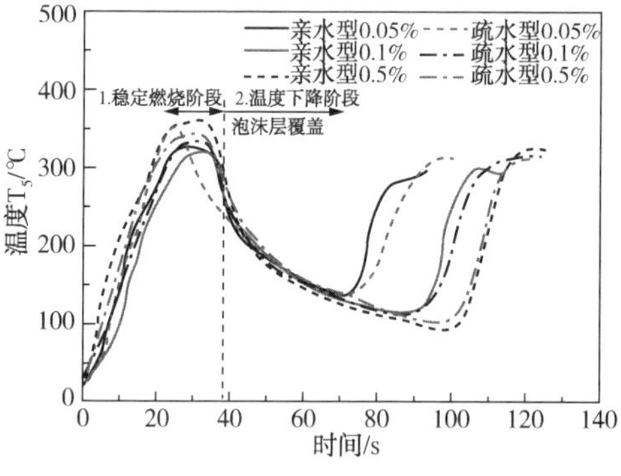

图 5-39　添加不同颗粒浓度高倍泡沫在 T_5 的温度分布

的抑制时间略微增加。分析认为亲水颗粒主要分布于液膜通道和三相节点内部，液膜结构自身对于火焰辐射的吸收和散射作用较强，所以亲水颗粒对辐射的吸收和散射作用有限，随颗粒浓度增加有效控制时间增幅有限，主要提升了泡沫层的热稳定性和起到减缓排液的作用。而疏水颗粒主要附着在液膜通道和节点的界面上，有利于其发挥对热辐射的吸收和散射作用，从而在较低浓度时即可有效提升泡沫热阻。随着颗粒浓度增加两种颗粒在高浓度下均表现出较好的稳定性和隔热性能。

表5-4为不同浓度颗粒泡沫层抑制燃烧测试结果。在实验的发泡高度测试范围内，较低颗粒浓度时发泡平均时间在6~8s之间，而随着颗粒浓度增加，平均发泡时间增加。从小尺度测试结果也表明泡沫的膨胀率随着颗粒浓度的增加而下降。因此，在实际应用中也需要考虑颗粒浓度对泡沫膨胀率的影响。

表5-4　不同浓度颗粒泡沫层抑制燃烧测试结果

泡沫中颗粒的浓度(质量分数)	亲水颗粒				疏水颗粒			
	0.05%	0.1%	0.5%	1.0%	0.05%	0.1%	0.5%	1.0%
发泡时间/s	6~8	6~8	6~8	8~10	6~8	6~8	8~10	8~10
抑制时间/s	38±3	48±4	60±5	66±5	45±4	53±5	58±5	64±5

图5-40对比了不同类型和浓度下纳米颗粒对燃烧火焰的抑制时间。从图中可以看出：添加纳米颗粒均可明显提升对火焰的抑制时间，且抑制时间随着颗粒浓度的增加而增加。添加不同浓度的亲水颗粒，在相同的施加高度内对于燃烧火焰的抑制时间最大提高了54.5%；而不同浓度的疏水颗粒对燃烧火焰的抑制时间最大提升了53.1%。这表明添加纳米颗粒后形成的三相泡沫的寿命明显大于气液两相泡沫，即加入颗粒有利于增加泡沫在热辐射环境下的稳定性和隔热性。在消防工程应用中，从抑制效果和经济性考虑，建议纳米颗粒的适用浓度范围是0.5%~1.0%。

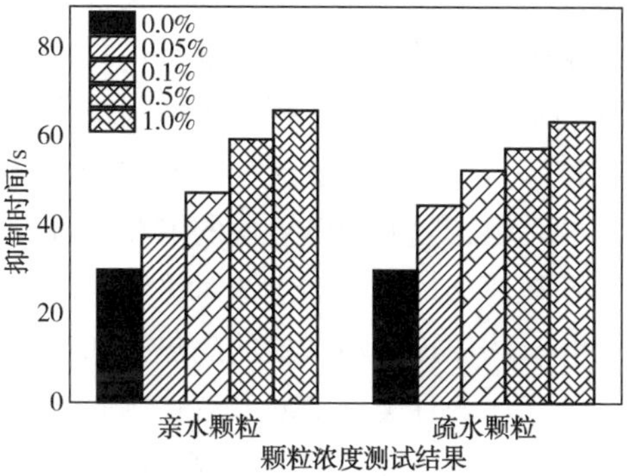

图5-40　不同浓度纳米颗粒抑制燃烧测试结果比较

5.5.3　纳米颗粒抑制燃烧机理分析

图5-41展示了泡沫层及添加纳米颗粒对抑制火焰燃烧的作用过程。当蒸气云火焰被点燃时，泡沫层可以作为保护剂对火焰的抑制作用主要体现在四个方面。

(1) 隔离作用：由于泡沫的相对密度较小，漂浮于水面或黏附在可燃蒸气表面，大量泡沫的快速施加将形成一层致密的覆盖层，有效减少可燃气体与氧气的接触面积。

(2) 阻碍作用：主要体现在抑制气体燃料的扩散，降低了可燃气流的供应速度，减少了燃料和氧气的混合比例，从而降低了火焰的燃烧程度，导致火焰的温度和向外界的热辐射均下降。

(3) 冷却作用：泡沫层形成的泡沫结构可以作为一种“散热器”，泡沫中携带大量的水，泡沫层可以较好地附着在可燃物表面，泡沫对可燃物表面产生润湿作用，吸收燃烧过程中产生的热量，再通过水的蒸发带走热量。

(4) 加热蒸气作用：当释放水深小于 4m 时，涌出水面的气体密度大于空气为低温重气，沿水表面蔓延，而覆盖一定高度的泡沫层可以加热蒸气以浮力形式向上扩散，从而降低气体在表面的燃烧范围。

通过实验测试结果及分析表明：高倍泡沫发泡倍数较高，能够快速覆盖燃烧表面，虽然能迅速控制气体燃烧火势，但不能将火灾完全扑灭，因为气液泡沫的抗烧性较差，在高温下容易破坏，且泡沫质量相对较轻，在上升气流和火焰浮力作用下，无法将可燃气体与空气完全隔离。因此，从添加固体纳米颗粒角度，测试了纳米颗粒对火焰的抑制效果。结果表明：添加纳米颗粒泡沫层对于抑制火焰温度和热辐射的作用与无添加颗粒泡沫的抑制效果相近，而添加纳米颗粒的作用效果体现在相同工况下可以延长对火焰的抑制时间。通过分析认为：一方面，纳米硅颗粒能延缓泡沫析液、抑制歧化过程，从而提升泡沫的热稳定性；另一方面在液膜边界和泡沫表层分布的颗粒，可以增加对热辐射的吸收和反射，提高泡沫层的热阻，随着泡沫表层的液相不断蒸发，在泡沫层的顶部有一颗粒薄层形成，该颗粒薄层可以增加泡沫对热辐射的吸收和散射作用，能够为泡沫层增加额外热阻，有利于提升泡沫层的隔热性和抗烧性。

对比两种类型纳米颗粒在相同浓度下均有良好的作用效果，亲水颗粒主要分布于液膜通道和三相节点内，有提升泡沫层的热稳定性和减缓排液的作用。而疏水颗粒主要附着在液膜通道和三相节点的边界面上，有利于其发挥对热辐射的吸收和散射作用，从而有效提升泡沫层的热阻。颗粒浓度的增加有利于提高泡沫层对火焰的抑制时间。附着在泡沫液膜中较薄区域或者泡沫表层的颗粒浓度增加，能够提高对热辐射的吸收和反射作用，提高泡沫层的隔热性；另外，随着泡沫表层液相蒸发破裂将形成更密集的薄颗粒层，增加额外热阻作用。但是小尺度实验表明：一方面，较高的颗粒浓度会抑制泡沫的膨胀率，不利于泡沫的快速生成；另一方面，提高颗粒浓度会增加使用的成本。

总体上，添加纳米颗粒的三相泡沫层的寿命明显大于气液两相泡沫，即颗粒加入增强了泡沫的热稳定性和隔热性，减缓泡沫层的衰变过程，提高在热辐射条件下泡沫的稳定控制时间，可以为消防应急救援增加宝贵的时间。因此，在工程应用中，综合抑制效果和经济性考虑，建议纳米颗粒的适用浓度范围(质量分数)是 0.5%~1.0%。

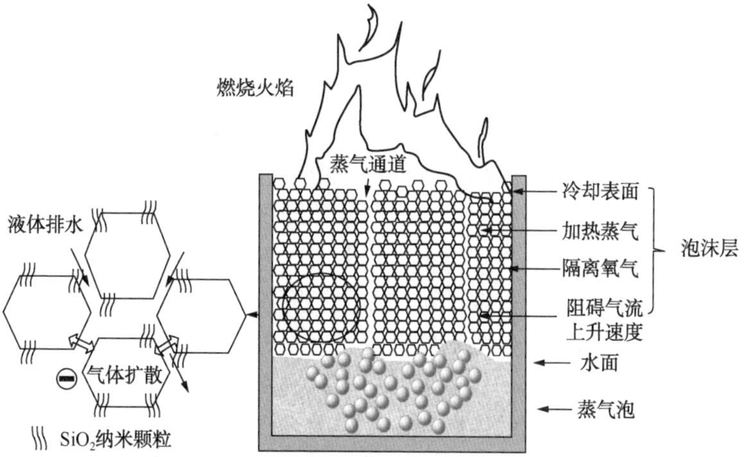

图 5-41　高倍纳米泡沫抑制蒸气云燃烧的作用机理

5.6　本章小结

基于室内泡沫发生装置测试了高倍泡沫的性能以及对低温液体和蒸气云火焰的抑制作用，量化了不同环境工况对泡沫排水速率、抑制液氮的蒸发速率以及对泡沫稳定性的影响规律，验证了在复杂工况下纳米颗粒提高泡沫稳定性的作用效果，从颗粒浓度、颗粒类型、蒸发速率、火焰温度和辐射变化等方面评估了纳米颗粒稳定泡沫以及对蒸气云火焰的抑制效果和作用机理，得到主要结论如下：

(1) 泡沫的平均发泡倍数在 369±26，泡沫的排水速率为渐进式下降指数函数，在初始阶段排水速率较快，随后逐渐趋于稳定；随着风速和热辐射的增加，泡沫在初始阶段的排水速率增加较快，在较短时间内下降到 0.1g/s 以下。

(2) 添加液氮后，在较低的液氮添加质量下，初始蒸发速率较大，但蒸发速率下降较快，在较大的添加质量下，初始蒸发速率较慢，随后蒸发速率保持稳定后逐渐下降；在静态环境下对比液氮的自然蒸发速率 2.5kg/h，添加泡沫后液氮的平均蒸发速率下降了 25.6%，在风速和热辐射影响下，初始蒸发速率受泡沫自身排水和热辐射的影响增加得更快，平均蒸发速率最大分别增加了 43.5%和 69.9%。

(3) 在静态条件下的泡沫半衰期为 93min，随着风速和热辐射增加泡沫半衰期呈幂指数递减，最大下降了 78.5%和 81.7%，添加液氮后泡沫的半衰期为 86.5min，随着风速和热辐射增加泡沫半衰期分别下降了 81.5%和 83.8%；泡沫的破裂率随高度下降呈线性关系，在未添加液氮时，随着风速和热辐射增加泡沫的破裂率呈二次函数递增，最大增加了303.6%和422.1%，在添加液氮后，随着风速和热辐射增加泡沫的破裂率分别增加了373%和437.3%。

（4）添加了质量分数为0.5%亲水型纳米SiO_2颗粒后，泡沫排水质量随时间依然呈现指数增加形式，在施加初期排水速率较快，随后达到稳定状态并逐渐下降，与未添加纳米颗粒相比可以看出在相同工况下泡沫排液总时间增加，排液速度下降，达到最大排液量的时间延长；随着风速和热辐射增加，排水速率则继续增加；实验值与排水模型预测值有较好的一致性。

（5）在静态条件下添加纳米颗粒在稳定阶段的蒸发速率为(2.22±0.06)kg/h，随着风速和热辐射增加，蒸发速率最大提升13.5%和26.1%；与未添加纳米颗粒相比，添加纳米颗粒对稳定阶段的蒸发速率影响不大；体系内温度变化分为三个阶段：温度上升及冷却阶段，稳定蒸发阶段和温度上升阶段，随着高度增加体系内温度逐渐上升，随着风速和热辐射的增加，底部温度稳定时间逐渐下降，说明液氮蒸发速率加快；在添加纳米颗粒后液面附近温度没有固定变化特征，从热成像图也显示出在相同时间内温度场具有类似的分布特征和温度值。因此，纳米颗粒不能改善体系内的传热结构来提高泡沫稳定性。

（6）添加纳米颗粒后泡沫的半衰期随风速和热辐射增加呈幂指数下降趋势，而泡沫的破裂率呈二次函数上升趋势，在未添加液氮时，泡沫的半衰期最大下降了78.5%和81.5%，而破裂率增加了303.6%和373%；在添加液氮后，泡沫的半衰期最大下降了81.7%和83.8%，而破裂率增加了422.1%和437.3%；对比发现添加纳米颗粒后泡沫的稳定性显著提高，泡沫的半衰期最大提高了126%，而破裂率下降了57.6%，随着风速和热辐射的增加，泡沫的半衰期分别提高了193%和207%，破裂率则下降了66.7%和61.9%。

（7）通过机理探究和实验验证，在工程应用中建议添加质量分数为0.5%质量分数的亲水型SiO_2纳米颗粒有助于在复杂工况下提高泡沫的半衰期，降低泡沫的破裂率并减少泡沫的二次添加，使得泡沫在较长的时间内保持稳定。

（8）在蒸气云火焰稳定燃烧过程中施加一定高度的高倍泡沫层，火焰的温度和热辐射呈下降趋势，在一段时间内抑制了火焰的燃烧范围，表明泡沫层可以有效阻隔燃料和氧气的接触面积，减小可燃气流的上升速度，降低了火焰的燃烧程度，同时泡沫层吸收燃烧过程中产生的热量，泡沫中水分蒸发也带走部分热量，导致向外界的热辐射值最大下降了68.4%。

（9）添加纳米颗粒可以有效延长泡沫层对火焰的抑制时间，通过颗粒层的吸收和散射作用增加额外热阻，提升了泡沫层的隔热性和抗烧性；随着颗粒浓度增加，泡沫的抑制时间增加，不同类型的纳米颗粒均表现出较好的抑制效果，对火焰的最大抑制时间提升了54.5%。因此，在高倍泡沫消防应用中建议添加纳米颗粒的适用浓度范围(质量分数)是0.5%~1.0%。

6 未来研究方向

目前针对能源安全保障和风险意识的不断提高，LNG 作为一种重要的能源储存和运输方式，对于 LNG 泄漏的潜在危害和高倍泡沫抑制技术仍处于基础研究阶段，未来还需要开展以下几个方面的研究工作。

（1）LNG 池火燃烧

本文研究了 LNG 水下释放的特征及蒸气云扩散燃烧特征，但是对于安全风险评估依然需要开展更大尺度的实验来进行验证，并且还需要进一步开发低温液体水下泄漏及气体燃烧的耦合数学模型，为数值模拟的研究提供理论支撑。池火燃烧在确定热辐射对火灾周围人员、设备和结构的影响具有重要意义。但是评估 LNG 火灾热辐射和危险范围是复杂的，对于模型描述的准确性也是相对困难的[45,160]。

① 不同的释放情况(特别是对于非限制性的 LNG 在水中的释放)下火灾的物理尺寸建模。物理特征主要包括可视的火焰高度、大火中产生的烟雾、火焰产生烟雾的质量分数、不同区域的火灾温度、火焰发射功率等所包含的火灾区域复杂性。另外，由目标和人描述特定程度的热辐射及其在不同波长范围的强度。尽管在描述火灾的发射功率和大气中吸收时考虑了不同程度的复杂性，但所有现有模型在评估潜在危险区域时都进行了简化。主要假设在危险距离的计算中，一个开放的视野，没有考虑火灾和目标物体之间的干预物体(建筑物、树和其他障碍物)等的影响细节。火焰辐射就像普通的光线一样是视线现象，热射线的任何中断都会导致危险距离缩短。考虑这些干预对象对于城市建筑、工业区和居民区的危险尤为重要。

② 在大多数模型中没有指定或考虑接收对象的特征。物体暴露于热辐射的热响应取决于热辐射的强度、暴露的持续时间，受体表面的辐射特性(反射和吸收)和身体的热惯性。就人而言，损伤程度取决于身体(皮肤)暴露百分比，生理反应(出汗)，衣服的保护效果，受风时温降以及人在短时间内避难的能力。在外国，基于 $5kW/m^2$ 的 50 人或更多人群的室外标准，和基于 $9kW/m^2$ 的集会、教育、医疗或住宅设施，用于评估人接触 LNG 火灾危险距离的热辐射通量标准。没有规定其他危险标准(即使已知危害/损害的程度取决于持续时间、暴露面积和身体方向)，而不允许考虑任何缓解情况的影响。在欧洲法规中，人员暴露危险标准是基于修改的总剂量单位(tdu)($tdu=I^{4/3}t$，其中 I 是入射到物体上的热通量

强度，t 是暴露持续时间）。用于计算危险距离的 tdu 的值取决于受到暴露的人群类型（儿童、老人、身体受到伤害、医院病人等）。对于结构性物体，在美国和欧洲的法规中都规定了热通量值。显然，这不足以确定物体结构受到火灾热辐射影响的完整性。

（2）LNG 泄漏扩散

LNG 从储存容器或管道的泄漏率来决定评估后来的特性。影响泄漏率的因素有：①LNG 在容器或管道的温度和压力；②LNG 储存在管道内的比例；③孔的大小和位置；④管道和容器的初始状态和布置。

随着液化天然气在下垫面上的扩散，它覆盖了更多的表面积。覆盖的表面积越大，LNG 液体从下垫面（水或陆地）扩散获得的热量越多，因此产生的蒸汽越多。LNG 液池的形成和扩展受到许多因素的影响。这些因素包括：①类型、几何尺寸、溢出位置和表面的情况（地面、土、水泥、无限制；水面、表面温度、限制）；②组成和 LNG 温度；③LNG 释放率；④LNG 溢出的持续时间；⑤点火是否出现，在哪里出现；⑥大气情况；⑦溢出控制测量。

由于液化天然气在压力下通过管道储存或输送，因此可能会有一个小孔导致连续喷射释放。这种释放可能会在释放位置上游的管道系统内“闪蒸”，或者在 LNG 释放到大气压力时，可能会立即在孔口外迅速膨胀。释放过程可能会导致射流破碎成液滴。在 SPADEDAM 实验现场进行的实验中，观察到对于无障碍排放，所有 LNG 仍保留在定向喷射内，而不是向外降雨，形成第 2.3 节所述类型的扩散池。但是，如果喷射路径中存在障碍物，则观察到部分 LNG 从喷射中流出，从而在附近地面上形成扩散池。如果释放物因流速较高而被点燃，就像其他碳氢化合物喷射火焰一样，对流成分会对火焰中物体所经历的总热通量做出重大贡献。在迄今为止进行的实验中，似乎影响行为的因素包括：①释放的温度和压力；②释放的尺寸；③流动在管道释放位置的上游；④大气情况（风速/风向）和环境尺寸（障碍面的类型）。

到目前为止，对液化天然气的广泛研究已经为主导泄漏动力学的物理机制提供了重要的见解。所获得的知识还可用于开发和验证可用于危险预测的数学模型。陆上油气藏火灾的测试实验为固体火焰模型的发展提供了条件。分散测试允许开发包含更完整的物理模型。在测试之前，一些早期的高斯烟羽扩散模型预测到 LFL 的距离要大得多，高达 10 倍或更多，只有通过实验数据才有可能改进预测。

研究中的一些差距表明了与释放量、液池蔓延和蒸发、扩散和池火灾相关的几个参数，这些参数会显著影响预测的危险距离。这些参数的不确定性会对热危害预测产生重大的综合影响。通过测试和模拟进一步了解，可以大大降低这种不确定性。现场实验的方法应倾向于泄漏尺寸范围，允许大量仪器进行精确的实验测量，允许以受控方式改变一些重要参数。应在 $100m^3$ 的数量级上进行一些非常大的实验，但应该理解的是，由于此类实验的费用，参数变化往往不可行。进行更大的测试将提供有关扩散和火灾的中间尺度数据，以及在这些较大尺度上快速相变的行为。还可以获得关于烟雾屏蔽和大规模火灾行为的数据。

最重要的是开发适用于所涉及规模的预测模型。由于安全、成本和可行性问题，将不会按照设想拟定的高后果事件规模进行测试。因此，唯一的替代方案是利用已经广泛验证的模型，重要的是在代表更大尺度下发生的物理尺度上，通过研究提出一些需要进一步实验测试、模型开发和应用的关键领域。发展预测能力需要将实验、数值和分析工作结合起来。通过进一步共同努力解决一些显著差距，提高当前预测能力的不确定性。

(3) 高倍泡沫抑制机理研究

基于室内的高倍泡沫发生装置，测试了高倍数泡沫抑制 LNG 泄漏扩散的实验研究，但是对于泡沫施加到 LNG 液池上现象描述与数据分析中提到的许多问题还需进一步完善研究，如"V"形波动形成的原因，蒸气外逸率标准差分析的实用性等。通过小尺度实验观察了高倍泡沫及冰层结构分布特征，建立了泡沫层及冰层的物理结构模型，开发了薄膜厚度的计算方法，以及已经建立的泡沫层和冰层与 LNG 表面之间传热导致蒸发的数学模型。在这些数学计算模型中，与传热相关的物性参数随着接触物质温度的变化而变化，使得在实际应用中数学计算是相对困难的，因此在计算中经常使用一些物质温度变化范围的平均值来近似替代；并且在模型建立过程中只考虑了与 LNG 接触部分的传热情况，没有考虑泡沫和冰层对 LNG 蒸气的持续加热，模型的适用性需要进一步提升。

高倍纳米泡沫对抑制蒸气云火焰燃烧展现出较好的测试效果，但是水平数较小，需要继续细化控制，还需开展实验增大水平数与实验范围，同时开展大尺度的实验来评估发泡装置操作参数、泡沫组成与集泡装置之间的关系，完善隔离层的应用技术和细节特征，量化技术指标和评价参数，进一步评估相关参数对控害效果的影响程度与规律，得到完善的适应于工业应用的泡沫加注工艺实现途径，为泡沫消防工业应用提供基础数据。

本书选取了三种常见的纳米颗粒进行了研究，对于纳米颗粒可以选取更适合在低温下和容易生成水合物的添加剂类型，有利于在液面和泡沫之间形成致密的水合物层，提高抑制效果。对于纳米颗粒在横风和热辐射下展现了良好的作用效果，依然需要通过大尺度的现场实验来进一步验证纳米颗粒在池火灾中的作用效果，为实现工业应用提供基础数据。对于纳米颗粒在复杂工况下提高泡沫稳定性的作用效果及机理需要进一步明确，开发三相泡沫体系之间的传热模型，评估在横风和热辐射条件下泡沫体系传热及失稳的演变机制。纳米颗粒的成本相对较高，因此降低纳米颗粒的使用量，降低在火灾应用技术结合使用的成本，有选择地应用纳米颗粒，提高纳米颗粒在火灾消防应用领域的应用效果就显得十分重要。

参 考 文 献

[1] 英国石油公司. 世界能源统计年鉴[N]. 69 版. 中国能源报，2020.

[2] 黄献智. 世界天然气及 LNG 供需现状及展望[J]. 油气储运，2018，1-12.

[3] Koopman R P，Ermak D L. Lessons learned from LNG safety research[J]. Journal of Hazardous Materials，2007，140(3)：412-428.

[4] 曹广明. LNG 接收站事故统计分析研究[J]. 安全、健康和环境，2014，14(7)：9-11.

[5] Jujuly M M，Rahman A，Ahmed S，et al. LNG pool fire simulation for domino effect analysis [J]. Reliability Engineering & System Safety，2015，143：19-29.

[6] Li P，Cai Q，Lin W，et al. Offshore oil spill response practices and emerging challenges[J]. Marine Pollution Bulletin，2016，110(1)：6-27.

[7] Shaw S，Baik J，Pitblado R. Consequences of underwater releases of LNG[J]. Process Safety Progress，2010，24(3)：175-180.

[8] 方娜，陈国明，朱红卫，等. 海底管道泄漏事故统计分析[J]. 油气储运，2014，33(1)：99-103.

[9] 5 死 3 重伤！北海 LNG 码头泄漏着火[EB/OL]. 2020-11-02，https://new.qq.com/rain/a/20201103A0HPXA00.

[10] 中海油距珠海横琴约 13 海里处天然气管线发生泄漏[EB/OL]. 2011-12-20，http://www.gov.cn/jrzg/2011-12/20/content_2024977.htm.

[11] Van Gelderen L，Malmquist L. M，V. & Jomaas G. Vaporization order and burning efficiency of crude oils during in-situ burning on water[J]. Fuel，2017，191：528-537.

[12] Kong D，He X，Khan F，et al. Small scale experiment study on burning characteristics for in-situ burning of crude oil on open water[J]. Journal of Loss Prevention in the Process Industries，2019，60：46-52.

[13] Zhong X，Hu L，Wang X，et al. An experimental investigation on combustion behavior of n-heptane in ice cavities of various depths with cross airflow[J]. Fuel，2020，262：116-464.

[14] Raj P K，Lemoff T. Risk analysis based LNG facility siting standard in NFPA 59A[J]. Journal of Loss Prevention in the Process Industries，2009，22(6)：820-829.

[15] 李国辉. NFPA11《低、中、高倍数泡沫灭火系统标准》[J]. 消防科学与技术，2017，(8) 1104-1104.

[16] 王健敏，皇甫立霞，郭开华，等. 美、欧 LNG 标准 NFPA59A 和 EN1473 的比较分析[J]. 天然气工业，2010，30(1)：114-115.

[17] Langevin，D. Aqueous foams and foam films stabilised by surfactants. gravity-free studies[J]. Comptes Rendus Mecanique，2017，345(1)，47-55.

[18] Zhang，Z. Chang，W. Luo，S. Gu，W. Li，J. Effect of starch particles on foam stability and dilational viscoelasticity of aqueous-foam[J]. Chinese Journal of Chemical Engineering，2015，23(1)：276-280.

[19] Zhang S，Sun D，Dong X，et al. Aqueous foams stabilized with particles and nonionic surfactants[J]. Colloids and Surfaces A Physicochemical and Engineering Aspects，2008，324(1-3)：1-8.

[20] Sharma T，Kumar G S，Chon B H，et al. Thermal Stability of Oil-in-Water Pickering Emulsion in the Presence of Nanoparticle，Surfactant and Polymer[J]. Journal of Industrial and En-

gineering Chemistry, 2015, 22, 321-334.

[21] 于文洋. 离子型表面活性剂与纳米颗粒的稳泡作用及其机理研究[D]. 青岛：中国石油大学(华东), 2016.

[22] Anne-Laure Fameau, Anniina Salonen. Effect of particles and aggregated structures on the foam stability and aging[J]. Comptes Rendus Physique, 2014, 15(8-9): 748-760.

[23] Yekeen N, Idris A K, Manan M A, et al. Bulk and bubble-scale experimental studies of influence of nanoparticles on foam stability[J]. Chinese Journal of Chemical Engineering, 2017.

[24] Yekeen N, Eswaran Padmanabhana, Ahmad Kamal Idris. Synergistic effects of nanoparticles and surfactants on n-decane-water interfacial tension and bulk foam stability at high temperature [J]. Journal of Petroleum Science and Engineering, 2019, 179: 814-830.

[25] Farhadi H, Riahi S, Ayatollahi S, et al. Experimental study of nanoparticle-surfactant-stabilized CO2 foam: Stability and mobility control[J]. Chemical Engineering Research & Design, 2016, 449-460.

[26] Zhang Y, Chang Z, Luo W, et al. Effect of starch particles on foam stability and dilational viscoelasticity of aqueous-foam[J]. Chinese Journal of Chemical Engineering, 2015, 23(001): 276-280.

[27] Mohammad Zargartalebi, Nasim Barati, Riyaz Kharrat. Influences of hydrophilic and hydrophobic silica nanoparticles on anionic surfactant properties: Interfacial and adsorption behaviors[J]. Journal of Petroleum Science and Engineering, 2014, 119(1): 36-43.

[28] Kelkar, Aniruddha, V, et al. Effect of sodium dodecylsulfate monomers and micelles on the stability of aqueous dispersions of titanium dioxide pigment nanoparticles against agglomeration and sedimentation[J]. Journal of Colloid and Interface Science, 2015, 450: 434-445.

[29] Kumar S, Mandal A. Investigation on stabilization of CO_2 foam by ionic and nonionic surfactants in presence of different additives for application in enhanced oil recovery[J]. Applied Surface Science, 2017, 420(31): 9-20.

[30] Zhou R, Dou X, Lang X, et al. Foaming ability and stability of silica nanoparticle-based triple-phase foam for oil fire extinguishing: experimental[J]. Soft Materials, 2018, 16(1-4): 327-338.

[31] Fu G, Jiang J, Wei D, et al. The study of the stability of aqueous three-phase fire-resistant foam in typical liquidus hydrocarbons[J]. Journal of Dispersion Science & Technology, 2019, 40(8): 1075-1084.

[32] 皇甫立霞, 郭开华. 液化天然气场站安全技术标准规范及发展动态[J]. 化工学报, 2009, (s1): 11-15.

[33] Raj P K, Leon A Bowdoin. Underwater LNG release: Does a pool form on the water surface? What are the characteristics of the vapor released? [J]. Journal of Hazardous Materials, 2010, 23: 753-761.

[34] Betteridge S. Modelling large LNG pool fires on water[J]. Journal of Loss Prevention in the Process Industries, 2018, 56: 46-56.

[35] Fay J A. Model of spills and fires from LNG and oil tankers[J]. Journal of Hazardous Materials, 2003, 96(2): 171-188.

[36] Esteves A S, Reis Parise, José Alberto. Mathematical modeling of cryogenic spills onto quiescent sea waters followed by pool fires of liquefied natural gas(LNG)[J]. Applied Thermal Engi-

neering, 2013, 59(1-2): 587-598.

[37] Vesovic V. The influence of ice formation on vaporization of LNG on water surfaces[J]. Journal of Hazardous Materials, 2007, 140(3): 518-526.

[38] Gopalaswami N, Kakosimos K, Zhang B, et al. Experimental and Numerical Study of Liquefied Natural Gas(LNG)Pool Spreading and Vaporization on Water[J]. Journal of Hazardous Materials, 2017, 334.

[39] Raj P K. LNG fires: a review of experimental results, models and hazard prediction challenges[J]. Journal of Hazardous Materials, 2007, 140(3): 444-464.

[40] Raj P K. LNG pool fire spectral data and calculation of emissive power[J]. Journal of Hazardous Materials, 2007, 142(3): 720-729.

[41] Johansen Ø, Rye H, Cooper C. DeepSpill-field study of a simulated oil and gas blowout in deep water[J]. Spill Science & Technology Bulletin, 2003, 8(5-6): 433-443.

[42] Qi R, Raj P K, Mannan M S. Underwater LNG release test findings: Experimental data and model results[J]. Journal of Loss Prevention in the Process Industries, 2011, 24(4): 440-448.

[43] YunG, Ng D, Mannan M S. Key Observations of Liquefied Natural Gas Vapor Dispersion Field Test with Expansion Foam Application[J]. Industrial & Engineering Chemistry Research, 2010, 50(3): 1504-1514.

[44] Luketa-Hanlin A. A review of large-scale LNG spills: experiments and modeling[J]. Journal of Hazardous Materials, 2006, 132(2-3): 119.

[45] Cleaver P, Johnson M, Ho B. A summary of some experimental data on LNG safety[J]. Journal of Hazardous Materials, 2007, 140(3): 429-438.

[46] Thyer A M. A review of data on spreading and vaporisation of cryogenic liquid spills[J]. Journal of Hazardous Materials, 2003, 99(1): 31-40.

[47] Lees F P. Loss prevention in the process industries: hazard identification, assessment and control[M]. Butterworths, vol. 3, Boston, 2012.

[48] Luketa A. Recommendations on the prediction of thermal hazard distances from large liquefied natural gas pool fires on water for solid flame models[J]. SAND2011-0495, Sandia National Laboratories, Albuquerque, NM, 2011.

[49] Luketa A, Blanchat T. The phoenix series large-scale methane gas burner experiments and liquid methane pool fires experiments on water[J]. Combustion & Flame, 2015, 162(12): 4497-4513.

[50] Babrauskas V. Estimating large pool fire burning rates[J]. Fire Technology, 1983, 19(4): 251-261.

[51] Jiang P, Lu S X. Pool Fire Mass Burning Rate and Flame Tilt Angle under Crosswind in Open Space[J]. Procedia Engineering, 2016, 135: 261-274.

[52] Hu L, Hu J, Liu S, et al. Evolution of heat feedback in medium pool fires with cross air flow and scaling of mass burning flux by a stagnant layer theory solution[J]. Proceedings of the Combustion Institute, 2015, 35(3): 2511-2518.

[53] Hu L, Liu S, Wu L. Flame radiation feedback to fuel surface in medium ethanol and heptane pool fires with cross air flow[J]. Combustion & Flame, 2013, 160(2): 295-306.

[54] Yao Y, Li Y Z, Ingason H, et al. Scale effect of mass loss rates for pool fires in an open envi-

ronment and in tunnels with wind[J]. Fire Safety Journal, 2019, 105: 41-50.
[55] Heskestad G. Engineering relations for fire plumes[J]. Fire Safety Journal, 1984, 7(1): 25-32.
[56] Thomas P H. The size of flames from natural fires[J]. Fire Safety Science, 1962, 497: 1-1.
[57] Thomas P. H. R. W. Pickard, H. G. Wraight, On the size and orientation of buoyant diffusion flames and the effect of wind[J]. Fire Safety. Science, 1963, 516: 1-1.
[58] Thomas P. H. Fire spread in wooden cribs: Part III the effect of wind[J]. Fire Safety. Science, 1965, 600: 1-1.
[59] Welker J. R, Sliepcevich C. M. Bending of wind-blown flames from liquid pools[J]. Fire Technology, 1966, (2): 127-135.
[60] Welker J. R, O. A. Pipkin, C. M. Sliepcevich. The effect of wind on flames[J]. Fire Technology, 1965, (2): 22-129.
[61] Hu L, Liu S, Ris J L D, et al. A new mathematical quantification of wind-blown flame tilt angle of hydrocarbon pool fires with a new global correlation model[J]. Fuel, 2013, 106: 730-736.
[62] Tang F, He Q, Wen J. Effects of crosswind and burner aspect ratio on flame characteristics and flame base drag length of diffusion flames[J]. Combustion and Flame, 2019, 200: 265-275.
[63] Ping P, Zhang J, Kong D, et al. Experimental study of the flame geometrical characteristics of the crude oil boilover fire under cross air flow[J]. Journal of Loss Prevention in the Process Industries, 2018, 55: 500-511.
[64] Salvagni R G, Indrusiak M L S, Centeno F R. Biodiesel oil pool fire under air crossflow conditions: Burning rate, flame geometric parameters and temperatures[J]. International Journal of Heat and Mass Transfer, 2019, 149: 119164.
[65] Salvagni R G, Centeno F R, Indrusiak M L S. Burning rate, flame geometry and temperature of convection-controlled circular diesel oil pool fire under air crossflow conditions[J]. Journal ofhazardous materials, 2019, 368: 560-568.
[66] Zhang B, Laboureur D M, Liu Y, et al. Experimental Study of a Liquefied Natural Gas Pool Fire on Land in the Field[J]. Industrial & Engineering Chemistry Research, 2018, 57(42): 14297-14306.
[67] 孙标，郭开华. LNG 池火热辐射模型及安全距离影响因素研究[J]. 中国安全科学学报，2010，20(9)：51-55.
[68] May H. QW. McQueen. Radiation from Large Liquefied natural Fires[J]. Combustion. Science Technology, 1973, 7: 51-66.
[69] P. J. Rew, H. Spencer, T. Madison. Sensitivity of Risk Assessment of Flash Fire Events to Modeling Assumptions[J]. IChemE Symposium Series, 1998, 144: 265-278.
[70] Munoz Miguel, Eulaiia planas, Fabio Ferrero, et al. Predicting the Emissive Power of Hydrocarbon Pool Fires[J]. Journal of Hazardous Materiais, 2007, 144(3): 725-729.
[71] 庄磊. 航空煤油池火热辐射特性及热传递研究[D]. 长沙：中国科学技术大学，2008.
[72] Shi C, Liu W, Hong W, et al. A modified thermal radiation model with multiple factors for investigating temperature rise around pool fire[J]. Journal of Hazardous Materials, 2019, 379: 120801.
[73] Zhou K, Wang X. Thermal radiation modelling of pool fire with consideration on the nonuniform

temperature in flame volume[J]. International Journal of Thermal Sciences, 2019, 138: 12-23.

[74] Magrabi S A, Dlugogorski B Z, Jameson G J. Free drainage in aqueous foams: Model and experimental study[J]. AICHE Journal, 2010, 47(2): 314-327.

[75] Briceño-Ahumada Z, Drenckhan W, Langevin D. Coalescence in draining foams made of very small bubbles[J]. Physical Review Letters, 2016, 116(12): 128-302.

[76] Saint-Jalmes A. Physical chemistry in foam drainage and coarsening[J]. Soft Matter 2006, 2: 836-849.

[77] Magrabi S A, Dlugogorski B Z, Jameson G J. Bubble size distribution and coarsening of aqueous foams[J]. Chemical Engineering Science, 1999, 54(18): 4007-4022.

[78] Hilgenfeldt S, Koehler S A, Stone H A. Dynamics of Coarsening Foams: Accelerated and Self-Limiting Drainage[J]. Physical Review Letters, 2001, 86(20): 4704-4707.

[79] Zhang B, Liu Y, Olewski T, et al. Blanketing effect of expansion foam on liquefied natural gas (LNG) spillage pool[J]. Journal of Hazardous Materials, 2014, 280: 380.

[80] Zhang B, Harding B, Liu Y, et al. Liquefied natural gas vapor hazard mitigation with expansion foam using a research-scale foam generator[J]. Industrial & Engineering Chemistry Research, 2016, 55(20): 6018-6024.

[81] HardingB, Zhang B, Liu Y, et al. Improved research-scale foam generator design and performance characterization[J]. Journal of Loss Prevention in the Process Industries, 2016, 39: 173-180.

[82] Yun G, Ng D, Mannan M S. Key Findings of Liquefied Natural Gas Pool Fire Outdoor Tests with Expansion Foam Application[J]. Industrial & Engineering Chemistry Research, 2011, 50 (4): 2359-2372.

[83] Pratik Krishnan, Bin Zhang, Anas Al-Rabbat, et al. Effects of forced convection and thermal radiation on high expansion foam used for LNG vapor risk mitigation[J]. Journal of Loss Prevention in the Process Industries, 2018, 55.

[84] Jie Yang, Yuxing Li, Jianlu Zhu, et al. Quantitative study of the factors of LNG liquid foam stability: Operating parameters and collection containers and time[J]. Process Safety and Environmental Protection, 2018, 117: 223-231.

[85] Bror Persson, Anders Lönnermark, Henry Persson. FOAMSPEX: Large Scale Foam Application-Modelling of Foam Spread and Extinguishment[J]. Fire Safety Journal, 2004, 39(2): 161-163.

[86] Lattimer BY, Hanauska C P, Scheffey J L, et al. The use of small-scale test data to characterize some aspects of fire fighting foam for suppression modeling[J]. Fire Safety Journal, 2003, 38(2): 117-146.

[87] Carruette M, Consulting B V. New Additive for Low Viscosity of AFFF/AR Concentrates-Study of the Potential Fire Performance[J]. Fire Technology, 2004, 40(4): 367-384.

[88] 唐宝华. 强化油品抗烧三相泡沫灭火剂开发及性能研究[D]. 天津: 河北工业大学, 2015.

[89] Kim I, Taghavy A, Dicarlo D, et al. Aggregation of Silica Nanoparticles and Its Impact on Particle Mobility under High-salinity Conditions[J]. Journal of Petroleum Science and Engineering, 2015, 133: 376-383.

[90] Gallo-Molina J P, Ratkovich Nicolás, álvarez óscar. Multiscale Analysis of Water-in-Oil Emulsions: A Computational Fluid Dynamics Approach[J]. Industrial & Engineering Chemistry Research, 2017: 7757-7767.

[91] Lee YS, Wagner N J. Dynamic properties of shear thickening colloidal suspensions[J]. Rheologica Acta, 2003, 42(3): 199-208.

[92] 茹晃，常志东，罗文利，等. 疏水型二氧化硅粒子对泡沫体系稳定性的影响[J]. 化工学报，2012，(6): 1943-1950.

[93] Gallo-Molina J. P, Ratkovich N, Alvarez, O. The Application of Computational Fluid Dynamics to the Multiscale Study of Oil-in-Water Emulsions[J]. Industrial & Engineering Chemistry Research, 2017, 57: 578-589.

[94] Cervantes Martinez A, Rio E, Delon G, et al. On the Origin of the Remarkable Stability of Aqueous Foams Stabilised by Nanoparticles: Link with Microscopic Surface Properties[J]. Soft Matter, 2008, 4(7): 1531-1535.

[95] White B, Banerjee S, O" Brien S, et al. Zeta-Potential Measurements of Surfactant-Wrapped Individual Single-Walled Carbon Nanotubes[J]. Journal of Physical Chemistry C, 2007, 111(37): 13684-13690.

[96] 许茂东. 纳米 Al_2O_3 颗粒/表面活性剂协同稳定的流体分散体系及其刺激-响应性研究[D]. 无锡：江南大学，2019.

[97] Suardin J A, Qi R, Cormier B R, et al. Application of fire suppression materials on suppression of LNG pool fires[J]. Journal of Loss Prevention in the Process Industries, 2011, 24(1): 63-75.

[98] Suardin J A. The Application of Expansion Foam on Liquefied Natural Gas(LNG) to Suppress LNG Vapor and LNG Pool Fire Thermal Radiation[D]. Texas A & M University, 2009.

[99] Guevara J, Mejia A, Shuai M, et al. Stabilization of Pickering Foams by High Aspect Ratio NanoSheets[J]. Soft Materials, 2013, 9(4): 1327-1336.

[100] Zhang, L. LNG Suppression Foam Stabilized by Zirconium Phosphate[D]. College Station, TX: Texas A&M University, 2015.

[101] Krishnan P, Al-Rabbat A, Zhang B, et al. Improving the stability of high expansion foam used for LNG vapor risk mitigation using exfoliated zirconium phosphate nanoplates [J]. Process Safety and Environmental Protection, 2018, 123.

[102] 杨洁. 用于抑制 LNG 蒸气扩散的高倍泡沫特性实验研究[D]. 青岛：中国石油大学(华东)，2019.

[103] 孙明郁. 基于高倍数泡沫的 LNG 泄漏扩散抑制研究[D]. 青岛：青岛科技大学，2017.

[104] Takeno K, Ichinose T, Tokuda K, et al. Effects of high expansion foam dispersed onto leaked LNG on the atmospheric diffusion of vaporized gas [J]. Journal of Loss Prevention in the Process Industries, 1996, 9(2): 125-133.

[105] 贺宝龙，杨倩，叶从亮，等. 高倍泡沫加速泄漏 LNG 扩散的有效性模拟实验[J]. 安全与环境学报，2017，17(02): 528-531.

[106] 王琳，贺宝龙，潘旭海. 高倍泡沫抑制 LNG 蒸汽扩散实验分析[J]. 石油化工安全环保技术，2014，30(02): 41-45+1.

[107] 韩伟平. 公安部天津消防研究所开展大型 LNG 池火燃爆抑制实验[J]. 消防科学与技术，2015，34(03): 365.

[108] 田登科，李恩田，姜帅，等. 高倍泡沫对 LNG 池火抑制效能研究[J]. 石油化工安全环保技术，2017，33(4).

[109] Moffat R J. Describing the uncertainties in experimental results[J]. Experimental. Thermal Fluid Science，1988，1(1)：3-17.

[110] 付建民，赵振洋，陈国明，等. 液相管道流量与压力对小孔泄漏速率的影响[J]. 石油学报，2016，37(2)：257-265.

[111] Toshio Mogi，Hiroumi Shiin，Yuji Wada，et al. Experimental study on the hazards of the jet diffusion flame of liquefied dimethyl ether[J]. Fuel，2011，90：2508-2513.

[112] Zhang Q，Liang D，Wen J. Experimental study of flashing LNG jet fires following horizontal releases[J]. Journal of Loss Prevention in the Process Industries，2019，57：245-253.

[113] K Harby，S Chiva，J L Munoz Cobo. An experimental study on bubble entrainment and flow characteristics of vertical plunging water jets[J]. Experimental Thermal and Fluid Science，2014，57：207-220.

[114] Harby K，Chiva Vicent S，Muñoz Cobo J. L. An experimental investigation on the characteristics of submerged horizontal gas jets in liquid ambient[J]. Experimental Thermal & Fluid Science，2014，53(2)：26-39.

[115] Harby K，Chiva S，MuOz-Cobo J L. Modelling and experimental investigation of horizontal buoyant gas jets injected into stagnant uniform ambient liquid[J]. International Journal of Multiphase Flow，2017，93：33-47.

[116] Iamandi，C.，and Rouse，H. Jet-induced circulation and diffusion[J]. Journal of Hydraulic Engineering，1969，95(2)：589-601.

[117] Iran E. Lima Neto，David Z. Zhu，Nallamuthu Rajaratnam. Effect of Tank Size and Geometry on the Flow Induced by Circular Bubble Plumes and Water Jets[J]. Journal of Hydraulic Engineering，2008，134(6).

[118] Johansen O，Brandvik P. J，Farooq U. Droplet breakup in subsea oil releases-part 2：predictions of droplet size distributions with and without injection of chemical dispersants[J]. Marine Pollution Bulletin，2013，73(1)：327-335.

[119] Zhao L，Boufadel M. C，King T，et al. Droplet and bubble formation of combined oil and gas releases in subsea blowouts[J]. Marine Pollution Bulletin，2017，120(1)：203-216.

[120] Li Z，Spaulding M. L，French-Mccay D，et al. Development of a unified oil droplet size distribution model with application to surface breaking waves and subsea blowout releases considering dispersant effects[J]. Marine Pollution Bulletin，2017a，114(1)：247-257.

[121] Kostoglou M，Lioumbas J，Karapantsios T. A population balance treatment of bubble size evolution in free draining foams[J]. Colloids & Surfaces A Physicochemical & Engineering Aspects，2015，473：75-84.

[122] Brandvi P. J，Johansen O，Leirvik F，et al. Droplet breakup in subsurface oil releases-part 1：Experimental study of droplet breakup and effectiveness of dispersant injection[J]. Marine Pollution Bulletin，2013，73(1)：319-326.

[123] Li Z，Spaulding M. L，French - McCay D. An algorithm for modeling entrainment and naturally and chemically dispersed oil droplet size distribution under surface breaking wave conditions[J]. Marine Pollution Bulletin，2017b，119(1)：45-152.

[124] Yapa P D，Dasanayaka L K，Bandara U C，et al. A model to simulate the transport and fate

of gas and hydrates released in deepwater[J]. Journal of Hydraulic Research, 2010, 48(5): 559-572.

[125] Zhao L, Boufadel M. C, Socolofsky S. A, et al. Evolution of droplets in subsea oil and gas blowouts: development and validation of the numerical model VDROP-J[J]. Marine Pollution Bulletin, 2014, 83(1): 58-69.

[126] Wang D, Adams E. E. Intrusion dynamics of particle plumes in stratified water with weak crossflow: application to deep ocean blowouts[J]. Journal of Geophysical Research Oceans, 2016, 121: 3820-3835.

[127] North E W, Adams E E, Thessen A E, et al. The influence of droplet size and biodegradation on the transport of subsurface oil droplets during the Deepwater Horizon spill: a model sensitivity study[J]. Environmental Research Letters, 2015, 10(2).

[128] Wang B, Socolofsky S A, Lai C C K, et al. Behavior and dynamics of bubble breakup in gas pipeline leaks and accidental subsea oil well blowouts[J]. Marine Pollution Bulletin, 2018, 131: 72.

[129] Lin Zhao, Michel Boufadel, Kenneth Lee, et al. Evolution of bubble size distribution from gas blowout in shallow water[J]. Journal of Geophysical Research: Oceans, 2016, 121(3): 1573-1599.

[130] Leitch, A. M., Baines, W. D. Liquid volume flux in a weak bubble plume[J]. Journal of Fluid Mechanics, 1989, 205: 77-98.

[131] Zhao Y. F, Irons G. A. The breakup of bubbles into jets during submerged gas injection[J]. Metallurgical Transactions B, 1990, 21(6): 997-1003.

[132] Hinze, J. O. Fundamentals of the hydrodynamic mechanism of splitting in dispersion processes [J]. AICHE Journal, 1955, 1(3): 289-295.

[133] Mori K, Ozawa Y, Sano M. Characterization of Gas Jet Behavior at a Submerged Orifice in Liquid Metal[J]. Iron Steel Inst Jpn International, 2006, 22(5): 377-384.

[134] Zhu H, You J, Zhao H. Underwater spreading and surface drifting of oil spilled from a submarine pipeline under the combined action of wave and current[J]. Applied Ocean Research, 2017, 64: 217-235.

[135] Zhang, W., Zhu, D. Z., 2013. Bubble characteristics of air? Water bubbly jets in crossflow [J]. International Journal of Multiphase Flow, 55: 156-171.

[136] Leibson I, Holcomb E G, Cacoso A G, et al. Rate of flow and mechanics of bubble formation from single submerged orifices. I. Rate of flow studies[J]. AICHE Journal, 1956, 2(3): 296-300.

[137] Okhotskii V B. Droplet formation from a Jet of one Liquid Entering Another[J]. Journal of Engineering Physics, 1988, 54(2): 138-144.

[138] Richards J R, Lenhoff A M, Beris A N. Dynamic Breakup of Liquid-Liquid Jets[J]. Physics of Fluids, 1994, 6(8): 2640-2655.

[139] Zukoski E E, Kubota T, Cetegen B. Entrainment in fire plumes[J]. Fire Safety Journal, 1981, 3(3): 107-121.

[140] 王喜世，伍小平，秦俊，等. 用红外热成像方法测量火焰温度的实验研究[J]. 激光与红外，2001，31(3)：169-172.

[141] Rew P J, Hulbert W G, Deaves D M. Modelling of Thermal Radiation From External Hydro-

carbon Pool Fires[J]. Process Safety and Environmental Protection, 1997, 75(2): 81-89.

[142] Federal Energy Regulatory Commission. Recommended Parameters for Solid Flame Models for Land Based Liquefied Natural Gas Spills[J]. Washington, DC, 2013.

[143] Gomez, C. Experiments for the Measurement of LNG Mass Burning Rates[D]. Texas A&M University: College Station, TX, 2011.

[144] Palacios A, Muñoz M, Darbra R M, et al. Thermal radiation from vertical jet fires[J]. Fire safety journal, 2012, 51: 93-101.

[145] 朱雁程，黄俊，乔斌，等. 红外热像仪中温度测试研究[J]. 电子质量，2010，(02): 14-16.

[146] Moorhouse J. Scaling criteria for pool fires derived from large-scale experiments[C]. The Assessment of Major Hazards, Symposium Series. 1982, 71: 165-179.

[147] Pritchard, M.; Binding, T. FIRE 2: A New Approach for Predicting Thermal Radiation Levels from Hydrocarbon Pool Fires [J]. Symp. Major Hazards Onshore Offshore 1993, 130: 491.

[148] Woods J A R, Fleck B A, Kostiuk L W. Effects of transverse air flow on burning rates of rectangular methanol pool fires[J]. Combustion & Flame, 2006, 146(1/2): 379-390.

[149] Battele; American Gas Association. LNG Safety Program: Interim Report on Phase Ⅱ Work; Project IS-3-1; American Gas Association: Columbus, Ohio, 1974.

[150] M. Muñoz, Arnaldos J, Casal J, et al. Analysis of the geometric and radiative characteristics of hydrocarbon pool fires[J]. Combustion & Flame, 2004, 139(3): 263-277.

[151] SFPE. Handbook of Fire Protection Engineering[M]. Springer, 2015.

[152] Welker J. R, Sliepcevich C. M. Burning Rates and Heat Transfer from Wind-blown Flames [J]. Fire Technology, 1966, 2(3): 211-218.

[153] HuffmanK. G, Welker J R, Sliepcevich C M. Wind interaction Effects on Free Burning Fires [R]. Technology Report, 1967.

[154] Ditch B D, Ris J L D, Blanchat T K, et al. Pool fires-An empirical correlation[J]. Combustion & Flame, 2013, 160(12): 2964-2974.

[155] 蒋华义，张亦翔，梁爱国，等. 材料表面润湿性的影响因素及预测模型[J]. 表面技术，2018，47(1): 1-6.

[156] 李玉星，杨洁，朱建鲁，等. 一种风洞内传感器安装装置及方法: CN108007665A[P]. 2018-05-08.

[157] 李玉星，杨洁，朱建鲁，等. 一种高倍泡沫实验研究装置及方法: CN107991298B[P]. 2020-04-24.

[158] 李玉星，杨洁，刘翠伟，等. 一种重气泄漏扩散模拟及抑制控制实验系统: CN106840588B[P]. 2019-07-09.

[159] Conroy M W, Taylor J C, Farley J P, et al. Liquid drainage from high-expansion(HiEx) aqueous foams during and after filling of a container[J]. Colloids & Surfaces A Physicochemical & Engineering Aspects, 2013, 426(21): 70-97.

[160] Luketa-Hanlin A. A review of large-scale LNG spills: Experiments and modeling[J]. Journal of Hazardous Materials, 2006, 132(2/3): 119-140.